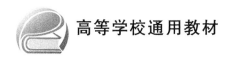

高等学校通用教材

振动测试、信号分析与应用

赵寿根　编著

北京航空航天大学出版社

内 容 简 介

本书系统介绍了结构振动测试与信号分析的基本原理、方法和应用。全书共13章,第1～6章阐述振动信号的基本概念、振动信号测量系统的组成、传感器及其原理、信号调理、信号测试中常用的激振设备、传感器及系统标定原理和方法等;第7～8章阐述振动信号采样定理、数字信号分析方法和窗函数及应用;第9～11章阐述振动试验中模态试验的基本原理、模态试验关键技术及模态参数识别技术;第12章提供了振动测试与信号分析的7个基本试验;第13章是振动测试与信号分析的典型工程应用。

本书可作为航空航天、力学、机械等专业本科生、研究生的结构振动测试相关课程的教材或参考用书,也可供从事相关研究和应用的工程技术和科研人员学习与参考。

图书在版编目(CIP)数据

振动测试、信号分析与应用 / 赵寿根编著. -- 北京 :
北京航空航天大学出版社,2023.3
ISBN 978 - 7 - 5124 - 3993 - 1

Ⅰ. ①振… Ⅱ. ①赵… Ⅲ. ①振动测量②信号分析
Ⅳ. ①TB936②TN911.6

中国国家版本馆 CIP 数据核字(2023)第 016186 号

振动测试、信号分析与应用
赵寿根 编著
策划编辑 陈守平 责任编辑 张冀青
*
北京航空航天大学出版社出版发行

北京市海淀区学院路 37 号(邮编 100191) http://www.buaapress.com.cn
发行部电话:(010)82317024 传真:(010)82328026
读者信箱: goodtextbook@126.com 邮购电话:(010)82316936
北京九州迅驰传媒文化有限公司印装 各地书店经销
*
开本:787×1 092 1/16 印张:16.75 字数:440 千字
2023 年 3 月第 1 版 2023 年 3 月第 1 次印刷 印数:1 000 册
ISBN 978 - 7 - 5124 - 3993 - 1 定价:59.00 元

前　言

　　机械或结构等受到动载荷的作用而产生响应,即振动信号,振动信号中包含这些对象内在的固有特性、工作状态及趋势、安全性和舒适性、抵抗外载能力和寿命等信息。因此,振动测试与信号分析技术已成为解决结构动力学问题最为常用、有效且主要的手段之一。振动测试与信号分析融合了传感器技术、现代电子学、信号分析与处理、自动控制理论和计算机技术等多学科的知识与最新发展成果,经过几十年的发展和新型测试技术的出现,形成了一门独立而新兴的学科,广泛应用于结构动力学参数测量、实际结构振动响应测量与预示、振动环境预示、动力修改与优化、结构状态监测与寿命评估等诸多方面。

　　全书共分为 13 章,第 1~6 章阐述了振动信号的基本概念、振动信号测量系统的组成、传感器及其原理(包括现在较为先进的多普勒振动测试、摄影测量和数字图像相关方法等)、信号调理、信号测试中常用的激振设备、传感器及系统标定原理和方法等内容。第 7~8 章阐述了振动信号采样定理、数字信号分析方法和窗函数及应用,并对常用的振动信号时域、频域、时-频分析等方法进行了总结。第 9~11 章阐述了振动试验中模态试验的基本原理、模态试验关键技术(包括航空器中应用的地面共振试验,航天器中应用的振型斜率测量等)及模态参数识别技术。第 12 章提供了振动测试与信号分析的 7 个基本试验,可作为本科生课程学习的试验操作,有助于对第 1~11 章学习内容的理解。第 13 章对振动测试与信号分析的典型工程应用进行了介绍,这些内容都是课题组多年来解决实际工程问题的总结,供读者参考,也是对第 1~11 章内容的实际应用。本书中提供了涉及振动信号处理与分析的部分 MATLAB 程序,读者稍加拓展,即可应用于实际。总之,本书较为系统地阐述了振动测试与信号分析基本原理、方法和应用,条理清楚,深入浅出,基本理论、方法和技术、应用并重,可作为本科生、研究生结构振动测试相关课程的教材,也可作为从事振动测试与信号分析的工程技术人员的参考书。

　　由于编者水平有限,书中难免有不妥之处,敬请同行和读者批评指正。

作　者

2023 年 1 月

使 用 说 明

为辅助教学,作者为本书每章后的习题准备了**"参考答案"**,选用本书的任课教师可以发送电子邮件免费索取。若广大师生对本书的编写和出版有更好的建议,也欢迎通过电子邮件联系编辑,以帮助本书不断改进。

联系邮箱:goodtextbook@126.com

目　　录

第 1 章 绪 论

1.1 振动及其产生的缘由

1.1.1 振动的定义

运动是物质存在的形式,其宏观形式就是机械运动,振动是一种特殊形式的机械运动,即结构在其平衡位置附近的往复运动。按照能量转换看,振动表现为能量从一种形式(如动能)转化为另一种形式(如结构变形的弹性能)。因此,它可以采用以位移为自变量的微分方程式来描述,也可以从能量角度来描述。

1.1.2 振动产生的缘由

结构受到外载荷作用,就会产生运动,当运动体现为弹性变形时,便产生了结构振动。振动是自然界、工程界和生活中普遍存在的物理现象。振动产生的原因多种多样,如各种机器、仪器和设备运行时,不可避免地存在着诸如回转件的不平衡、负载的不均匀、结构刚度的各向异性、润滑状况的不良及间隙等,引起受力的变动、碰撞和冲击,从而产生振动;另外,结构在使用、运输等环境下有能量传递、存储和释放时都会诱发或激励机械振动。可以说,任何一台运行着的机器、仪器和设备等都存在着振动现象。同时,在日常生活中、各种工程结构中振动也无处不在。

1. 日常生活中的振动现象

(1) 乐器中的振动现象

乐器演奏出来的声音使人愉悦,弹奏乐器的过程也使人专注而放松。这些声音的产生都与振动相关。鼓(如图 1.1 所示)是较为常见的打击乐器,其结构由鼓腔和鼓面组成,敲击鼓面时,引起鼓腔声共振,从而产生响亮的声音。类似其工作原理的乐器还有钟(如图 1.2 所示)、木琴等。二胡、马头琴(如图 1.3 所示)、钢琴是弦乐器的代表,通过弦的振动,引起声腔共振,产生悦耳的声音,通过弦长度的变化而改变音调。长笛、萨克斯(如图 1.4 所示)等为管乐器的代表,其发声借助于嘴唇振动和吹气孔,气流冲击吹孔边缘,进入管中的气流引起管内空气柱振动而发出悦耳的声音。

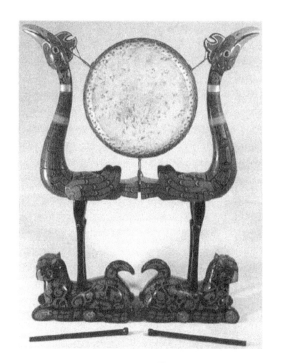

图 1.1　鼓

图 1.2　铸造于明代永乐年间的大钟

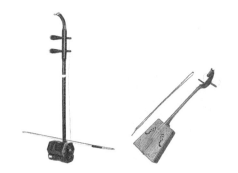

图 1.3　二胡和马头琴

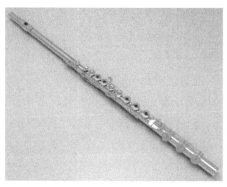

图 1.4　长笛和萨克斯

（2）桥梁的振动现象

桥梁是人们生活中的重要建筑物，国内外不乏因振动而引起事故的例子。例如，1831 年，英国的一队骑兵在通过曼彻斯特附近一座便桥时由于马蹄节奏整齐导致桥梁发生共振而断裂，如图 1.5 所示；1940 年，美国全长 860 m 的塔柯姆大桥在建成 4 个月后，因风载引起的风-固耦合振动而发生了坍塌，如图 1.6 所示；2020 年 5 月 5 日，我国广东虎门大桥（如图 1.7 所示）同样因风-固耦合使得桥面产生幅度较大的波浪式起伏运动，引起社会大众和工程界的广泛关注。

图 1.5 桥梁断裂

图 1.6 塔柯姆大桥坍塌

图 1.7 中国广东虎门大桥

(3) 高楼大厦的振动现象

人民生活日益向大城市聚集,为了充分利用土地资源,城市的高楼林立,并且最高建筑的顶层常常成为观景热点。据统计,全球超过 100 m 的高楼有 4 000 座之多,因此高楼大厦的振动问题也逐渐成为了人们的关注点。如 2021 年中国深圳市的赛格大厦(如图 1.8 所示),由于桅杆风致涡激而产生共振,大厦里有些人感到眩晕而产生了恐慌,之后将楼顶桅杆拆除并重新布置便恢复正常。

(4) 汽车悬置系统

在现代社会中汽车是应用最为广泛、便捷的交通工具之一。汽车行驶过程中,为了尽量降低产生的噪声和路面不平整而引起的载荷,基于振动理论而设计的悬置系统(如图 1.9 所示)起到了非常关键的隔振作用。

图 1.8 中国深圳市的赛格大厦

图 1.9 汽车悬置系统

2. 航空中的振动现象

航空器中,振动现象也无处不在。如飞机受到不稳定气流引起颠簸而产生的机身振动、机翼抖动;发动机由于燃烧不稳定、转子不平衡、转子不对中、滚动轴承故障、齿轮故障、机械松动、旋转失速与喘振和不均匀气流涡动等引起振动,造成失效甚至航空灾难。如 2009 年,一架航班号为 AF447 的法航客机在强大气流影响下连续摇晃、剧烈振动长达半个多小时,导致测速仪失效,发动机停止工作,最终机上 200 多人遇难,如图 1.10 所示。

图 1.10 失事法航救援照片

3. 航天中的振动现象

航天器中,振动也出现在很多工况中。火箭发射时,发动机剧烈喷发引起火箭轴向高振动量级的振动;卫星在太空中变轨时,引起太阳帆板的低频率、大幅度振动;卫星在太空中运行时,向阳面和阴面更替发生太阳帆板热致振动现象。如 1986 年,美国"挑战者"号航天飞机(如

图 1.11 所示),用于防止喷气燃料的热气从连接处泄漏致环形密封圈遭到了破坏,引起共振,使高速飞行的航天飞机于发射后 73 s 解体,机上 7 名宇航员全部罹难。

图 1.11　"挑战者"号航天飞机

美国哈勃望远镜(如图 1.12 所示)自 1990 年交付使用后就经历了多次大的维修(1993 年,1997 年,1999 年,2002 年),维修的重要内容就是更换或者改善因热致振动而失效的太阳能帆板。

图 1.12　太空中的哈勃望远镜

1.2　振动的分类及研究内容

1.2.1　振动的分类

根据对振动研究侧重点和角度的不同,可对振动系统进行不同的分类。

(1) 按系统的自由度数分类

不同自由度类型的振动系统有单自由度系统、多自由度系统和连续系统,如图 1.13 所示。

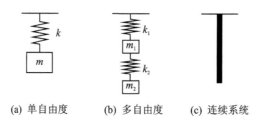

(a) 单自由度   (b) 多自由度   (c) 连续系统

图 1.13 不同自由度类型的振动系统

(2) 按系统的激励类型分类

自由振动：系统受初始激励后不再受外界激励的振动，如图 1.14(a)所示。

受迫振动：系统在外界控制的激励作用下的振动，如图 1.14(b)所示。

自激振动：系统在自身控制的激励作用下的振动，如图 1.14(c)所示。

参数振动：系统自身参数变化激发的振动，如图 1.14(d)所示。

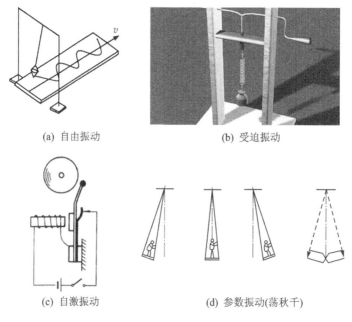

(a) 自由振动   (b) 受迫振动

(c) 自激振动   (d) 参数振动(荡秋千)

图 1.14 不同激励作用下的振动系统

(3) 按系统的响应类型分类

确定性振动：响应为时间的确定性函数，根据响应存在的时间可分为暂态振动和稳态振动。前者只在较短的时间内发生，后者可在充分长的时间里进行。根据响应是否有周期性还可分为简谐振动、周期振动、准周期振动、拟周期振动和混沌振动。

随机振动：响应为时间的随机函数，只能用概率统计的方法描述。例如钻机在地质勘探中，带动钻具向下钻进，钻孔底部岩石的凹凸不平使得工作中的钻机产生的振动就是随机振动。

(4) 按系统的特性分类

确定性系统和随机性系统：如果系统的特性可用时间的确定性函数给出，则称为确定性系统；系统特性不能用时间的确定性函数给出而只具有统计规律性的称为随机性系统。

定常系统和时变系统：系统特性不随时间改变的称为定常系统,其数学表达式为常系数微分方程。系统特性随时间变化的称为时变系统,其数学表达式为变系数微分方程。

线性系统和非线性系统：质量不变、弹性力和阻尼力与运动参数呈线性关系的系统称为线性系统,其数学表达式为线性微分方程。不能简化为线性系统的系统称为非线性系统,其数学表达式为非线性微分方程。

振动比较典型的分类如图 1.15 所示。

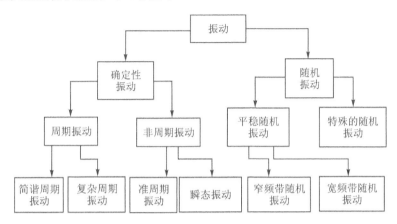

图 1.15 振动比较典型的分类

1.2.2 振动的研究内容

振动问题围绕振动系统开展,如果将振动系统中的对象视为系统,外界对对象的作用视为输入或激励,对象的响应视为系统的输出,那么输入、系统、输出三者的相互关系构成振动研究的主要内容。归纳这些研究内容,可分为五个方面。

① 振动分析(见图 1.16)：已知外界输入或激励和系统特性(质量、阻尼、刚度)求解系统的响应(也可称之为系统安全性校核),得到研究对象的位移、速度、加速度、应变和力的响应及其分布规律,为结构设计的强度、刚度和允许的振动能量水平提供依据。

图 1.16 输入、系统、输出三者的相互关系框图

② 系统设计：在已知系统输入或激励的情况下设计合理的系统参数,以满足对动态响应或其他输出的要求。

③ 参数辨识：已知输入或激励及系统输出的情况下求得系统的参数(固有频率、模态振型、模态阻尼等),以得到系统的质量、阻尼和刚度表述,系统的力学模型,以及系统的固有振动特性。

④ 载荷辨识：已知系统特性、系统参数或系统力学模型和系统响应求得外界激励,即得到系统的力学环境或外界激振力水平、规律。

⑤ 振动控制：通过引入一定措施或手段对系统特性参数的改变,或主动外力的引入,使系统的振动水平降低或消除,或者使振动水平保持在某一目标范围,如图 1.17、图 1.18 所示。

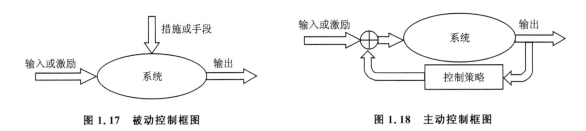

图 1.17　被动控制框图　　　　　　　　　　图 1.18　主动控制框图

1.3　振动测试与信号分析的内容

振动测试是指通过传感器、信号调理设备和数据采集系统测量运动机械、工程结构某些指定或关心的位置在外界激励或运行工况中的位移、速度、加速度和应变等物理量随时间变化的过程,从而了解测试对象的工作状态(包括强度、可靠性和安全性等)。进一步扩展,振动测试还包括通过振动物理量的测量了解测试对象的动特性,如固有频率、固有振型、阻尼和动刚度等特性参数,为结构的动力学设计提供参考和依据。具体包括:

(1) 振动基本参量的测量

测量结构上某点、部位的位移、速度、加速度、应变的幅值、频率和相位等。

(2) 结构动力学特性的测量

测量结构的固有振动频率、模态振型和模态阻尼等。

(3) 随机振动统计特性的测量

测量结构随机振动的功率谱密度、幅值概率分布函数、相关函数和相干函数等。

(4) 结构系统参数识别与故障诊断

通过测量确定系统的模态参数随时间的变化规律或通过信号峰值、均方值、相关函数和相干函数等变化规律的分析进行结构工作过程的健康监测与状态诊断。

1.4　振动测试与信号分析的方法

1.4.1　振动测试方法

振动中各种参数的测量可以采用各种不同的方法,大致可以分为以下几类,即机械测试法、电测法和光测法等。

(1) 机械测试法

利用杠杆传动或惯性接收原理记录振动信号的一种方法,此方法常用的仪器有手持式振动仪和盖格尔振动仪。这类仪器能直接记录振动波形曲线,便于观察和分析振动的幅值大小、频率及主要的谐波分量等参数。它们具有使用简单、携带方便、抗干扰能力强等优点,但由于其灵敏度低、频率范围窄等缺点,这种方法在工程中使用得越来越少。

(2) 电测法

通过传感器将机械振动量(位移、速度、加速度、力和应变等)转换为电量(电荷、电压等)或电参数(电阻、电容、电感等)的变化(如图 1.19 所示的磁电式速度拾振器),然后使用电量测量和分析设备对振动信号进行分析。该方法具有灵敏度高、测量范围广、频率和动态线性范围宽、易于在线跟踪和遥测,但易受电磁场干扰等特点,该方法现在广泛用于振动信号的测量中。

(3) 光测法

将振动转换为光信号,经光学系统放大后进行记录和测量的方法,如利用激光干涉和多谱勒效应的激光测振仪,如图 1.20 所示。该类测量方法具有测量精度高的优点,适于振动的非接触测量,对测量对象无附加质量和附加刚度。该测量方法广泛用于精密测量、传感器和振动仪的标定中。不足之处就是该方法受到测量光路或反射光质量的影响。

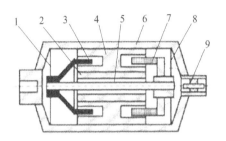

1—弹簧片;2—永久磁钢;3—阻尼环;
4—支架;5—连接杆;6—外壳;
7—动线圈;8—弹簧片;9—引出线接头

图 1.19　磁电式速度拾振器原理图

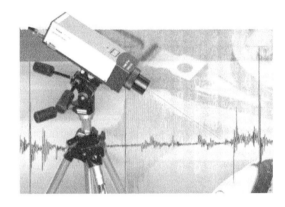

图 1.20　激光干涉测振仪

1.4.2　振动信号分析方法

振动信号分析在振动测量和试验中具有非常重要的意义,测试对象固有特性的获得、工作状态的监控以及随时间变化趋势都依赖于对测量得到的信号进行分析和处理。

按信号的范围可分为:

① 时域分析:对测量得到的时域信号进行包络、均值、均方根值、峭度值、峰值、脉冲因子、裕度系数等分析。

② 频域分析:将测量得到的时域信号变换到频域进行分析,内容包括幅值频谱、功率频谱、倒频谱分析等。

③ 时-频分析:对于测量得到的非平稳和非线性信号,基于平稳和线性假设的传统傅里叶变化不再适应,人们在傅里叶分析的基础上提出和发展了时-频分析方法,包括短时傅里叶变换、小波分析和 Hilbert-Huang 分析等。

按信号的性质可分为:

① 模拟信号分析:模拟信号是指用连续变化的物理量表示的信号,其幅度、频率、相位随时间作连续变化,或在一段连续的时间间隔内,其代表信号的特征量可以在任意瞬间呈现为任意数值的信号(可由无限个数值表示)。模拟信号的优点是其精确的分辨率,在理想情况下,它具有无穷大的分辨率,缺点是它容易受到干扰(如环境、电路噪声)的影响。

② 数字信号分析:与模拟信号对应的是数字信号,是在模拟信号的基础上经过采样、量化和编码等步骤而形成的。信号的自变量是离散的,因变量也是离散的。二进制码就是一种数字信号。数字信号的优点是抗干扰能力强,非常适合测量信号分析和处理的软件化和自动

化,分析处理算法也非常丰富多样。

1.5 振动测试、信号分析的应用

振动信号测试与分析在现代工程和结构中具有广泛的应用,总体上包括:

① 通过振动试验为设计计算与理论分析提供校核依据,不断改进和优化对象的振动品质。

② 通过振动试验和测量,检验产品、结构的质量。

③ 通过振动试验和测量对在使用过程中的对象进行健康监视,以便及时发现故障,避免造成事故和损失。

④ 通过对结构工作条件下的振动测试、信号分析,形成结构、设备的室内振动条件或试验标准。

应该说,振动测试、信号分析与应用综合了结构动力学、信号分析与处理、计算机技术和控制理论等多门学科。它已成为最常用、直接和有效解决振动理论和工程的基本手段之一,是该行业的工程技术人员和科研人员都需要掌握的知识,具有非常好的发展和应用前景。具体到行业和工程,振动测量与分析技术主要应用如下:

① 航天航天,如飞机结构的动强度分析研究、舒适性研究(减振、降噪等),飞机的颤振和抖振分析研究,以及航空发动机健康监测等;航天器结构的振动、冲击分析研究,星-箭的动力学匹配分析研究,航天器故障诊断等。

② 土木工程,如地铁运行对地面建筑的影响分析;大型桥梁的风致振动与防撞设计;大型、高层楼宇的动特性与缩比模型试验等。

③ 机械工程,包括各类机械设备的振动预防与利用,如机床振动隔离与控制,燃气轮机、风力发电等大型旋转机械的健康监测和故障诊断等。

④ 交通工程,如汽车、火车等交通工具的振动分析与研究,桥-轨道-车辆的耦合振动分析与研究,车辆舒适性研究等。

⑤ 海洋工程,如海浪、海声、海能利用等方面的研究,大型船舶、潜艇的晃荡、振动、抗撞性分析研究等。

⑥ 生物医学工程,如振动、噪声对人体舒适性和健康的影响分析研究,脑电、心电信号的分析与诊断等。

习　题

1. 日常生活中的振动现象有哪些?
2. 振动研究的内容包括哪些方面?
3. 振动信号分析的方法有哪些?
4. 振动测试与信号分析的作用有哪些?

第 2 章　振动信号描述及其基础知识

2.1　简谐振动

一个弹簧 k 和一个集中质量 m 便组成了一个简谐振动系统。集中质量受到简谐外力的作用,就会发生自由振动或者强迫振动,这样一种简单的振动称为简谐振动。集中质量运动后,其位移随时间的变化可以用正弦曲线或者余弦曲线来表示,如图 2.1 所示。

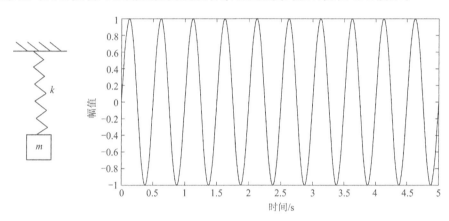

图 2.1　简谐振动系统

2.1.1　简谐振动的表达式

上述的简谐振动系统,集中质量的振动位移与时间的关系可以采用如下的正弦函数来表示:

$$x = A\sin(\omega t + \varphi) \tag{2-1}$$

式中:A 是振动的振幅,其含义为振动的最大值或最小值与振动平衡位置之差的绝对值;ω 为圆周频率;φ 为初始的相位角。

在实际工作中,习惯于用频率 f(单位:Hz)来描述振动的快慢,它与圆周频率 ω 的关系如下:

$$\omega = 2\pi f \tag{2-2}$$

当 $t = 0$ 时,有

$$x_0 = A\sin \varphi$$

$$\dot{x}_0 = A\omega\cos \varphi$$

从而可得

$$\begin{cases} A = \sqrt{x_0^2 + \left(\dfrac{\dot{x}_0}{2\pi f}\right)^2} \\ \varphi = \arctan\left(\dfrac{2\pi f x_0}{x_0}\right) \end{cases} \tag{2-3}$$

为了方便信号的合成和系统运动方程分析,很多时候采用复数形式来表示:

$$z = A\left[\cos 2(\pi f t + \varphi) + \mathrm{j}\sin(\pi f t + \varphi)\right] = A\,\mathrm{e}^{\mathrm{j}(2\pi f t + \varphi)} \quad (\mathrm{j} = \sqrt{-1}) \tag{2-4}$$

2.1.2 简谐振动的速度和加速度

对简谐振动的位移进行微分,就可以得到 m 的运动速度:

$$v = \dot{x} = 2\pi f A \cos(2\pi f t + \varphi) \tag{2-5}$$

对简谐振动的速度进行微分,就可以得到 m 的运动加速度:

$$a = \ddot{x} = -(2\pi f)^2 A \sin(2\pi f t + \varphi) \tag{2-6}$$

2.2 简谐物理量之间的关系

2.2.1 相位之间的关系

从简谐振动位移、速度和加速度的表达式(2-1)、式(2-5)、式(2-6)可以得出:速度信号领先位移信号 90°;加速度信号领先速度信号 90°,领先位移信号 180°。由初始速度引起的振动位移、速度、加速度曲线如图 2.2 所示。

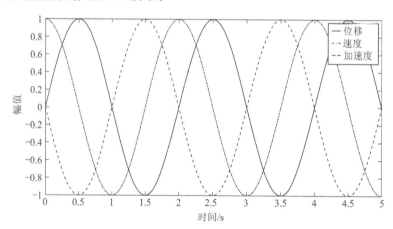

图 2.2 位移、速度、加速度曲线图

2.2.2 幅值之间的关系

从表达式(2-1)、式(2-5)、式(2-6)可以得出简谐振动位移、速度和加速度三者幅值之间的关系式:

$$a_{\max} = 2\pi f v_{\max} = (2\pi f)^2 x_{\max} = (2\pi f)^2 A \tag{2-7}$$

或

$$v_{\max} = \frac{a_{\max}}{2\pi f} = 2\pi f x_{\max} \qquad (2-8)$$

式中：$x_{\max}$、$v_{\max}$ 和 $a_{\max}$ 分别表示简谐振动位移、速度和加速度的幅值。

2.2.3　振动幅值、周期和频率

振动幅值简称振幅，是反映振动强弱的物理量。振动物体离开平衡位置的最大距离称为振幅，用 A 来表示。振幅是标量，只有大小没有方向。振幅越大，振动越强烈，振动系统的能量越大。

在振动测试中，位移幅值的单位用 m(米)表示，速度的单位用 m/s(米/秒)表示，加速度单位用 m/s²(米/秒²)表示。在实际应用中，加速度还往往用工程单位 g 来表达。

$$1g = 9.8 \text{ m/s}^2 \approx 10 \text{ m/s}^2 \qquad (2-9)$$

周期是描述振动快慢的物理量。振动物体完成一次全振动所用的时间叫周期，用 T 来表示，单位是 s(秒)。频率是物体在 1 s 内完成全振动的次数，用 f 来表示，单位是 Hz(赫兹)。频率也是描述振动快慢的物理量。频率和周期的关系如下：

$$f = \frac{1}{T} \qquad (2-10)$$

如图 2.1 所示的系统，可以很容易得到其固有频率：

$$\omega_0 = \sqrt{\frac{k}{m}} \qquad (2-11)$$

$$f_0 = \frac{1}{2\pi}\sqrt{\frac{k}{m}} \qquad (2-12)$$

式中：ω_0 为角频率；f_0 为系统无阻尼情况下的固有频率。

2.2.4　简单简谐系统

工程中，一些梁-质量系统在考虑一阶固有特性的情况下可以采用简谐系统来描述和类比，如表 2-1 所列。

表 2-1　梁-质量系统的类比

序　号	梁-质量系统	弹簧系数 k	系统角频率 ω_0
1		$\dfrac{3EI}{l^2}$	$\sqrt{\dfrac{3EI}{l^3 m}}$
2		$\dfrac{6EI}{l^3}$	$\sqrt{\dfrac{6EI}{l^3 m}}$
3		$\dfrac{3lEI}{a^3 a_1^2}$	$\sqrt{\dfrac{3lEI}{a^2 a_1^2 m}}$

序　号	梁-质量系统	弹簧系数 k	系统角频率 ω_0
4		$\dfrac{96EI}{7l^3}$	$\sqrt{\dfrac{96EI}{7l^3 m}}$
5		$\dfrac{24EI}{l^3}$	$\sqrt{\dfrac{24EI}{l^3 m}}$
6		$\dfrac{3EI}{(l+a)a^2}$	$\sqrt{\dfrac{3EI}{(l+a)a^2 m}}$

2.2.5　振动均值

振动均值是指振动周期内振动幅值的平均值，其数值可用如下公式进行计算：

$$\bar{x} = \frac{1}{T} \int_0^T x \, \mathrm{d}t \tag{2-13}$$

对应振动均值的另外一个概念为振动强度的均值，也就是振动周期内振动幅值绝对值的平均值：

$$\bar{x} = \frac{1}{T} \int_0^T |x| \, \mathrm{d}t \tag{2-14}$$

对于简谐运动 $y = A\sin(\omega t + \varphi)$，它的平均绝对值为

$$\bar{x} = \frac{1}{T} \int_0^T |A\sin(\omega t + \varphi)| \, \mathrm{d}t = \frac{2}{T} \int_0^{\frac{T}{2}} |A\sin(\omega t + \varphi)| \, \mathrm{d}t = \frac{2}{\pi} A \tag{2-15}$$

2.2.6　振动均方根

振动均方根是描述振动强度的物理量，其数值可用如下公式进行计算：

$$x_{\mathrm{RMS}} = \sqrt{\frac{1}{T} \int_0^T |x^2| \, \mathrm{d}t} \tag{2-16}$$

对于简谐运动 $y = A\sin(\omega t + \varphi)$，它的均方根则为

$$x_{\mathrm{RMS}} = \sqrt{\frac{1}{T} \int_0^T A^2 \sin^2(\omega t + \varphi) \, \mathrm{d}t} = \frac{1}{\sqrt{2}} A \tag{2-17}$$

2.2.7　幅值、均值和均方根之间的关系

幅值、均值和均方根值是表示振动量大小的三种表示方法。幅值在实用中有它的价值，例如结构的强度性破坏，便直接与幅值有关，但它的缺点在于它仅考虑了一个周期中的最大瞬间值，而没有考虑所测振动的时间历程；用均方根来衡量振动量大小是一种比较好的方法，它涉及了振动时间变化的过程，更重要的是均方根直接关系到振动能量的含量，例如位移的均方根值直接与位能有关；均值显然也涉及了波形变化的过程，但它的价值不如有效值。

对于简谐运动,其幅值、均值与均方根值之间的关系如下:

$$\bar{x} = \frac{2}{\pi}A \tag{2-18}$$

$$x_{RMS} = \frac{\pi}{2\sqrt{2}}\bar{x} = \frac{1}{\sqrt{2}}A \tag{2-19}$$

对于复杂振动,振动幅值、均值和均方根之间的关系与上面不同,它们之间的关系一般采用如下公式表示:

$$x_{RMS} = F_f\bar{x} = F_cA \tag{2-20}$$

式中:F_f 为波形因子;F_c 为波峰因子。波形因子和波峰因子很大程度上决定了振动信号的形状。

$$F_f = \frac{x_{RMS}}{\bar{x}} \tag{2-21}$$

$$F_c = \frac{x_{RMS}}{A} \tag{2-22}$$

对不同的典型振动信号,F_f 和 F_c 略有差异:

① 正弦波:$F_f = 1.11$,$F_c = 1.414$。

② 三角波:$F_f = 1.156$,$F_c = 1.732$。

③ 矩形波:$F_f = 1.0$,$F_c = 1.0$。

2.3　复合振动信号

两个或多个不同频率的简谐振动信号相互叠加组成了复合振动信号。复合振动信号在时域没有单个简谐振动幅值变动的规律性,但有规律可循,频域中体现为在频率轴出现两个或多个峰值。

如图 2.3 所示,第一行三张曲线图分别是幅值为 1(频率为 1 Hz)的正弦信号曲线,幅值为

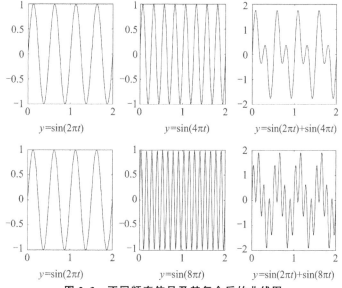

图 2.3　不同频率信号及其复合后的曲线图

1(频率为 2 Hz)的正弦信号曲线,以及这两个正弦信号叠加后的曲线;第二行三张曲线图分别是幅值为 1(频率为 1 Hz)的正弦信号曲线,幅值为 1(频率为 4Hz)的正弦信号曲线,以及这两个正弦信号叠加后的曲线。

2.4　冲击信号及单位脉冲信号

结构受到短时外激励冲击,作用时间极短,但其数值极大,这样的信号具有脉冲性质,

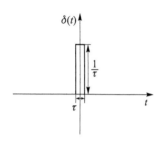

图 2.4　脉冲信号

采用一个宽度为 τ、高度为 $\dfrac{1}{\tau}$ 的矩形脉冲来表示,如图 2.4 所示。

如果脉冲信号的面积为 1,则称为单位脉冲信号,可定义为

$$\delta(t)=\begin{cases}0, & t\neq 0\\ \infty & t=0\end{cases},\quad \int_{-\infty}^{+\infty}\delta(t)\mathrm{d}t=1 \quad (2-23)$$

如果脉冲信号的面积不为 1 而是 K,则表示为一个强度为 K 倍的单位脉冲信号,即 $K\delta(t)$。

2.5　随机振动信号

随机振动信号无法用确定的时间函数来表述,因此称之为非确定性信号。其特点为信号的幅值大小无法预知,因此在信号采集时,即使在相同的条件下,也无法得到相同的结果。通常,对这类信号的处理方法是采用有限时间测量所得的样本去估计无限时间的信号特征。随机信号根据它们的特征可按图 2.5 进行分类。

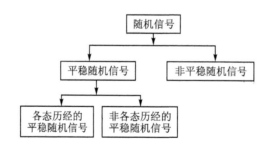

图 2.5　随机信号分类

2.5.1　随机过程及其描述

对随机信号的每一次长时间的测量得到的时间历程称为样本函数。在有限时间区间上测量得到信号称为样本。在同一试验条件下,所有样本函数的集合称为总体。严格上说,只有总体才能完整地描述随机过程,它可以表示为

$$\{x(t)\}=\{x_1(t),x_2(t),\cdots,x_n(t)\} \quad (2-24)$$

对于一个随机信号,对总体进行平均就可以方便地描述任意指定时刻 t_1 上的信号平均

特征：

$$\mu(t_1) = \lim_{n \to \infty} \frac{1}{n} \sum_{i=1}^{n} x_i(t_1) \qquad (2-25)$$

类似地，随机过程两个不同时刻（如时刻 t_1 和 $t_1+\tau$）的值之间的相关性，可以用 t_1 和 $t_1+\tau$ 两个时刻的值乘积的总体平均来求得，称为自相关函数，即

$$R_{xx}(t_1, t_1+\tau) = \lim_{n \to \infty} \frac{1}{n} \sum_{i=1}^{n} x_i(t_1) x_i(t_1+\tau) \qquad (2-26)$$

2.5.2　平稳随机振动信号

如果随机振动信号 $\mu(t_1)$ 和 $R_{xx}(t_1, t_1+\tau)$ 的值不随 t_1 的改变而变化，则称为平稳随机振动信号。因此平稳随机振动信号具有以下特点：

① 随机振动信号随时间变化无规律，但其总体样本具有一定的统计规律，其统计值不随时间变化。

② 由于信号的总体统计特性不随所观察的时刻而改变，因此随机振动信号的测量时间起点可以是任意的。

对于平稳随机振动信号，如果所有的样本函数在固定时刻的统计特性和单样本在长时间内的统计特性是一致的，则称这类随机过程为各态历经过程，即

$$\mu_x(1) = \mu_x(2) = \cdots = \mu_x \qquad (2-27)$$

$$R_{xx}(\tau, 1) = R_{xx}(\tau, 2) = \cdots = R_{xx}(\tau) \qquad (2-28)$$

因此，只有平稳随机过程才可能是各态历经的，而各态历经过程必是平稳随机过程。各态历经过程的所有统计特征可以用单个样本函数上的时间平均来计算，这样随机振动信号的处理过程变得较为简便。一般在工程中遇到的随机振动信号，绝大多数是具有或可以近似为具有各态历经的振动信号。

2.5.3　非平稳随机振动信号

如果随机振动信号 $\mu(t_1)$ 和 $R_{xx}(t_1, t_1+\tau)$ 的值随 t_1 的改变而变化，则称为非平稳随机振动信号。

2.6　振动量度单位

在工程中，为了方便度量振动的强度，除了国际单位外，有时采用分贝（dB）作为单位。分贝是一相对度量单位，它基于某一振动基准值来进行计算和度量。分贝起源于传输线和电话工程，它具有刻度变化均匀、大范围压缩的优点，广泛用于电子工程、振动和声学工程。其定义起源于信号功率比的对数形式，即

$$L = \lg\left(\frac{P}{P_0}\right) \qquad (2-29)$$

式中：P_0 是参考或基准功率；P 是欲比较的功率；L 的单位为贝尔(Bel)。

在振动工程中，通常以响应量幅值 A 作为比较值，它们与功率成平方关系，即

$$L = \lg\left(\frac{P}{P_0}\right) = \lg\left(\frac{A}{A_0}\right)^2 = 2\lg\left(\frac{A}{A_0}\right) \quad \text{(Bel)} \qquad (2-30)$$

但 Bel 作为单位，工程上还是嫌大，故取其 1/10 称为分贝(dB)作为单位。因此，将上式中的结果用分贝表示，即为

$$L = 20\lg\left(\frac{A}{A_0}\right) \quad \text{(dB)} \qquad (2-31)$$

在振动工程中，很难定出基准响应值，故通常将两个响应量的比值进行运算：

$$L = 20\lg\left(\frac{A_2}{A_1}\right) \qquad (2-32)$$

式中：A_1、A_2 可以为振动信号中的位移、速度和加速度等物理量，对应为 1 点和 2 点的值。如位移在半功率点处，则位移响应的振幅与峰值之比为

$$L = 20\lg\left(\frac{A_2}{A_1}\right) = 20\lg\left(\frac{\sqrt{2}/2A_1}{A_1}\right)$$

$$= 20\lg\left(\frac{\sqrt{2}}{2}\right) = -3 \quad \text{(dB)} \qquad (2-33)$$

常用的幅值之比的分贝值如表 2-2 所列。

表 2-2 分贝表

L/dB	A_2/A_1	L/dB	A_2/A_1	L/dB	A_2/A_1
0	1.000	0	1.000	-1	0.891
10	3.162	-10	0.316	-2	0.794
20	10.000	-20	0.100	-3	0.708
30	31.623	-30	0.032	-4	0.631
40	100.000	-40	0.010	-5	0.562
$20n$	10^n	$-20n$	10^{-n}	-6	0.501

2.7　描述振动信号的坐标系

分析振动信号时，在坐标中把信号画成曲线能够便于对信号概貌、特殊点和变化规律进行描述、分析和总结，同时这也是信号的几何表示方法。得到信号曲线图时，通常用到三种坐标形式，分别是线性坐标、对数坐标和分贝坐标。

2.7.1　线性坐标

线性坐标是最为常用的坐标，其横坐标轴和纵坐标轴都是等刻度刻画。如图 2.6 所示为某一点测量得到的加速度传递函数在线性坐标中的表述。

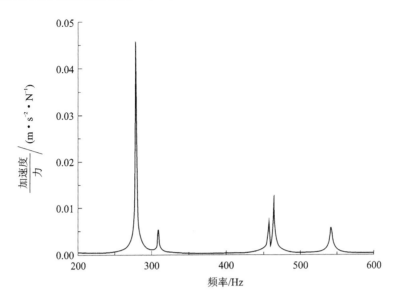

图 2.6　线性坐标

2.7.2　对数坐标

　　振动测量中,当信号的测量值幅度变化非常大时,如果用线性坐标来描绘曲线的变化,往往会牺牲低值信号的精度。因此,人们希望有一种坐标表示法,使其既能保证低值信号的精度,又能包容数值大的变化范围,对数坐标便应运而生。对数坐标是按照以 10 为底的对数规律来进行刻度的。如图 2.7 所示为某一点测量得到的加速度传递函数采用对数坐标来表示。

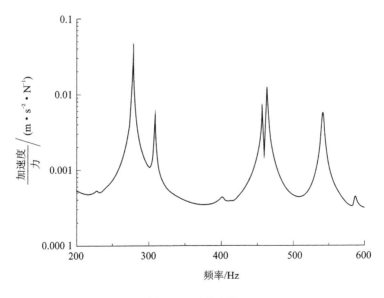

图 2.7　对数坐标

2.7.3 分贝坐标

由对数坐标的变换可以看出,使用对数坐标时把高次曲线化成了直线,起到了将大范围的变化加以等精度压缩的作用。但是,对数坐标是一种不均匀的坐标。人们希望有一种坐标,既能做到均匀,又能起到大范围压缩的作用,这种坐标就是分贝坐标。如图 2.8 所示为某一点测量得到的加速度传递函数采用分贝坐标来表示。

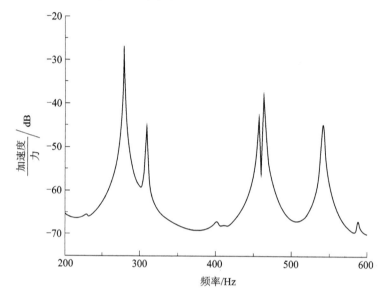

图 2.8　分贝坐标

习　　题

1. 简谐振动中,位移、速度、加速度三者之间有什么样的关系?
2. 平稳随机振动信号和非平稳随机振动信号各自有什么特点?
3. 振动测试中,分贝单位是怎么定义的? 有什么优点?
4. 简述分贝的由来以及它在振动中是怎么应用的。
5. 振动信号曲线的坐标类型有哪几类? 各自有什么优点?

第 3 章　振动测试与信号分析系统的基本特征及误差

进行振动试验时,不同的测试目的、不同的测量物理量和参数、不同的测试功能和不同的测试方法,形成了不同的振动测试系统。振动测试系统的基本组成包括激振系统、传感器系统和数据采集与分析系统等,如图 3.1 所示。如果过程中涉及到振动控制,整个系统在上述组成的基础上还包括反馈激励力的作动器系统,如图 3.2 所示。本章重点介绍数据采集与分析系统的类型和系统指标、几种典型的振动测试系统、振动测试系统的基本特性等内容。

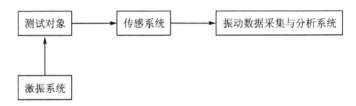

图 3.1　振动测试与信号分析系统的基本组成

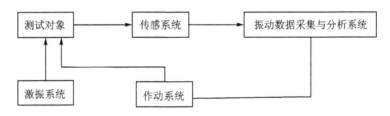

图 3.2　带控制时振动测试与信号分析系统的基本组成

3.1　振动测试与信号分析系统的类型

振动测试与信号分析系统是具有现场信号采集、信号分析功能的设备或现场记录、离线分析测试对象等状态数据功能的系统,它能把测试对象上各待测物理量(如加速度、应变等)通过传感器将所测得的信号作为输入,配以各种数据的分析技术(如频谱分析),分析得到及显示所需结果。

20 世纪 60—70 年代中期,信号测试与分析系统的器件主要是半导体分立器件,美国率先在军事侦察上面使用了信号采集与分析系统。20 世纪 80 年代后,由于现代信息技术、计算机技术和数字信号处理技术等学科的发展融合,振动信号的采集仪器和设备开始迅速发展,各种先进的信号分析算法也丰富多样,各类振动测试系统开始大量涌现。当前,普遍使用的振动信号采集与分析系统可分为有线式、便携式、无线式、虚拟式和分布式等。

3.1.1 有线式振动信号采集与分析系统

有线式振动信号采集与分析系统,由信号采集、信号调理、信号传输和结果分析四部分组成,如图 3.3 和图 3.4 所示。硬件上由传感器、信号调理、模/数转换器和计算机组成;软件上由信号采样、分析和处理、结果显示等部分组成。

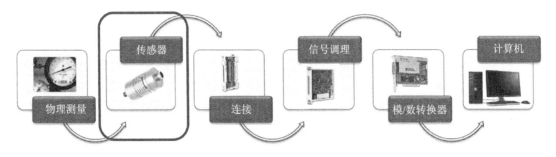

图 3.3 信号传输过程示意图

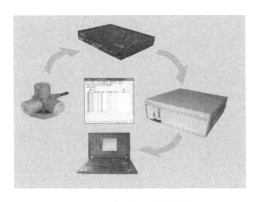

图 3.4 典型系统的照片

首先,传感器感知振动信号,然后传输给信号调理电路进行放大和滤波等预处理,再将其送至 A/D 采样电路实现模拟信号到数字信号的转换,转换后的信号经过串口、USB、网线等接口输入计算机,最后由计算机进行信号分析、处理及结果显示。有线式振动信号采集与分析系统采用线缆将传感器和信号采集部分连接起来,使振动信号传输质量可靠,实时性较高。但对于大型结构的振动试验,其测点多、线缆多、距离远,从而线缆的布设变得繁琐,需要投入大量的人力物力,而且容易产生错误。一旦信号传输出现问题,排查会非常困难(如在长达数公里的线缆中排查故障)。

3.1.2 便携式振动信号采集与分析系统

便携式振动信号采集与分析系统,使用传感器将振动信号转换为电信号,数据在系统内进行处理分析,最后由小屏幕显示分析结果。该类型系统具有小巧轻便、能自身供电等优点,但对数据的处理与运算能力有限,不适于大量振动数据的采集与处理。如图 3.5 所示为典型的该类型系统。

3.1.3 无线式振动测试与信号分析系统

无线式振动测试与信号分析系统通过无线网络传输命令与信号数据,相对于前面系统线缆的限制,该类型系统在测点多、远距离及恶劣应用环境的振动信号采集中得到广泛应用,如图 3.6 所示。目前,广泛使用无线传输技术的类型有 ZigBee、蓝牙、WiFi 等,如图 3.7 所示,这几种无线传输技术拥有各自不同的特点。

(a) 瑞典SPM公司的Mini V800　　　(b) 北京时代锐达的TIME7120测振仪

图 3.5　便携式振动测试与信号分析系统

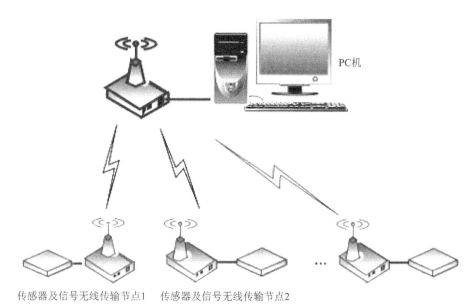

PC机

传感器及信号无线传输节点1　　传感器及信号无线传输节点2

图 3.6　振动信号无线传输原理示意图

图 3.7　ZigBee、蓝牙、WiFi 振动信号传输节点模块图

ZigBee 为低速率数据传输平台,通过节点与试验对象直连实现测量数据的采集,采用 802.15.4 协议标准,工作在 68 MHz/915 MHz/2.4 GHz 通信频段,数据传输速率最大可达到 250 kbit/s,有效传输距离为 10～75 m,成本较低。蓝牙用于无线数据与语音之间的通信,通过计算机与通信技术的融合,使设备间实现无线数据传输或命令操作,数据传输距离为 10 m 左右。WiFi 为一种允许电子设备连接到无线局域网的技术,使测量对象接入同一局域网,采用 802.11b 协议标准,工作在 2.4 GHz 通信频段,传输速率可达到 55 Mbit/s,最远传输距离可达 300 m。

3.1.4 虚拟仪器式信号采集与分析系统

虚拟仪器式信号采集与分析系统是以工业 PC 为核心,借助 LabVIEW 等软件技术,结合 DSP 和 DAQ 等虚拟仪器技术实现数据的采集与分析。虚拟仪器信号采集与分析系统由美国国家仪器公司(National Instrument,NI)于 1986 年提出,凭借其功能强、性价比高、扩展性好、操作方便等优点得到了广泛发展。该系统使用 LabVIEW 编写软件,其外观和操作方式都是模拟真实的仪器仪表(如信号发生器、频谱仪),且拥有丰富的工具包方便振动数据采集、分析、结果显示和数据存储,可以完成高速数据采集、信号变换、高速数据存储、数学运算等功能,很好地满足了振动测试中关键环节的需求。

3.1.5 分布式振动信号采集与分析系统

分布式振动信号采集与分析系统以多通道数据采集系统为核心,构造一个分布式多域的数据采集系统架构,所有的数据采集都通过分布式以太网中的监控站或者上位主机系统进行控制、数据处理和结果显示。其系统框架如图 3.8 所示。

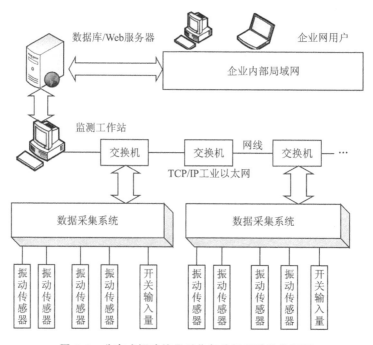

图 3.8　分布式振动信号采集与分析系统结构框图

3.1.6　其他分类

根据试验测试的目的、内容和传感器类型等,测试系统还可以分成很多种其他类型,典型的有如下几种。

1. 按测量目的和内容分类

(1) 振动响应测试系统

如图 3.9 所示,振动响应测试系统是为了测量结构在某一环境下的振动响应,包括测点的振动加速度、速度、位移、应变等,以评估或检测结构状态。在此基础上,还可以测试结构的振动幅-频特性曲线等内容。

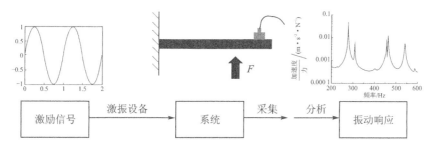

图 3.9　振动响应测试系统

(2) 模态试验系统

模态试验是工程中应用广泛的振动试验之一,用于确定系统的固有频率、振型、阻尼等模态参数等,是对结构系统固有振动特性参数的全面测量,系统功能示意如图 3.10 所示。

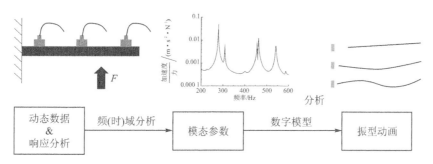

图 3.10　模态试验系统

2. 按使用传感器类型分类

(1) 电动式测试系统

电动式测试系统是工程测试系统中较为常见的一种测试系统,可用来测量加速度、速度和位移,其组成如图 3.11 所示。

(2) 压电式测试系统

压电式测试系统的传感器为压电式加速度传感器,可用来测量加速度,通过积分线路获得速度和位移,其组成如图 3.12 所示。

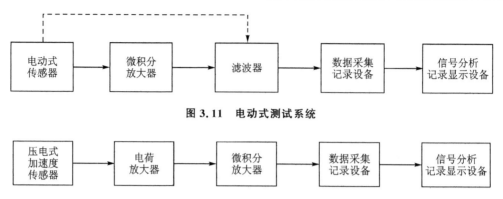

图 3.11　电动式测试系统

图 3.12　压电式测试系统

(3) 应变式测试系统

电阻应变式测试系统的传感器是电阻式传感器,配套使用的放大器是电阻动态应变仪,其组成如图 3.13 所示。

图 3.13　应变式测试系统

应变式测试系统的频率响应可以从 0 Hz 开始,具有低频性能好的特点。同时,该类系统还可以直接连接应变片,测量结构应变状态的变化,因此,工程中应用广泛。

(4) 电涡流式测试系统

电涡流式测振系统的传感器为电涡流传感器,可测量金属结构的振动信号,具有非接触、高线性度、高分辨率的特性。它能准确测量被测点与探头端面之间静态和动态的相对位移变化。其组成如图 3.14 所示。

图 3.14　电涡流式测试系统

(5) 激光测振系统

激光测振系统是基于光学干涉原理,采用非接触式的测量方式得到测点的振动信号。进行测量时,由传感器的光学接收部分将测点的振动转换为相应的多普勒频移,并由光检测器将频移转换为电信号,再由电路部分处理后传输到多普勒信号处理器,将多普勒频移信号变换为与测点振动速度相关的电信号。其系统组成如图 3.15 所示。

图 3.15　激光测振系统

它的优点是使用方便,不需要布置导线和传感器,对测量对象无附加质量和附加刚度,测量信号频率范围宽、精度高、动态范围大。其缺点是对立体结构的测量存在一定的困难,但随着 3D 激光测振系统的出现,这方面也有所改善。

（6）基于摄像技术的振动测试系统

如图 3.16 所示,利用高速摄像机进行视觉测量是建立在高速摄像技术与计算机视觉研究基础上的一门新兴测试技术。它把高速摄像视频用作测量和传递信息的载体加以利用,从高速摄像视频中提取有用的振动信号,获得所需的各种参数,具有非接触、全视场测量、高精度和自动化程度高的特点。

如图 3.17 所示,一套完整的摄像振动测试系统包括光照系统、多路高速摄像机同步图像采集系统、振动图像实时采集与分析系统。高速摄像机拍摄到的图像经过图像处理得到结构各像素点的振动信号,然后加以分析得到所需的结果。

图 3.16　Photron SA-Z 高速摄像系统

（7）综合振动测试系统

综合振动测试系统是将应变、压电、电涡流、磁电式等各种振动传感器通过信号调理器集成在一起,可进行电压、电流等多种物理量的测试和分析。现在的振动信号测试系统多属于这一类型,如图 3.18 所示。

图 3.17　数字散斑三维(3D DIC)全场应变测量系统

图 3.18　综合振动测试系统

3.2 振动测试与信号分析系统的基本特性

在对仪器设备系统的基本特性进行分析时,一般将其分为两类:静态特性和动态特性,振动测试与信号分析系统也不例外。在被测物理量变化缓慢的情况下,用静态参数足以有效地表征设备系统的静态特征;如果被测物理量变化非常剧烈,则设备系统的输入和输出需采用运动微分方程来描述二者的动态关系,即需采用动态特性来表征设备系统的特性。对设备系统而言,静态特性和动态特性并不是互不相关的,但一般工程上,把二者分开表述和处理,可方便简化系统特性的表述。设备系统的静、动态特性由测试装置自身的物理结构所决定,同时也决定了对信号的传递特性,设备系统的输入-输出量之间的关系如图 3.19 所示。

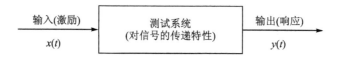

图 3.19　设备系统输入-输出量之间的关系

理想的设备系统具有单值、确定的输入-输出关系。对于每一输入量都应该只有单一的输出量与之对应,知道其中一个量就可以确定另一个量。其中以输出和输入呈线性关系最佳,如图 3.20 所示。

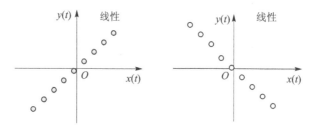

图 3.20　输出-输入的线性关系

3.2.1　静态特性

(1) 静态特性曲线

表述设备系统的静态特性时,采用输入物理量作为横坐标,与其对应的输出量作为纵坐标来描述特性曲线,即

$$y = a_0 x^0 + a_1 x + \cdots + a_n x^n \tag{3-1}$$

式中:y 是输出量,x 是输入量,$a_0, a_1, \cdots, a_n$ 是曲线系数。

一般设计设备系统时,希望输出-输入量呈线性关系,即 $a_0 = a_2 = \cdots = a_n = 0$,可得

$$y = a_1 x \tag{3-2}$$

这样可以简化设备系统设计的理论分析和计算,同时为设备标定和数据处理带来方便。

(2) 灵敏度

灵敏度是指设备系统输出量的变化量和输入量的变化量之比,即

$$S = \lim_{\Delta x \to 0} \left(\frac{\Delta y}{\Delta x} \right) = \frac{\mathrm{d}y}{\mathrm{d}x} \tag{3-3}$$

其值为设备特性曲线的斜率。由此可知,具有线性特性的设备系统,其灵敏度为常数 a_1。

(3) 线性度

线性度是指实际测量校准曲线与某一参考直线偏离的程度,用校准曲线偏离参考直线的最大偏离值与满量程输出的百分比来表示,即

$$\delta = \pm \frac{\Delta_{\max}}{y_{FS}} \times 100\% \qquad (3-4)$$

式中: δ 是线性度; $\Delta_{\max}$ 是校准曲线偏离参考直线的最大偏离值; y_{FS} 是满量程输出的平均值。

(4) 分辨率和量程

分辨率是指可测量被测信号的最小变化值。分辨率与设备系统信噪比(SNR)有关,关系式如下:

$$SNR = 20\log\left(\frac{S}{N}\right) \leqslant 5 \text{ dB} \qquad (3-5)$$

式中: S 为被测信号电平; N 为噪声电平。满足该等式的被测信号最小可测电平值约为噪声电压的 1.77 倍。

量程是指设备系统能够在线性范围内测量到输入信号的最大值和最小值的范围。

(5) 稳定性

稳定性是指设备系统保持其特性的能力,如器件的蠕变和零漂都会影响设备系统的稳定性等,其中零漂最为常见,它包括时间零漂、温度零漂和灵敏度零漂等。

3.2.2　动态特性

为了测量变化迅速的物理量,设备系统必须具备精确反映这种迅速变化的物理量的能力,这个能力即为动态特性。如果设备不具备这种能力,测量得到的结果不但可能误差很大,更可能毫无意义。如用静态应变仪无法测量高频率变化的应变。

动态特性是指设备系统的输出量与随时间变化的输入量之间的函数关系。因此,得到设备系统的动态特性,首先需要建立系统的运动微分方程,再对微分方程进行求解或分析,得到设备系统的固有特性,可采用时域法或者频域法来进行,其中频域法中的传递函数方法最为常用。

1. 时不变系统及传递函数

对于大多数设备系统,其数学模型可近似为一个线性时不变系统。这类系统有如下性质:

(1) 齐次性和叠加性

齐次性是指设备系统的输入增大 k 倍,其输出也必相应地增大 k 倍;叠加性是指若干个输入同时进入设备系统,系统的输出等于这些输入单个进入系统时各输出的总和。齐次性和叠加性二者原理如图 3.21 所示。

(2) 时不变性

时不变性是指设备系统不随时间而变化。因此,在相同的条件下,设备系统的输入、输出与施加于系统的时间无关,如图 3.22 所示。

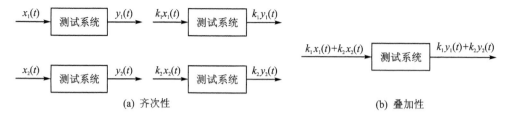

(a) 齐次性   (b) 叠加性

图 3.21　齐次性和叠加性

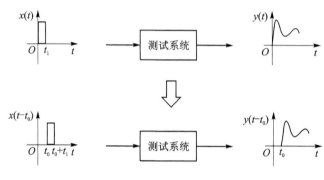

图 3.22　时不变性

(3) 频率不变性

频率不变性是指输入为一确定频率的正弦信号,则该信号通过设备系统后的输出只可能幅值和相位变化而频率不会改变,如图 3.23 所示。

图 3.23　频率不变性

对于这类线性时不变设备系统,通常可用常系数微分方程来描述其输入和输出之间的关系:

$$a_n \frac{\mathrm{d}^n y(t)}{\mathrm{d}t^n} + a_{n-1} \frac{\mathrm{d}^{n-1} y(t)}{\mathrm{d}t^{n-1}} + \cdots + a \frac{\mathrm{d}y(t)}{\mathrm{d}t} + a_0 y(t)$$

$$= b_m \frac{\mathrm{d}^m x(t)}{\mathrm{d}t^m} + b_{m-1} \frac{\mathrm{d}^{m-1} x(t)}{\mathrm{d}t^{m-1}} + \cdots + b \frac{\mathrm{d}x(t)}{\mathrm{d}t} + b_0 x(t) \qquad (3-6)$$

式中:$x(t)$ 是输入量,$y(t)$ 是输出量。a_n 和 b_n 是由设备系统物理参数决定的常数,且 $n \geq m$。

当 $x(t)$、$y(t)$ 以及它们各阶时间导数在 $t=0$ 时刻为零时,对上述方程式两边进行拉普拉斯变换,则可得到该设备系统的传递函数 $H(s)$ 的表达式:

$$H(s) = \frac{Y(s)}{X(s)} = \frac{b_m s^m + b_{m-1} s^{m-1} + \cdots + b_1 s + b_0}{a_n s^n + a_{n-1} s^{n-1} + \cdots + a_1 s + a_0} \qquad (3-7)$$

式中,

$$X(s) = L[x(t)] = \int_0^\infty x(t) \mathrm{e}^{st} \mathrm{d}t, \quad Y(s) = L[y(t)] = \int_0^\infty y(t) \mathrm{e}^{st} \mathrm{d}t$$

该传递函数描述了设备系统本身的动态特性而与输入量无关。

当 $s=j\omega$ 时,可得到设备系统的频率响应函数 $H(j\omega)$,即

$$H(j\omega) = \frac{Y(j\omega)}{X(j\omega)} = A_0(\omega)e^{j\varphi(\omega)} \tag{3-8}$$

式中:$A_0(\omega)$ 是 $H(j\omega)$ 的模;$\varphi(\omega)$ 是 $H(j\omega)$ 的幅角,也称为相位角。

2. 设备系统不失真测量的条件

对设备系统,根据前面的线性时不变特性和要求不失真地复现被测信号,则其输出 $y(t)$ 与输入 $x(t)$ 需满足如下关系:

$$y(t) = A_0 x(t-t_0) \tag{3-9}$$

式中:A_0 为常数。此表达式表明,测试设备系统的输出波形与输入信号的波形精确地一致,只是幅值放大了 A_0 倍,在时间上延迟了 t_0 而已。这种情况下,认为测试设备系统具有不失真的特性。对式(3-9)进行傅里叶变换,可得

$$Y(\omega) = A_0 e^{-j\omega t_0} X(\omega) \tag{3-10}$$

$$\frac{Y(\omega)}{X(\omega)} = H(\omega) = A_0 e^{-j\omega t_0} \tag{3-11}$$

可见,不失真测量设备系统,其幅频和相频特性应分别满足:

$$|H(j\omega)| = A_0 = 常数 \tag{3-12}$$

$$\varphi(j\omega) = -t_0\omega$$

其幅频和相频曲线如图 3.24 所示。

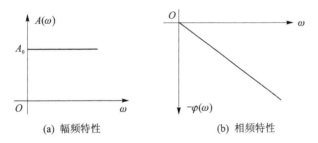

(a) 幅频特性　　　　　　　　　　(b) 相频特性

图 3.24　设备系统信号不失真的幅频和相频曲线

其物理意义如下:

① 设备系统对输入信号中所含各频率成分的幅值进行常数倍数放缩,也就是说,幅频特性曲线是一与横轴平行的直线。

② 输入信号中各频率成分的相角在通过该系统时作与频率成正比的滞后移动,也就是说,相频特性曲线是一通过原点并且有负斜率的直线。

如果 $A(\omega)$ 不等于常数,引起的失真称为幅值失真;$\varphi(\omega)$ 与 ω 不成线性关系引起的失真称为相位失真。当 $\varphi(\omega)=0$ 时,输出和输入没有滞后,此时,设备系统最为理想。

3.3　振动测试与信号分析系统性能指标

振动试验时,信号采集与分析系统性能直接关系到数据的精度、测试结果的有效性和可靠性以及使用的方便性。系统的性能指标体现在以下几个方面。

① 输入通道：通道数、可接传感器类型、采样频率或分析频率、频率测量范围、电压测量范围、ADC 位数（或精度）、动态范围、分辨率等。

② 输出通道：通道数、输出电压范围、DAC 位数（或精度）、动态范围、分辨率、通道可扩展性等。多通道、大规模振动信号采集与分析系统如图 3.25 所示。

图 3.25　多通道、大规模振动信号采集与分析系统

③ 软件功能：设置功能，如传感器的参数设置等；分析功能，如振动、噪声、模态测、故障分析等；处理功能，如数据记录、数据处理、图表报告功能等。

④ 硬件功能：计算机要求，如电源电压要求。接口情况，如 USB、Ethernet 等，如图 3.26 所示。

图 3.26　ISA、PCI、VXI、PXI、PCMICA 接口图

⑤ 抗噪声和干扰：通道间抗串扰(如≤－120 dB)；抗电磁干扰，如满足 CE 标准。

⑥ 抗振抗冲击性能：如抗振优于 7g(均方根值)；抗冲击达 60g(峰值,11 ms)。

⑦ 其他方面,如系统外观和工作环境要求(如温度)等。

3.4　振动测试的误差及分析

振动试验时,信号采集、传输、分析等过程中的误差,对结果的精度和可靠性有重要的影响,因此,振动测试中的误差是需要关注的问题。下面介绍误差的来源。

(1) 信号采样误差

信号采样时,如果采用频率设置不合适,不但会带来振动信号幅值的误差,也会带来频率范围不足的问题。因此,振动测试时,对频率的设置应在遵循采样定律的同时,兼顾幅值精度要求。

(2) A/D 和 D/A 误差

由于 A/D 和 D/A 在进行模/数、数/模转换时受到位数的限制,会给测量结果带来一定的量化误差。

(3) 传感器线性度误差

振动传感器灵敏度系数都是通过试验标定得到的,其数值由于受到传感器自身非线性性能的影响,在不同的幅值、不同的频率时都会有所不同,因此最终使用的灵敏度系数会带来测量误差；此外,传感器横向效应也会带来误差。综合这些因素,其总体误差为 5% 左右。

(4) 工作环境带来的误差

振动测试时,工作环境也会带来一定的误差,包括温度影响、湿度影响和环境噪声影响。

(5) 信号分析与处理误差

振动测试信号数据分析与处理时,受到算法的限制,也会对结果产生重要影响,特别是在对信号频域分析时,数字算法和窗函数的使用带来的误差都需要重视。

习　　题

1. 振动数据采集与分析系统的类型及性能参数有哪些？

2. 振动测试系统的类型有哪些？

3. 测试设备系统的静态特性有哪些？

4. 测试设备系统的测试不失真条件是什么？

5. 振动测试的误差来源有哪些？

第4章　振动信号测试传感器

振动信号的测量,无论采取何种测量方法、测量系统,传感器都是流程的第一个环节,没有传感器,各种测量就无法进行。因此,振动测试传感器是试验中必不可少的重要元件,它的精度、可靠性与稳定性,以及它对环境的适应性及其工作原理、方法,都对整个测量结果的可靠性和精度产生关键性的影响。

把被测的振动力学参数转换成电学参数,以便于信号的测量、传递、变换、分析和保存的装置称为振动测量传感器,其组成如图 4.1 所示。

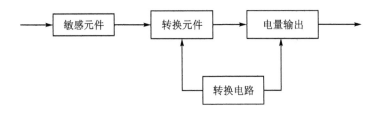

图 4.1　传感器组成示意图

传感器的敏感元件是直接感受被测量物理量,并输出与被测量物理量成确定关系的元件。转换元件:敏感元件的输出就是它的输入,它把输入转换成电路参量。基本转换电路:上述电路参数接入基本转换电路(简称转换电路),便可转换成电量输出。振动传感器中,敏感元件用到的材料对机械力具有电学敏感特性,一般要求具有较高的弹性模量,主要有两类:

① 受到外界作用力后,可以产生电荷,称之为自发型,如压电材料;

② 受到外界作用力后,电学性能发生变化,称之为无源型,如应变片、某些半导体材料。

4.1　振动测量传感器分类

4.1.1　按接收测量电信号的原理分类

振动试验中,传感器按接收测量信号的原理分为机械式、机电式和光电式。振动物理量转换为传感器机械运动即为机械式传感器,转换为电信号即为机电式传感器,转换为光强等再转换为电信号即为光电式传感器。如图 4.2 所示的盖格尔(Geiger)测振仪即为经典的机械式传感器。

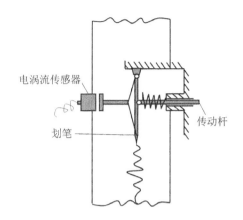

图 4.2　盖格尔测振仪示意图

4.1.2　按机械接收原理分类

振动试验中,传感器按工作中信号接收过程和力学原理可分为:惯性式(可等效质量-弹簧系统),它无参照系,如加速度传感器等;相对式(跟随测点振动),有参照系,如顶杆式位移传感器,非接触式电涡流、激光、光电传感器等。

4.1.3　按是否有相对运动分类

用于振动测试中的传感器,按传感器中感受元件在使用中和振动物体之间是否有相对运动,可分为相对式传感器和绝对式传感器,如图 4.3、图 4.4 所示。如电磁式速度传感器使用中感受元件和振动体有相对运动,是相对式传感器;压电加速度传感器传感元件和试验对象无相对运动,是绝对式传感器。

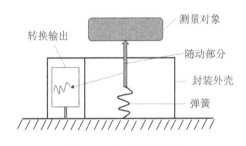

图 4.3　相对式传感器

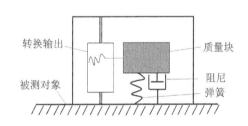

图 4.4　绝对式传感器

相对式传感器用于振动试验时,一端需要固定于地面上,这就需要相应的支持安装设备;另一端与振动待测点相连接。这类传感器也称为固定参考坐标传感器。由于试验中的测点是很多的,所以这些安装支架的体积、数量都是相当可观的。特别是对于大型结构,若采用这类传感器试验,传感器安装的矛盾更为突出。绝对式传感器在使用中不需要地面支持夹具,只要将它固定于测点上就行,因而安装方便。这类传感器也称为惯性传感器。在振动测试中,绝大部分采用绝对式传感器进行测量。

4.1.4 按产生电信号的方式分类

振动传感器按其产生电信号的方式可分为主动式和被动式,如图4.5所示。主动式也称为发生式,被动式也称为参数式。主动式应用某些物理效应,例如电磁效应、压电效应、光电效应等,由物体的振动直接产生电信号;而被动式是通过振动来改变某些电参数,然后产生相应的电信号。

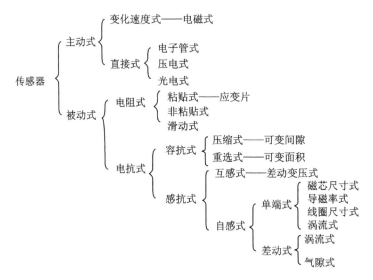

图 4.5 主动式和被动式传感器

4.1.5 按测试的物理量分类

按传感器所测量的物理量是位移、速度、加速度、力、应变等,又可将传感器分为位移传感器、速度传感器、加速度传感器、力传感器和应变传感器等。

4.2 振动传感器特性参数及一般性能指标

4.2.1 灵敏度

灵敏度是振动传感器输出的电信号与输入的机械信号之比。其单位为每个单位的位移、速度、加速度、应变、力的输出电压。如某加速度的灵敏度是 100.2 mV/g;某力传感器的灵敏度是 12.0 mV/N。

4.2.2 横向灵敏度

垂直于振动传感器敏感轴方向的信号输出被称为传感器的横向响应。在横向振动的作用下传感器有一定的输出,通常将这一输出信号与横向振动输入值之比称为加速度计的横向灵敏度。横向灵敏度比的大小用最大横向灵敏度与轴向灵敏度的百分比来表示,即

$$S_r = \frac{S_t}{S_0} \times 100\% \tag{4-1}$$

式中：S_r 为横向灵敏度比，它是衡量传感器的重要指标；S_t 为横向灵敏度最大值；S_0 为轴向灵敏度。一般振动传感器的横向灵敏度比在 1.0%~5.0% 之间。

4.2.3 分辨率

分辨率是输入振动的最小变化量，在这个数值之上才能测量得到输出电信号的变化。传感器的分辨率是由传感元件和机械设计决定的。整个振动测试系统的分辨率由传感器及其前置放大器、测量设备和显示仪器共同决定，分辨率的大小受整个系统中噪声电平的限制。一个比噪声电平小的信号变化，无法进行分辨或者获取，因此，可以说实际工程测量中，噪声电平决定测试系统的分辨率。

4.2.4 线性度和使用极限

在一定范围内，传感器输出电信号与输入振动信号之比（又称为灵敏度）为常数，称传感器为线性的，这也是传感器得以方便使用的基本特性。线性度的上限称为传感器的使用极限，意味着如果振动信号超过这个数值，传感器会产生非线性现象或者可能产生强度破坏。

4.2.5 频率范围

传感器使用频率范围是指传感器灵敏度未超出相对额定灵敏度限定百分比的频率范围，包括频率下限和频率上限。该范围取决于传感器的设计及其配套的前置放大器性能，频率范围和前面的幅值线性范围一起决定了传感器的使用范围。

4.2.6 使用环境

传感器的使用环境包括温度、湿度和环境噪声等方面。传感器的固有频率、阻尼特性和灵敏度都会受到环境温度的影响，具体影响的大小取决于传感器敏感元件的类型和结构。湿度可能会影响某些类型的振动传感器的性能，高电阻工作下的传感器相对于低电阻工作下的传感器更易受到湿度的影响。如果传感器有密封的措施，受到湿度的影响会小很多。

4.2.7 传感器的重量和尺寸

振动传感器一般都有一定的质量和几何尺寸（光测法等除外），在进行振动测量时，就会不可避免地对测点附近区域引入附加质量和附加刚度，从而改变被测结构的局部特性。因此，传感器的重量和尺寸的选择对于一些轻质结构或特殊结构需要格外注意。如飞机机翼测量时，传感器重量和尺寸选择不当会使得蒙皮产生局部大振动，从而干扰测量结果。

4.2.8 一般性能指标

总结，衡量传感器的优劣，一般有如下性能指标。
① 准确度：所转换电信号反映测量物理量的确切程度。
② 灵敏度：表征传感器所能反映最小振动物理量的指标。

③ 线性度：传感器所输出的电信号是否与物体的振动物理量的变化成正比。

④ 稳定性：传感器性能受其环境参数(温度、压力、湿度等)影响的程度。

⑤ 重复性：重复测量时所得结果差别程度。

⑥ 迟滞性：正反行程变化时，在同一物理量数值上，电信号的差别程度。

另外，根据使用的要求，还应考虑下列性能来选用传感器。

① 幅频响应(在测量频域内应为一常数)。

② 相频响应(在测量频域内应为一常数)。

③ 测量范围。

④ 使用温度范围。

⑤ 传感器重量、外型尺寸等。

4.3 惯性式传感器的工作原理

惯性式传感器(绝对式传感器)广泛应用于振动试验中，如最常用的应变式加速度传感器、振梁式加速度传感器、压电式加速度传感器等，该类型传感器的特点就是利用传感器中的集中质量感知测点振动物理量的变化。该类型传感器可以简化为质量-弹簧-阻尼单自由度振动模型。传感器与测量对象上的测点相连接，外壳与测点一起运动。测量所得的结果直接以惯性坐标系为参考坐标，是一类绝对式传感器。图 4.6 所示为惯性式传感器示意图。

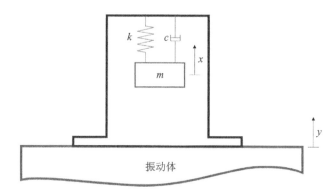

图 4.6 惯性式传感器示意图

设测点的位移为 $y=y(t)$，由测点引起传感器集中质量 m 相对于外壳的位移为 x，则系统的振动方程为

$$m(\ddot{x}+\ddot{y})+c\dot{x}+kx=0 \tag{4-2}$$

假设测点做简谐振动时，有

$$y=Y_{\mathrm{m}}\sin\omega t \tag{4-3}$$

相当于基础简谐激励，则有

$$\ddot{x}+2\zeta\omega_0\dot{x}+\omega_0^2x=\omega^2Y_{\mathrm{m}}\sin\omega t \tag{4-4}$$

式中：$\zeta=\dfrac{c}{2\sqrt{mk}}$ 为阻尼比，$\omega_0=\sqrt{\dfrac{k}{m}}$ 为传感器系统的固有频率。

式(4-4)的解分为两部分。一部分为齐次方程的解，代表传感器系统的自由振动，其表达式为

$$X_0 = Ce^{-\zeta\omega_0 t} \sin\left(\sqrt{1-\zeta^2}\,\omega_0 t + \phi\right) \tag{4-5}$$

由于传感器内部存在阻尼,所以该部分振动会衰减消失。第二部分是特解,代表强迫振动,是传感器系统的稳态响应,其表达式为

$$x = X_m \sin(\omega t - \alpha) \tag{4-6}$$

式中,

$$X_m = \frac{Y_m(\omega/\omega_0)^2}{\sqrt{[1-(\omega/\omega_0)^2]^2 + (2\zeta\omega/\omega_0)^2}} \tag{4-7a}$$

$$\alpha = \arctan \frac{2\zeta(\omega/\omega_0)}{1-(\omega/\omega_0)^2} \tag{4-7b}$$

4.3.1　位移传感器

如果该传感器为位移传感器,由式(4-7)可以看出,仅当 $\omega/\omega_0 \gg 1$ 时,振幅与频率无关,X_m 近似等于 Y_m。从图 4.7 幅-频特性曲线中也可以得出这样的结论。对于实际的位移传感器,都会存在一个使用频率下限,为了降低频率使用下限,质量元件都会做得相对大一些。

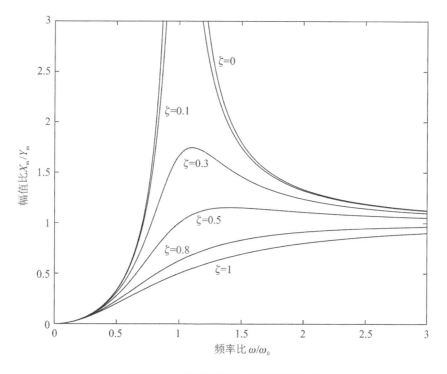

图 4.7　位移传感器的幅-频特性曲线

当无量纲频率比 $\dfrac{\omega}{\omega_0} \gg 1.0$,无量纲衰减系数 ζ 显著小于 1.0 时,相位差也几乎与频率无关,而趋于 π,如图 4.8 所示。因此,作为一个位移传感器,它应该满足的条件如下:

$$\frac{\omega}{\omega_0} \gg 1.0, \quad \zeta < 1.0 \tag{4-8}$$

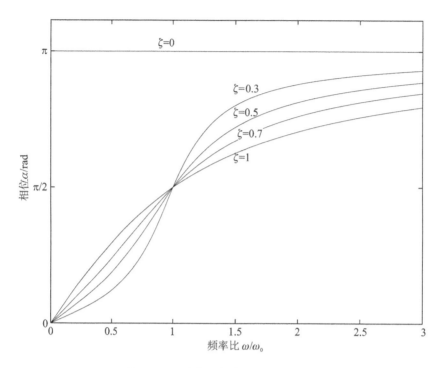

图 4.8　位移传感器的相-频特性曲线

4.3.2　速度传感器

如果传感器为速度传感器，则振动体的速度幅值 v_m 有

$$v_m = \omega Y_m \tag{4-9}$$

由 X_m 表达式(4-7a)可以得到

$$\frac{X_m}{\omega Y_m} \omega_0 = \frac{\omega/\omega_0}{\sqrt{[1-(\omega/\omega_0)^2]^2 + (2\zeta\omega/\omega_0)^2}} \tag{4-10}$$

其幅-频特性曲线和相-频特性曲线如图 4.9 和图 4.10 所示。

由此可知，当 $\dfrac{\omega}{\omega_0} \approx 1$，$\zeta = 0.5$ 时，可实现速度测量。

振动体的速度为

$$\dot{y} = \omega Y_m \sin\left(\omega t - \frac{\pi}{2}\right) \tag{4-11}$$

速度计上的反应为

$$x = X_m \sin(\omega t - \alpha) = \frac{\omega Y_m}{\omega_0} \sin(\omega t - \alpha) \tag{4-12}$$

速度计的相位差 φ 为

$$\varphi = (\omega t - \alpha) - \left(\omega t - \frac{\pi}{2}\right) = -\left(\alpha - \frac{\pi}{2}\right) \tag{4-13}$$

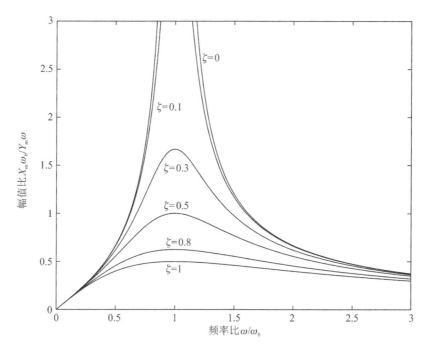

图 4.9　速度传感器的幅-频特性曲线

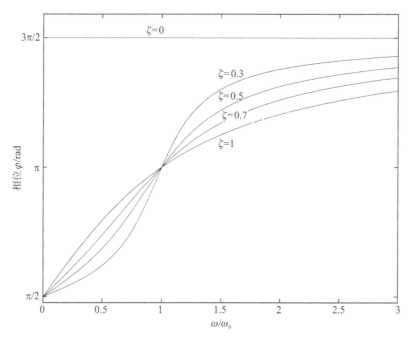

图 4.10　速度传感器的相-频特性曲线

4.3.3　加速度传感器

如果传感器为加速度传感器,当振动体做简谐振动 $y = Y_m \sin \omega t$ 时,振动体加速度幅值表达式如下:

$$a_m = \omega^2 Y_m \tag{4-14}$$

由式(4-7a)可以看出,当 $\omega/\omega_0 \ll 1$ 时,有

$$X_m \approx \frac{\omega^2}{\omega_0^2} Y_m \tag{4-15}$$

可取

$$\frac{X_m}{\omega^2 Y_m} = \frac{1}{\omega_0^2} \tag{4-16}$$

即加速度传感器的固有频率 ω_0 远大于被测频率 ω 时,传感器集中质量相对于外壳位移幅值 X_m 正比于被测点加速度幅值 $\omega^2 Y_m$,比值为 $1/\omega_0^2$。表达式如下:

$$\frac{X_m}{\omega^2 Y_m} \omega_0^2 = \frac{1}{\sqrt{[1-(\omega/\omega_0)^2]^2 + (2\zeta\omega/\omega_0)^2}} \tag{4-17}$$

其幅-频特性曲线如图 4.11 和图 4.12 所示。

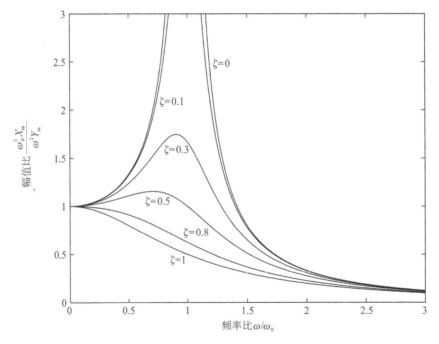

图 4.11　加速度传感器的幅-频特性曲线

由幅-频特性曲线可知,加速度传感器要求传感器惯性系统的固有频率 ω_0 远远大于被测振动点的频率 ω,一般应大于 5 倍(误差为 6% 左右)。为使 ω_0 远大于被测振动频率,加速度传感器的尺寸、质量可以做得很小。由图 4.13 曲线可以看出,取适当的相对阻尼系数(如 $\zeta = 0.6 \sim 0.7$),能够提高加速度计的使用频率的上限。对于现代广泛使用的压电晶体加速度传感器,其阻尼往往很低,$\zeta = 0.02$ 左右,因此压电晶体加速度计的使用频率不应超过固有频率的 1/3。

当振动体做简谐振动 $y = Y_m \sin \omega t$,即被测加速度为

$$\ddot{y} = \omega^2 Y_m \sin(\omega t + \pi) \tag{4-18}$$

时,加速度计的响应为

$$x = X_m \sin(\omega t - \alpha) = \frac{\omega^2 Y_m}{\omega_0^2} \sin(\omega t - \alpha) \tag{4-19}$$

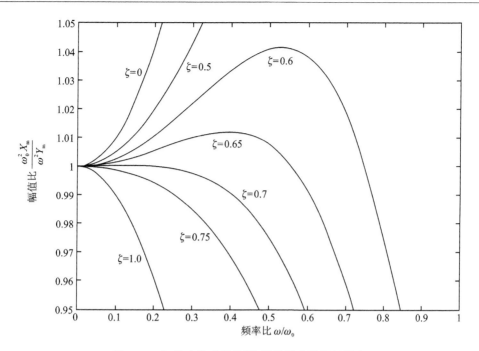

图 4.12　加速度传感器的幅-频特性曲线局部放大

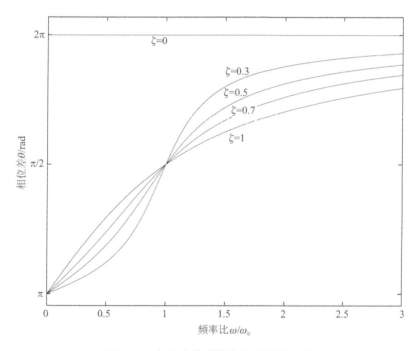

图 4.13　加速度传感器的相-频特性曲线

加速度计的相位差 θ 为

$$\theta = (\omega t - \alpha) - (\omega t + \pi) = -(\alpha + \pi) \qquad (4-20)$$

式中，

$$\alpha = \arctan \frac{2\zeta(\omega/\omega_0)}{1-(\omega/\omega_0)^2}$$

4.3.4 惯性式传感器工作原理总结

① 当测量被测对象的振动时,位移计适合测量低频大振幅的振动,其固有频率必须设计得很低,而加速度计适合测量高频振动,其固有频率则要设计得很高。因此,通常位移计的尺寸和重量较大,而加速度计的尺寸和重量很小。

② 阻尼比的取值对传感器的幅-频特性和相-频特性都有较大的影响,对位移计和加速度计而言,当 ζ 取值在 0.6~0.8 范围内时,幅-频特性曲线有最宽广而平坦的曲线段,此时,相-频特性曲线在很宽的范围内也几乎是直线。对于速度计而言,则是阻尼比越大,可测量的频率范围越宽,因此,在选用速度计测量振动速度的响应时,往往使其在很大的过阻尼状态下工作。

③ 惯性式传感器使用时都采用固定或接触方式与测点相连接,这样对被测对象会附加一定的质量贡献,如果使用不当会改变测量对象的固有模态参数,特别是轻质、小结构时,需要关注其影响程度。

4.4 典型的振动传感器

4.4.1 位移传感器

位移传感器是用于测量结构变形、振动幅值、移动距离的传感器。常用的位移传感器主要有电阻式直线位移传感器、电涡流传感器、光栅位移传感器、激光位移传感器。下面介绍几种典型的传感器。

1. 电阻式直线位移传感器

电阻式直线位移传感器的功能是把直线机械位移量转换成电信号输出,其工作原理图、实物图如图 4.14 所示。其工作原理为:将可变电阻滑轨定置在电位器的固定部位,滑片在滑轨上的位移引起电阻值的变化,电位器滑轨连接稳态直流电压,那么滑片与始端之间的电压就与滑片移动的距离成正比,即

$$u_1 = \frac{R_1}{R} u_0$$

2. 电涡流传感器

当金属板置于变化磁场中或者在磁场中运动时,在金属板中产生感应电流,这种电流在金属体内是闭合的,称为涡流。电涡流传感器利用金属的电涡流效应,电涡流产生一个交变磁场,根据楞次定律,其方向与线圈原磁场方向相反,因此这两个磁场相互叠加,改变了原线圈的阻抗。线圈阻抗的变化既与电涡流效应有关,又与静磁学效应有关,即与金属导体的电导率、磁导率、几何形状、线圈的几何参数、激励电流频率以及线圈到金属导体的距离等参数有关。电涡流传感器正是利用这个定律将传感器与被测金属导体之间距离的变化转换成线圈品质因数、等效阻抗和等效电感三个参数的变化,再通过测量、检波、校正等电路转换为线性电压(电流)的变化,如图 4.15 所示。

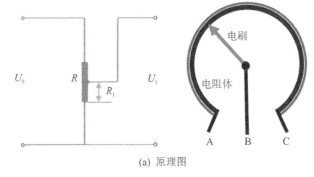

(a) 原理图

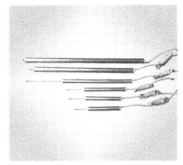
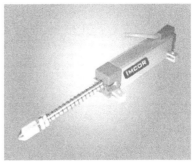

(b) 实物图

图 4.14　电阻式直线位移传感器

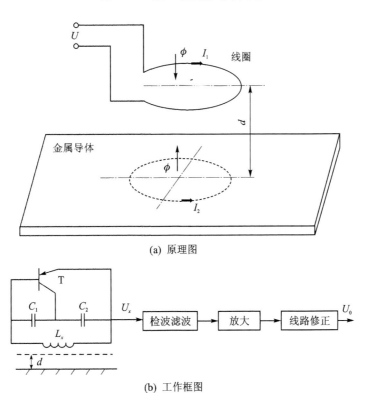

(a) 原理图

(b) 工作框图

图 4.15　电涡流位移传感器

电涡流位移传感器典型的应用如图 4.16 所示。

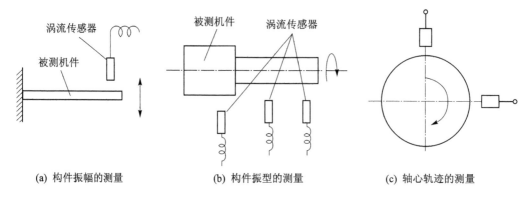

(a) 构件振幅的测量   (b) 构件振型的测量   (c) 轴心轨迹的测量

图 4.16 电涡流位移传感器典型应用

3. 拉绳位移传感器

拉绳位移传感器采用一根特制的高柔韧性复合钢丝来测量直线位移绳,某类型实物图如图 4.17 所示。钢丝绳绕在一个轮毂上,轮毂与一个精密旋转角度传感器同轴相连。拉绳位移传感器工作时,其壳体安装在固定位置上,拉绳一端与测点一起振动,使得拉绳伸展或收缩,内部恒力弹簧保证拉绳的张紧度不变,轮毂带动精密角度传感器(可以是增量编码器、绝对编码器、旋转电位计、同步器或解析器)旋转,输出与拉绳移动距离成比例的电信号,测量输出信号即可得到测点的位移。

图 4.17 拉绳位移传感器实物图

4. 光栅位移传感器

如图 4.18 所示为光栅位移传感器,测量原理:将光源、两块长光栅(主光栅和指示光栅)、光电检测器件等组合在一起构成的光栅传感器通常称为光栅尺。当两块光栅以微小倾角重叠时,在与光栅刻线大致垂直的方向上就会产生若干条明暗相间的条纹,这就是莫尔条纹。在条纹移动的方向上放置光电探测器,可将光信号转换为电信号,实现位移信号到电信号的转换。

当光栅移动一个光栅栅距 W 时,莫尔条纹也跟着移动一个条纹宽度 B_H。莫尔条纹间距 B_H 与两光栅线纹夹角 θ 之间的关系如下:

$$B_H = \frac{W/2}{\sin\dfrac{\theta}{2}} \approx \frac{W}{\theta} \qquad (4-21)$$

式(4-21)表明,θ 越小,B_H 越大。这相当于把栅距 W 放大了 $\dfrac{1}{\theta}$ 倍,例如 $\theta = 0.1° = 1/573$ rad,则 $\dfrac{1}{\theta} = 573$,即莫尔条纹宽度是栅距的 573 倍。这说明光栅具有位移放大的作用,从而提高了测量的灵敏度和测量精度,同时也使得读出莫尔条纹数比读出光栅数要方便很多。

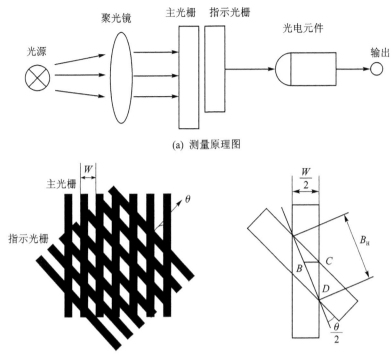

(a) 测量原理图

(b) 光栅和莫尔条纹

图 4.18　光栅位移传感器

5. 激光三角反射式传感器

激光三角反射式传感器实物图如图 4.19 所示,光路示意图如图 4.20 和图 4.21 所示。激光二极管发出的激光束被照射到被测物体表面。反射回来的光线通过一组透镜,投射到感光元件矩阵上,感光元件可以是 CCD/CMOS 或者是 PSD 元件。反射光线的强度取决于被测物体的表面特性。传感器探头到被测物体的距离可以由三角计算法则精确得到。

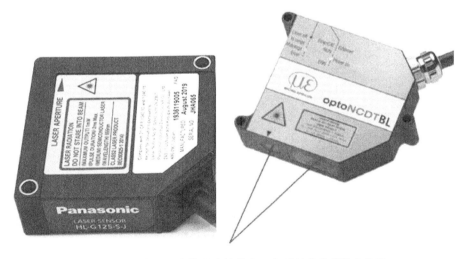

图 4.19　日本松下和德国米铱激光三角反射式传感器实物图

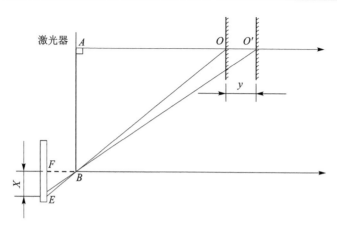

图 4.20　激光三角法直射式光路图

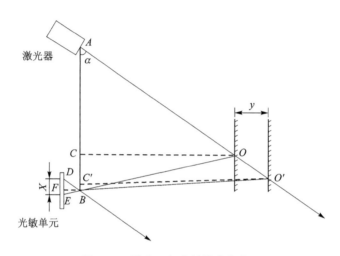

图 4.21　激光三角法斜射式光路图

同时,光束在接收元件的位置通过模拟和数字电路处理,并通过微处理分析,计算出相应的输出量,并在用户设定的模拟量窗口内按比例输出标准数据信号。如果使用开关量输出,则在设定的窗口内导通,窗口之外截止。另外,模拟量与开关量输出可独立设置检测窗口。

由图 4.21 可知,入射光 AO 与基线 AB 的夹角为 α,AB 为激光器中心与 CCD 中心的距离,BF 为透镜的焦距 f,D 为被测物体距离基线无穷远处时的反射光线在光敏单元上成像的极限位置。DE 为光斑在光敏单元上偏离极限位置的位移,记为 x。当系统的光路确定后,α、AB 与 f 均为一常数。由光路图中的几何关系可知 $\triangle ABO \backsim \triangle DEB$,则由边长关系易知:

$$\frac{AB}{DE} = \frac{OC}{BF}, \quad AO = \frac{OC}{\sin \alpha} \tag{4-22}$$

在确定系统的光路时,可将 CCD 位置传感器的一个轴与基线 AB 平行(假设为 y 轴),则由通过计算得到的激光光点像素坐标(P_x, P_y)可得到 x 的值:

$$x = \text{CellSize} \cdot P_x + \text{DeviationValue} \tag{4-23}$$

式中:CellSize 是光敏单元上单个像素的尺寸;DeviationValue 是通过像素点计算的投影距离和实际投影距离 x 的偏差量。当被测物体与基线 AB 产生相对位移时,x 改变为 x',由上可得被测物体运动距离 y 为

$$y = \frac{AB \cdot f \cdot (x/x')}{x \cdot x'} \quad\quad (4-24)$$

采取三角测量法的激光位移传感器最高线性度可达 $1\ \mu m$，可分辨更是可达到 $0.1\ \mu m$ 的水准。

4.4.2　速度传感器

在振动测量中，速度传感器适用于中频小位移的情况，将速度量直接转换为电信号。磁电式速度传感器为最常见的速度传感器，如图 4.22 所示，属于电动式传感器，将它和被测振物体固接在一起，使传感器方向和测振方向一致，振动引起线圈与磁铁的相对运动，线圈中产生电动势。电动势的高低与线圈、磁场、速度有关。当确定线圈与磁场的基本参数、相对运动方式后，即可根据电动势的大小计算出两者相对运动速度的大小。磁电式速度传感器感应电动势幅值（单位：V）可以用下式表示：

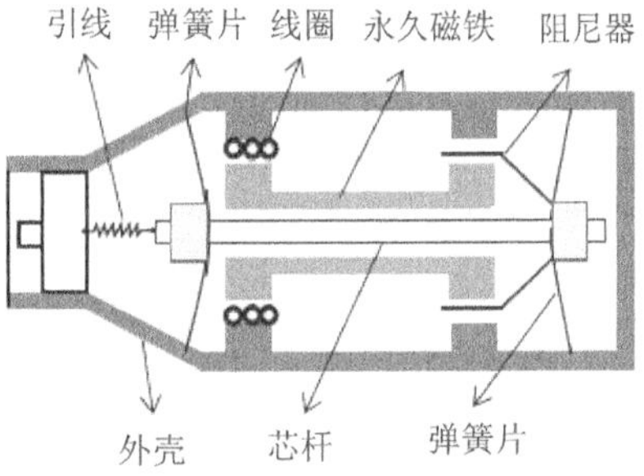

$$E = BWLV \quad\quad (4-25)$$

式中：B 为磁钢产生的气隙磁感应强度，T；W 为线圈匝数；L 为线圈每匝的长度，m；V 为线圈相对于磁场的运动速度幅值，m/s。

图 4.22　磁电式速度传感器结构简图

该类传感器的结构原理决定了它的动态范围和工作频率范围，即 10 Hz 左右至 2 kHz，测量范围小于 1 m/s。

4.4.3　加速度传感器

加速度传感器在振动测量中，直接感受振动加速度信号，它的信号输出与振动加速度成正比。依据对加速度计内检测质量所产生的惯性力的检测方式，加速度计可分为压电式、压阻式、应变式、电容式、振梁式、磁电感应式、隧道电流式、热电式等。按检测质量的支承方式，则可分为悬臂梁式、摆式、折叠梁式、简支承梁式等。表 4-1 列出了部分加速度计的测量方法及其主要性能特点。

表 4-1　几种典型的加速度传感器

类　型	测量范围	零偏稳定性	分辨率	特　点
压电式	$(5 \sim 10^5)g$	$(10^{-4} \sim 10^{-3})g$	$(10^{-2} \sim 10^{-5})g$	固有频率较高，用于冲击及振动测量、大地测量及惯性导航等
应变式	$\pm(0.5 \sim 200)g$		$(10^{-6} \sim 10^{-4})g$	低频响应较好，固有频率低，适用于低频振动测量
压阻式	$\pm(20 \sim 10^5)g$			灵敏度较高，便于集成化，耐冲击，易受温度影响
振梁式	$\pm(20 \sim 1\ 200)g$	$(2.5 \times 10^{-4} \sim 10^{-3})g$		体积小，重量轻，成本低，可靠性好

续表 4 - 1

类　型	测量范围	零偏稳定性	分辨率	特　　点
三轴磁悬浮式		x,y 轴 $5\times10^{-7}g$ z 轴 $2\times10^{-6}g$		摩擦小,零偏好,结构复杂,成本高,适用于高精度重力测量和惯性导航
MEMS	$\pm(1\sim\pm10^{5})g$	$(10^{-6}\sim10)g$	$(10^{-6}\sim10^{-3})g$	尺寸小,重量轻,成本低,适用于汽车安全防护、战术武器制导和惯性导航

1. 常见的加速度传感器

(1) 压电式加速度传感器

压电式加速度传感器的敏感元件由两片(或一片)压电晶片组成。在压电晶片的两面镀上银层,并在银层上加引线,在压电片上附加一质量块(比重较大的金属钨或高比重合金),用硬弹簧加紧,使质量块预加载荷。整个组件安装在基座上,并用金属外壳加以密封,其工装原理基于压电效应。

某些物质,如石英,其切片示意图见图 4.23,当受到外力作用时,不仅几何尺寸会发生变化,而且内部会被极化,表面会产生电荷;当外力去掉时,又重新回到原来的状态,这种现象称为压电效应。加速度传感器用到的材料主要有锆钛酸铅(PZT),可用温度范围为 $-100\sim$ 280 ℃;单晶石英,灵敏度比较低,但具有很好的时间和温度稳定性以及很高的电阻系数;铌酸锂,使用最高温度可达 649 ℃;钛酸钠铋,使用最高温度可达 760 ℃;聚偏氟乙烯(PVDF),具有很高的灵敏度,但其时间和温度稳定性较差。

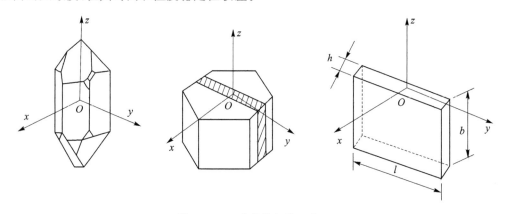

图 4.23　石英晶体切片示意图

当加速度传感器固定在试件上承受振动时,质量块将产生随动惯性力,作用在压电晶体片上,由于正压电效应,在晶片两面上,就产生一个可变电荷(电压),该电荷正比于作用在晶体片上的力,当质量块的质量一定时,由 $F=ma$ 就可以得知压电晶片所产生的电荷。公式如下:

$$q_{a}=DF=Dma \tag{4-26}$$

当试件的振动频率远低于整个加速度传感器的固有频率时,质量块的运动加速度和加速度传感器所感受的加速度相同,这样只要测量出加速度传感器所产生的电荷量的大小,就可以知道加速度计所感受的加速度的大小。压电型加速度传感器的结构类型主要有中心压缩型、周围压缩型、环形剪切型和弯曲梁型等,如图 4.24 所示。

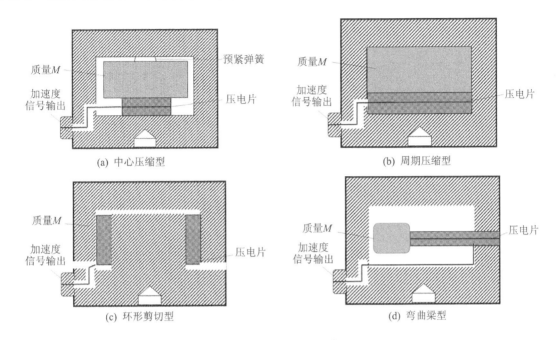

(a) 中心压缩型　　　　　　　　(b) 周期压缩型

(c) 环形剪切型　　　　　　　　(d) 弯曲梁型

图 4.24　压电传感器结构类型

压电加速度传感器的等效电路图如图 4.25 所示。

由等效电路图可得加速度传感器的电荷灵敏度系数 S_q 和电压灵敏度系数 S_v:

$$S_q - \frac{q_a}{a} \qquad (4-27)$$

$$S_v = \frac{u_a}{a} \qquad (4-28)$$

二者的关系如下:

$$S_v = \frac{S_q}{C_a} \qquad (4-29)$$

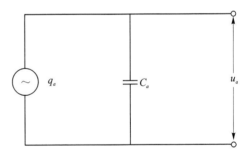

图 4.25　压电加速度传感器等效电路图

压电式加速度传感器典型的幅-频特性曲线如图 4.26 所示。

压电式加速度传感器(某实物照片如图 4.27 所示)的使用上限频率取决于幅频特性曲线中的共振频率 ω_0。一般小阻尼($\zeta \leqslant 0.1$)的加速度传感器,上限频率若取为共振频率 ω_0 的 1/3,便可保证幅值误差低于 1 dB(即 12%);若取为共振频率 ω_0 的 1/5,则可保证幅值误差小于 0.5 dB (即 6%),相位误差小于 3°。

(2) 应变式加速度传感器

应变式加速度传感器的基本组成为:等强度梁、质量块、应变片和阻尼油液,其结构示意图如图 4.28 所示。等强度梁由铜片制成等腰三角形,等腰三角形的尺寸选择,使得铜片上每一点应变都相等。质量块和等强度梁共同决定传感器的固有频率。

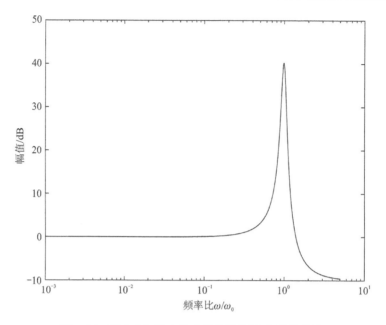

图 4.26 压电式加速度传感器典型的幅-频特性曲线

  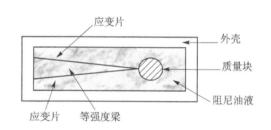

图 4.27 部分压电式加速度传感器实物照片   图 4.28 应变式加速度传感器的结构示意图

该类型传感器的基本工作原理：质量块随动结构的振动产生惯性力，使等强度梁发生弯曲变形，在一定条件下，弯曲变形与加速度成正比，这种变形通过粘贴在梁上下表面的应变片来测得。目前，大多采用半导体应变片来提高输出量，阻尼油主要作用是衰减传感器的固有振动。

该类型加速度传感器的主要优点：体积小、重量轻、低频性能好。但受限于结构和测量原理，使得它不适用于频率较高的振动和冲击场合，一般适用于 $0 \sim 100~\text{Hz}$ 的频率范围。

（3）压阻式加速度传感器

压阻式加速度传感器是利用单晶硅半导体材料作为应变敏感元件，其结构示意图如图 4.29 所示。其电阻率的变化与施加到它上面的应力或应变成正比，其等效电路即为变阻器。如采用悬臂梁结构形式，则在其根部成对布置出四个压阻元件，当悬臂梁自由端的质量块受到加速度作用，悬臂梁受到弯矩作用时，产生应力，使四个电阻阻值发生变化。通过检测电路中电阻阻值的变化量（正比于基座加速度）就可以判断出质量块相对基座的加速度变化。

该类传感器的频率范围至几十 kHz，具有小型化的优点，同时由于使用硅半导体材料作为敏感元件，其灵敏度较高，如典型的箔式应变片的应变系数约为 2.0，而半导体硅的应变系

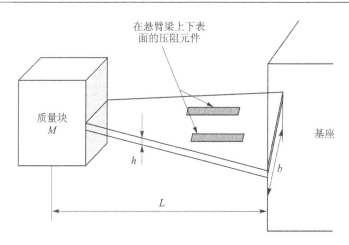

图 4.29　压阻式加速度传感器的结构示意图

数为 100。使用时,由于硅对温度较为敏感,需要注意环境温度对其灵敏度和测量结果的影响。

(4) ICP 型加速度传感器

ICP 型加速度传感器是指采用集成电路技术将传统的电荷放大器置于传感器中,所有高阻抗电路都密封在传感器内,并以低阻抗电压方式输出。它的优点是可以不受电缆感应噪声等信号响应的影响;缺点是由于放大器置于加速度传感器内部,使得传感器承受的环境温度的范围变小。

2. 加速度传感器的主要性能参数

总结加速度传感器的主要性能参数如下:

① 灵敏度:是指加速度传感器在承受一定加速度时,其输出端上产生的电荷或电压的大小。对于压电式加速度计,其灵敏度分为电压灵敏度(mV/g)和电荷灵敏度(pC/g)。电荷灵敏度是指单位加速度下,传感器受质量块惯性力作用产生的电荷量;电压灵敏度是指单位加速度下,传感器受质量块惯性力作用产生的电压值。一般来说,几何尺寸较小的传感器灵敏度低,但是具有大的固有频率,因此工作频带较宽;随着传感器几何尺寸的增大,其固有频率降低,灵敏度提高,工作频率带宽变小,即灵敏度和频率范围之间存在相互制约。

② 频率响应:是指加速度传感器的灵敏度随频率的变化情况,通常以曲线表示,称为频响曲线。它决定了加速度传感器的可用频率范围,即加速度传感器的使用范围为其频响函数的直线段。

③ 横向灵敏度:由于压电材料的不均匀性、不规则性以及压电片与金属零件间的不理想配合等原因,压电加速度计存在横向灵敏度。采用最大横向灵敏度与主灵敏度之比来表示,数值一般在 5% 以内。

④ 环境影响:须保证灵敏度系数随环境变化尽可能小。影响加速度传感器性能的主要因素有温度、湿度和急剧变化的环境压力。

⑤ 分辨率:是指传感器可感受到的被测量的最小变化的能力。对于加速度传感器来说,分辨率就是可以测量出的最小的加速度值。振动试验时,应根据试验精度来选择合适的分辨率所对应的加速度传感器。

4.4.4　力传感器

力传感器用于测量施加在结构测点处的力,主要有应变式力传感器和压电式力传感器。其中,应变式力传感器利用了结构变形(应变或应力)与外力成比例关系的原理,压电式力传感器则是利用了压电材料的正压电效应。

1. 应变式力传感器

应变式力传感器采用应变片粘贴在结构上,由应变响应反推受到的外界激励力。由材料力学的知识,该类型传感器利用了结构处于某种形式时,在材料的弹性变形阶段,应变和力成正比例这一关系。实际应用时一般采用适当的应变片组桥方式,以便达到温度补偿、消除某些情况下弯矩影响和提高测量灵敏度的目的。常用的 S 形应变式力传感器实物图及结构原理图如图 4.30 所示。

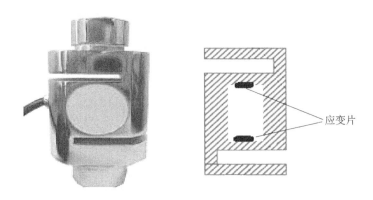

应变片

图 4.30　S 形应变式力传感器实物图及结构原理图

2. 压电式力传感器

当力施加在压电材料的极化方向使其发生轴向变形时,与极化方向垂直的表面产生与施加的力成比例的电荷,导致输出端的电势差。这种方式称为正压电效应,也称为压缩效应。当力施加在压电材料的极化方向使其发生剪切变形时,与极化方向平行的表面产生与施加的力成正比的电荷,导致输出端的电势差。这种方式称为剪切压电效应。

压电式力传感器的主要特性指标有:最大力、最低频率、最高频率、灵敏度系数、重量等。典型的压电式力传感器实物图及结构原理图如图 4.31 所示。

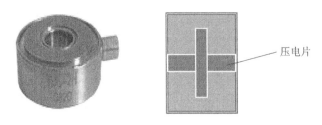

压电片

图 4.31　压电式力传感器实物图及结构原理图

4.4.5　应变传感器

应变传感器在振动测量中应用广泛,它可以直接得到结构的应变响应,使用起来也非常方便,频率范围可以从零到几百 kHz,随着材料技术的发展,应变传感器也从单一的电阻应变片发展为多种类型的应变传感器。表 4 - 2 为几种应变式传感器传感性能的比较。

表 4 - 2　几种应变式传感器传感性能的比较

参　数	箔式应变片	半导体应变片	光导纤维	压电薄膜	压电陶瓷
灵敏度	$30\ \mathrm{V}/\varepsilon$	$1\ 000\ \mathrm{V}/\varepsilon$	$10^{6}(°)/\varepsilon$	$10^{4}\ \mathrm{V}/\varepsilon$	$2\times10^{4}\ \mathrm{V}/\varepsilon$
带宽	0 Hz 至声频	0 Hz 至声频	0 Hz 至声频	0.1 Hz 至 GHz	0.01 Hz 至 GHz

1. 电阻应变片

自 20 世纪 30 年代电阻应变计问世以来,应变电测方法和技术作为结构的静力学和动力学测试手段经历了长期的发展,逐步广泛应用于各种工程结构的力学分析中,通过对结构的应变测量,并对其进行分析,得到了结构的静力学和动力学响应特征,制成各种传感器,推广应用于各个领域。用于制作应变片的箔或丝的电阻变化与应变之间的关系可用下式表示:

$$\frac{\Delta L}{L}=\frac{1}{K}\ \frac{\Delta R}{R} \tag{4-30}$$

式中:ΔL 为长度的变化;L 为箔片或丝的长度;$\dfrac{\Delta L}{L}$ 为箔片或丝承受的应变;ΔR 为由应变引起的电阻变化;R 为初始电阻;K 为应变系数。

并不是所有的材料都会产生应变敏感效应,电阻应变片中常用的细丝材料是康铜(55% 的铜和 45% 镍),其应变系数约为 2.0;其他常用的材料有等弹性合金和卡玛合金。

作为代表的应变计与传感器技术具有下列主要优点:

① 电阻应变计尺寸小、重量轻、安装方便,一般不会干扰构件的应力分布。

② 测量精度高,量程大:一般为 $2\times10^{4}\mu\varepsilon$(2%),特殊的大应变应变计可达 $2\times10^{5}\mu\varepsilon$(20%)。

③ 频率响应高,可测量静态到 500 kHz 的动应变。

④ 采用电子仪器可实现自动化、远距离测量、传输电信号,可数字显示、打印和数据处理。

2. 光纤光栅传感器

通过改变光栅传感器的波长,同时由光纤对信号进行传导,可以实现对结构的动态应变的测量和监测。光纤光栅传感器具有一系列的优点,如性能稳定,抗电磁干扰能力很强,可沿着单线多路复用,光纤很轻很细,对基体材料强度影响很小,无闪光放电现象,频率响应高,能进行数据传输,光纤熔点高,而且不容易被腐蚀,可以在有害环境下工作,等等。但是,光纤光栅传感器的技术含量很高,成本也高,安装不便,信号处理困难,并存在非线性因素;光纤波长的"多峰值"现象一直是其数据采集系统的一大难题。这些局限性影响了光纤传感器在工程中的使用和推广。

3. 压电薄膜

压电薄膜也就是PVDF,利用正压电效用作传感器,是一种新型的高分子聚合物型传感材料。1969年日本的Kawai发现PVDF具有很强的压电性以后,几十年以来,人们对PVDF压电薄膜的研究一直没有中断。同时,PVDF与微电子技术相结合,能制成多功能传感元件。它具有以下优点:

① 压电常数d比石英高10多倍,灵敏度高,但比PZT略低。

② 柔性和加工性能好。可制成5 μm~1 mm厚度不等、形状不同的大面积的薄膜,因此适于做大面积的传感阵列器件,尤其适合表面构造复杂的结构和构件。另外,还可以根据实际需要来制定形状,用502胶直接粘贴。

③ 频响宽。室温下在10^{-5}~10^{9} Hz范围内响应平坦,即从准静态、低频、高频、超声以及超高频均能转换机电效应。

但是,PVDF对温度很敏感,其灵敏度系数只能在一定范围内满足近似线性要求,并受外界多种环境影响大。

4. 压电材料

压电材料在产生应变时将产生电荷,电荷量和变形成正比。电荷的极性和压缩或拉伸有关,在材料的弹性范围之内,压电特性与压电材料所受到的力之间呈线性关系。将压电材料用作执行机构时,具有重量轻、电操作、频带宽和力由自身内部产生的特点;将其用作传感器时,具有重量轻、体积小、能耗低、响应快、容易安装、对温度变化敏感性低、应变灵敏度高和噪声低等优点。

4.4.6 阻抗头

阻抗头是用来测定测试对象测点处机械阻抗的传感器,用它可以同时测量该处的外界激励动态力和响应(通常为加速度),以确定机械阻抗。常用的阻抗头内部包含两种传感器:力传感器和加速度传感器。其内部结构示意图和某型号阻抗头实物图如图4.32所示。

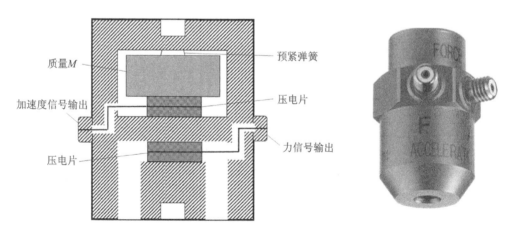

图4.32 阻抗头内部结构示意图和某型号阻抗头实物图

4.5　现代先进测试手段

4.5.1　多普勒激光测振仪

它利用光的干涉现象和多普勒效应来测量物体表面的位移和速度,其核心是一台高精度激光干涉仪和一台信号处理器,频率和相位测量非常出色,具有测量精度高、非接触测量和测量速度快等优点。其工作原理如图 4.33 所示。

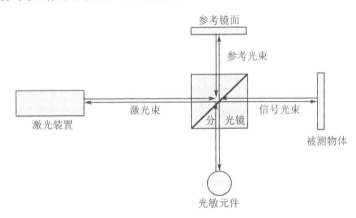

图 4.33　激光测振仪工作原理示意图

激光束通过分光镜分解成两束等强的光束,一束为信号光束,另一束为参考光束。信号光束通过透镜聚焦入射到被测物体的表面,从被测物体的表面反射或散射回来的信号光束和参考光束在光敏元件上产生干涉现象,如图 4.33 所示。设信号光束 α_1 和参考光束 α_2 有相同的频率 ω_0 和振幅 A_0,不同的相位角 θ_1 和 θ_2,因此有

$$\begin{cases} \alpha_1 = A_0 \cos(\omega_0 t - \theta_1) \\ \alpha_2 = A_0 \cos(\omega_0 t - \theta_2) \end{cases} \tag{4-31}$$

假设激光束的波长为 λ,信号光束和参考光束的空间位移差为 δ,则有

$$\Delta\theta = \theta_1 - \theta_2 = \frac{2\pi\delta}{\lambda} \tag{4-32}$$

假设测点与镜头的距离为 x,当 $x=0$ 时,信号光束和参考光束的相位差刚好为零。考虑到信号光束的入射和反射需 2 倍路程,则有

$$\begin{cases} \delta = 2x \\ \Delta\theta = \frac{4\pi x}{\lambda} \end{cases} \tag{4-33}$$

这时两束合成的光束可表示为

$$\alpha = \alpha_1 + \alpha_2 = A\cos(\omega t - \theta) \tag{4-34}$$

式中,

$$A = \sqrt{2A_0^2(1 + \cos\Delta\theta)} = 2A_0 \left| \cos\left(\frac{\Delta\theta}{2}\right) \right| \tag{4-35a}$$

$$\theta = \arctan\frac{\sin\theta_1 + \sin\theta_2}{\cos\theta_1 + \cos\theta_2} \tag{4-35b}$$

根据光的强度与振幅的平方成正比，两束光合成后的光强为

$$I = \beta A^2 = 4\beta A_0^2 \cos^2\left(\frac{\Delta\theta}{2}\right) = 4\beta A_0^2 \cos^2\left(\frac{2\pi x}{\lambda}\right) \tag{4-36}$$

式中：β 为比例系数。当物体移动半个波长 $\lambda/2$ 时，光强完成一个强弱变化周期。通过记录光强强弱周期变化总数 n，可推断出待测距离：

$$x = \frac{n\lambda}{2} \tag{4-37}$$

当物体以速度 v 向前移动时，有

$$x = vt \tag{4-38}$$

光强为

$$I = 4\beta A_0^2 \cos^2\left(\frac{2\pi vt}{\lambda}\right) \tag{4-39}$$

光强变化即多普勒频率：

$$f_0 = \frac{2v}{\lambda} \tag{4-40}$$

通过记录单位时间内光强强弱周期变化的个数得到 f_0，根据式（4-40）可以得到物体的速度 v。当然，从前面的分析可以看出，利用多普勒效应虽然可以得到物体的运动，但不能给出物体运动的方向。激光测振仪采用移频技术可以得到物体运动速度的方向，将光强的变化频率 f_0 变为 $f_b + f_0$，其中 f_b 为已知的载波频率，通过测量新的频率 f_0'：

$$f_0' = f_b + f_0 = f_b - \frac{2v}{\lambda} \tag{4-41}$$

既能得到物体运动速度的大小，又能得到物体运动速度的方向。配合位移解码器得到结构运动的位移。某型号多普勒激光振动测试系统和其应用测量结果如图 4.34 和图 4.35 所示。

图 4.34　多普勒激光振动测试系统

多普勒激光测振系统有如下优点：
① 不受传感器安装或质量负载的影响；

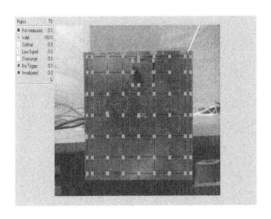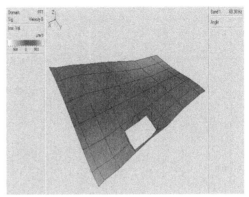

图 4.35　某电路板的第一阶模态振型图

② 可以不用布置信号传输导线；

③ 测点可以很小(可达 0.5 μm)，具有非常高的空间分辨率。

4.5.2　摄影测量

摄影测量是利用高速摄像机来代替传统传感器的非接触式测量方法。测量时，在待测量系统上布置一系列标志点，通过摄像机拍摄一段时间内标志点的移动轨迹，即可分析得到系统的位移、加速度等信息，从而可以进一步得到模态参数等。摄影测量不改变原物体的力学特性，场景适应性强，测量成本低，尤其适用于轻质大柔度的系统，例如在航空航天领域，太阳帆板、通信天线等类似结构。摄影测量的基本原理如图 4.36 所示(以双目立体测量为例)。图 4.37 所示为数字摄影测量系统。

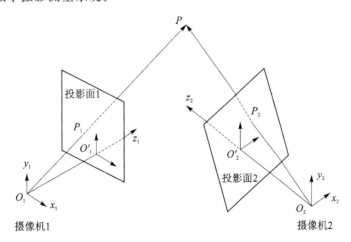

图 4.36　摄影测量原理图

已知地球坐标系下，两架摄像机的坐标分别为 (x_1, y_1, z_1) 和 (x_2, y_2, z_2)，其中 z 轴为摄像方向，投影面 1 和投影面 2 可分别看作两台摄像机所得的图像，点 $P(x, y, z)$ 在两图像中分别对应 P_1、P_2，坐标分别为 (x_{11}, y_{11}) 和 (x_{22}, y_{22})，由此可知：

$$\overrightarrow{O_1P} = a\overrightarrow{O_1P_1}, \quad \overrightarrow{O_1P_1} = \overrightarrow{O_1O_1'} + \overrightarrow{O_1'P_1} \tag{4-42}$$

$$\overrightarrow{O_2P} = b\overrightarrow{O_2P_2}, \quad \overrightarrow{O_2P_2} = \overrightarrow{O_2O_2'} + \overrightarrow{O_2'P_2} \tag{4-43}$$

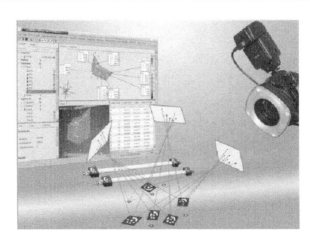

图 4.37　数字摄影测量系统

$$\overrightarrow{O_2P} = \overrightarrow{O_2O_1} + \overrightarrow{O_1P} \tag{4-44}$$

式中,向量 $\overrightarrow{O_1O_1'}$、$\overrightarrow{Q_1'P_1}$、$\overrightarrow{O_2O_2'}$、$\overrightarrow{O_2'P_2}$、$\overrightarrow{O_2O_1}$ 已知,解得 a、b 即可得到 P 点坐标。由于在数字成像过程中,存在灰度误差、几何畸变等影响,P_1、P_2 点的坐标往往会存在误差,在求解 a、b 时,需要采用最小二乘法等数值方法。此外,根据 Nyquist 采样定理,若最高截止频率为 ω,则摄像机的采样频率应不低于 2ω。

摄影测量的一般步骤如图 4.38 所示。

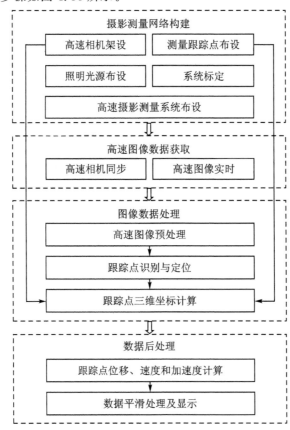

图 4.38　数字摄像数据处理框图

4.5.3　数字图像相关性分析方法

数字图像相关(Digital Image Correlation,DIC)分析是根据不同时刻下试件表面散斑的灰度图,用概率统计的方法分析出散斑区域之间的对应关系,从而得到被测试件表面的位移、应变等信息。将数字图像相关分析与双目摄影测量系统结合使用,可得到被测结构表面的三维位移场,可以进一步得到各项振动参数,其变形测量原理如图 4.39 所示。由于散斑分布在整个试件表面,因此数字图像相关分析得到的位移场比摄影测量少数几个标志点所得到的位移场精度高,所得模态信息更全面。相比于传统的测量方式,数字图像相关分析具有非接触、三维全场测量的优点。

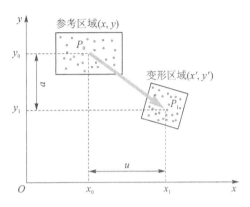

图 4.39　DIC 变形测量原理图

DIC 的原理:拍取试件变形前后的散斑图,根据相关性分析得到散斑的位移场。以试件变形前的灰度图像为参考图像,对参考图像上任一点 $P_0(x_0,y_0)$,设其在变形后对应点为 $P_1(x_1,y_1)$,为求解试件变形过程中在 P_0 的 $D\left(u,v,\dfrac{\partial u}{\partial x},\dfrac{\partial u}{\partial y},\dfrac{\partial v}{\partial x},\dfrac{\partial v}{\partial y}\right)$ 等位移参数,需要以 P_0 为中心在参考图像中构造一个参考区域。

对参考区域内的任一散斑点 (x,y),其在变形后的位置可以通过 $P_0(x_0,y_0)$ 的位移参数近似表示。例如,当被测结构仅发生刚体平移时,可用零阶形函数:

$$x' = x + u \tag{4-45}$$

$$y' = y + v \tag{4-46}$$

表示变形区域的散斑分布,其中 (x',y') 表示 (x,y) 对应的变形后坐标。如果同时存在转动、剪切、拉伸等变形时,则引用一阶形函数来表示其位移:

$$x' = x_0 + u_0 + \frac{\partial u}{\partial x}\Delta x + \frac{\partial u}{\partial x}\Delta y \tag{4-47}$$

$$y' = y_0 + v_0 + \frac{\partial v}{\partial x}\Delta x + \frac{\partial v}{\partial y}\Delta y \tag{4-48}$$

式中:Δx、Δy 为点 (x,y) 到中心点 (x_0,y_0) 的水平距离和竖直距离。参考区域选取得越大,其匹配精准度越高,但是需要的形函数阶次会相应提高,形函数参数会更复杂,因此一般通过使用一阶形函数同时加密区域划分来进行图像匹配。

当假设一组位移参数 $D\left(u,v,\dfrac{\partial u}{\partial x},\dfrac{\partial u}{\partial y},\dfrac{\partial v}{\partial x},\dfrac{\partial v}{\partial y}\right)$ 后,即可将原参考区域根据形函数变形为一个对应的区域,称该区域为变形区域。若变形区域中的散斑分布与真实变形后的散斑图像一致,则说明所假设的位移参数 $D\left(u,v,\dfrac{\partial u}{\partial x},\dfrac{\partial u}{\partial y},\dfrac{\partial v}{\partial x},\dfrac{\partial v}{\partial y}\right)$ 是合理的。两组散斑图像

之间的相关程度的判断一般需要一个预先给定的相关函数。常用的相关函数如下：

① 互相关函数：

$$C_{cc} = \sum\sum [f(x_i, y_j) \times g(x'_i, y'_j)] \tag{4-49}$$

② 归一化互相关函数：

$$C_{NCC} = \sum\sum \left[\frac{f(x_i, y_j) \times g(x'_i, y'_j)}{\bar{f} \times \bar{g}} \right] \tag{4-50}$$

③ 零均值归一化互相关函数：

$$C_{ZNCC} = \sum\sum \left\{ \frac{[f(x_i, y_j) - f_m] \times [g(x'_i, y'_j) - g_m]}{\Delta f \times \Delta g} \right\} \tag{4-51}$$

上式中，$f(x_i, y_j)$、$g(x'_i, y'_j)$ 分别表示变形区域和其对应的真实变形后的散斑图像灰度函数。

$$\begin{cases} f_m = \dfrac{1}{(2M+1)^2} \sum\sum f(x_i, y_i) \\[2mm] g_m = \dfrac{1}{(2M+1)^2} \sum\sum g(x'_i, y'_j) \end{cases} \tag{4-52}$$

$$\begin{cases} \bar{f} = \sqrt{\sum\sum [f(x_i, y_j)]^2} \\[2mm] \bar{g} = \sqrt{\sum\sum [g(x'_i, y'_j)]^2} \end{cases} \tag{4-53}$$

$$\begin{cases} \Delta f = \sqrt{\sum\sum [f(x_i, y_j) - f_m]^2} \\[2mm] \Delta g = \sqrt{\sum\sum [g(x'_i, y'_j) - g_m]^2} \end{cases} \tag{4-54}$$

取不同的 D，当相关函数取极大值时，则认为对应的 D_{max} 为 P_0 所对应的真实位移。以此类推，则可根据变形前后的散斑图像获得试件表面的位移场。

基于 DIC 进行三维测量时，即综合数字图像相关方法以及双目摄影测量系统，测量得到结构表面的三维位移场，进而分析结构的各振动参数。图 4.40 所示为基于 DIC 的三维形貌与变形测量结构，图 4.41 所示为基于 DIC 的三维测量原理示意图。

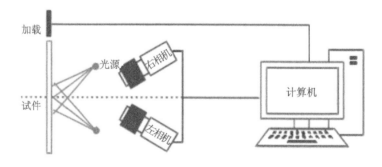

图 4.40　基于 DIC 的三维形貌与变形测量结构

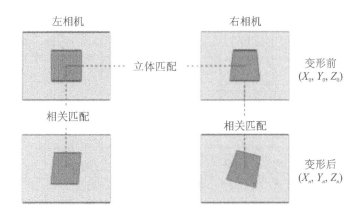

图 4.41　基于 DIC 的三维测量原理示意图

4.6　传感器信号调理及设备

进行振动信号的测量,传感器需要把测点处的位移、速度、加速度、力、应变等物理量转换为电信号输出。一般来说,传感器的初次电信号无法满足信号传输的要求,如信号微弱、频率混叠、信噪比低和信号泄漏等,因此,传感器的初次输出信号采用某种电路来完成信号的调理,这些电路统称为信号调理电路,对应的设备称为信号调理器。常用的信号调理电路有:电压放大器、电荷放大器、测量电桥、滤波器、积分器和微分器等。

4.6.1　电压放大器

电压放大器用于压电式传感器输出弱信号的调理,在将信号进行放人的同时把传感器的高输出阻抗转换为低输出阻抗。图 4.42 所示为压电式加速度计的等效电路图,加速度计可以看成是电荷/电压源与其内电容并联。因此,加速度计既可以当成电压源,也可以当成电荷源。

压电传感器与电压前置放大器配套,考虑整体电路中的电缆后,系统的等效电路图如图 4.43 所示。

由电压前置放大器等效电路图可知,压电传感器输出电压 e_i 为

$$e_i = \frac{q}{C_a + C_c + C_i} \qquad (4-55)$$

电容 C_c 随着电缆的长度而变化,由此可以看出,e_i 以及放大之后的 e_y 都会受到使用电缆的影响。如果系统更换电缆,应该重新标定系统灵敏度,实际使用时会很不方便。

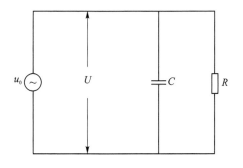

图 4.42　压电传感器等效电路

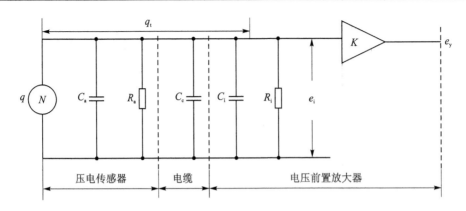

图 4.43   压电传感器与电压前置放大器的等效电路图

4.6.2   电荷放大器

电荷放大器同样用于压电式传感器输出弱信号的调理,它是由一个具有电容负反馈、输入阻抗极高的高增益运算放大器构成的。压电传感器、电荷放大器和电缆的等效电路图如图 4.44 所示。

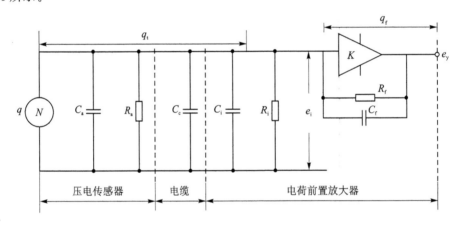

图 4.44   压电传感器与电荷放大器的等效电路图

图中 C_f 是反馈电容。由等效电路图可知,压电传感器经电荷放大器进行信号调理后,输出电压 e_y 为

$$e_y = \frac{Kq}{C_f(K-1)+(C_a+C_c+C_i)} \tag{4-56}$$

由于 K 值一般比较大,因此,e_y 简化为

$$e_y = \frac{q}{C_f} \tag{4-57}$$

由此可得,电荷放大器输出电压仅仅与 q 成正比,与 C_f 成反比,与 $C_a+C_c+C_i$ 无关。也就是说,电荷放大器的输出电压基本上不随输入连接电缆的分布电容而变化,因而不用考虑连接电缆的长短问题,这一特点也是电荷放大器广泛应用的原因。另外,e_y 简化后的表达式表明只需要调节 C_f 就可以很方便地调节压电传感器经电荷放大器后输出的放大倍数。

4.6.3　电阻应变仪

　　由于应变片测量应变时它的电阻率($\Delta R/R$)变化很小,一般只有千分之几,从而使得测量电桥的输出也很小,不足以直接进行记录、显示,因此需要将电桥的输出信号用一个高增益的放大器进行放大。一般采用交流载波放大器,整个放大系统称为电阻应变仪,典型的结构如图 4.45 所示。

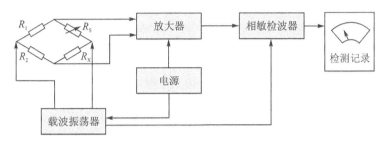

图 4.45　应变仪原理示意图

　　应变仪按照其测量应变频率变化范围可分为静态应变仪、动态应变仪和超动态应变仪。静态应变仪用于结构准静态状态下应变的测量,频率一般最高几十 Hz;动态应变仪用于测量随时间变化的动态应变,其工作频率一般在 5 kHz 以下,在振动测试中,动态应变仪有广泛的应用;超动态应变仪工作频率可达 10 MHz 以上,可广泛用于高速冲击下结构动态应变的测量。图 4.46 为某些型号的实物照片。

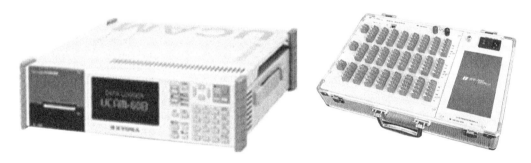

图 4.46　UCAM‐60B 和 DH3818Y 应变仪

　　应变仪的工作原理可参考相关专著,这里不再赘述。下面介绍应变仪的基本知识和几种典型的应变测量组桥方式。

1. 电桥输出的关系

　　应变仪的电桥如图 4.47 所示。图中,应变仪的供桥电压为 U_0(常见的有 2 V、5 V 和 10 V),电桥的输出电压为 U_y,公式如下:

$$U_y = \frac{R_1 R_3 - R_2 R_4}{(R_1 + R_2)(R_3 + R_4)} U_0 \tag{4-58}$$

当 $R_1 = R_2 = R_3 = R_4 = R$,每个桥臂上的电阻变化率不同时,式(4-58)简化为

$$U_y = \frac{U_0}{4}\left(\frac{\Delta R_1}{R} - \frac{\Delta R_2}{R} + \frac{\Delta R_3}{R} - \frac{\Delta R_4}{R}\right) \tag{4-59}$$

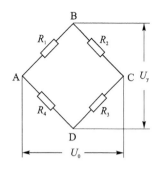

图 4.47　应变仪电桥示意图

设电阻应变片的灵敏度系数为 S_g，则应变 ε 与 R、ΔR 的关系式为

$$S_g \varepsilon = \frac{\Delta R}{R} \qquad (4-60)$$

当应变仪各桥路应变片的灵敏度系数相同时，有

$$U_y = \frac{U_0}{4} S_g (\varepsilon_1 - \varepsilon_2 + \varepsilon_3 - \varepsilon_4) \qquad (4-61)$$

也就是应变仪组桥时，应"对边相加，邻边相减"。利用这一应变仪基本原则，可以通过合理组桥来实现不同效果的测量：

① 采用对臂应变方向相同，邻臂应变方向相反，增大信号输出。

② 采用对臂应变方向相反，邻臂应变方向相同，抵消某些信号。

2. 应变测量方式

应变组桥测量方式主要有单臂电桥(1/4)、半桥(1/2)和全桥(1/1)，如图 4.48 所示。

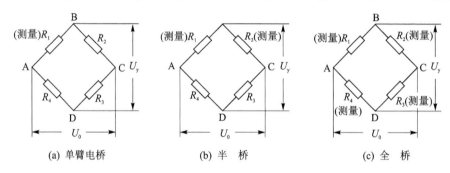

图 4.48　应变测量组桥方式

3. 几种典型的应变测量

(1) 拉(压)正应变测量的贴片方式

被测对象处于拉伸和压缩状态，其应变片的贴片方式主要有图 4.49 所示几种，对应的组桥为全桥。

(2) 弯曲正应变测量的贴片方式

被测对象处于弯曲受力状态，其应变片的贴片方式如图 4.50 所示，对应的组桥为全桥，应变输出增大为单臂方式的 4 倍。

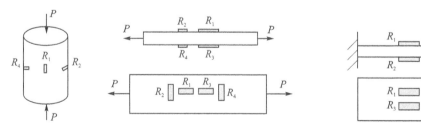

图 4.49　拉伸和压缩状态应变片贴片方式　　**图 4.50　弯曲受力状态应变片贴片方式**

(3) 纯扭转应变(纯剪切应变)测量的贴片方式

被测对象处于扭转受力状态,其应变片贴片方式如图 4.51 所示。

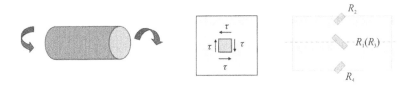

图 4.51　扭转受力状态及应变片贴片方式

(4) 拉(压)弯受力状态

当被测对象处于拉(压)弯受力状态时,测点处于复杂受力状态,可通过适当的应变片组桥方式将拉(压)力产生的应变和弯曲力产生的应变进行解耦分离,典型的组桥方式如图 4.52 所示。

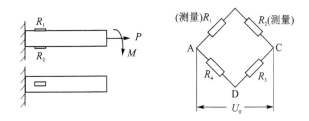

图 4.52　拉(压)弯受力状态、应变片分布和组桥

采用半桥相邻方式进行组桥,当$+R_1$ 和$+R_2$ 组桥时,电桥输出应变为 2 倍的拉(压)应变,消除了弯曲应变;当$+R_1$ 和$-R_2$ 组桥时,电桥输出应变为 2 倍的弯曲应变,消除了拉(压)应变。

(5) 拉弯扭受力状态

采用全桥方式进行组桥,当$+R_1$、$+R_2$、$+R_3$、$+R_4$ 组桥时,电桥输出应变为 4 倍的拉(压)应变,消除了弯曲和扭转应变;当$+R_1$、$+R_2$、$-R_3$、$-R_4$ 组桥时,电桥输出应变为 4 倍的弯曲应变,消除了拉(压)和扭转应变;当$+R_1$、$-R_2$、$+R_3$、$-R_4$ 组桥时,电桥输出应变为 4 倍的扭转应变,消除了拉(压)和弯曲应变,如图 4.53 所示。

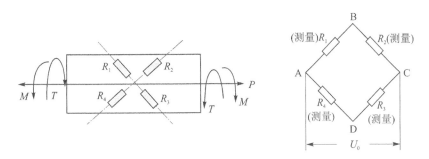

图 4.53　拉弯扭受力状态、应变片分布和组桥

4.6.4 滤波器

振动测试中,传感器所获得的信号中往往含有许多与被测物理量无关的频率成分,如测试环境干扰信号、电噪声等,需要通过信号滤波方法去掉。其中滤波器就是测试硬件方面常用的一种设备。

滤波器可以看作是一种频率响应系统,理想的滤波器的传递函数满足:

$$H(\mathrm{j}\omega) = \begin{cases} A_0 \mathrm{e}^{-\mathrm{j}\omega\tau}, & \omega_1 < \omega < \omega_2 \\ 0, & \omega < \omega_1, \omega_2 < \omega \end{cases} \tag{4-62}$$

这一传递函数在 ω_1 和 ω_2 之间都是线性函数,放大倍数 A_0 与时间常数 τ 都是常量,当信号通过滤波器时,在 $\omega_1 < \omega < \omega_2$ 范围内的信号得到比例放大,此范围之外的信号则无法通过。根据滤波器对信号的筛选范围,可以分为低通滤波器、高通滤波器、带通滤波器和带阻滤波器。理想的滤波器幅频特性如图 4.54 所示。

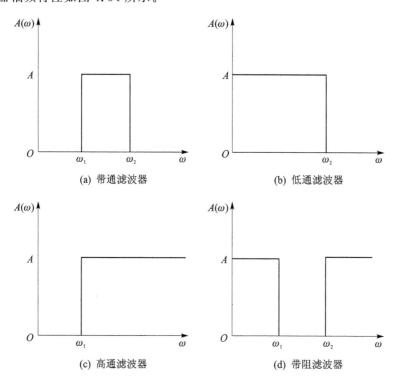

图 4.54　理想滤波器的幅频特性

1. 滤波器分类

按照滤波器的结构,可以分为 LC 滤波器(它由电感和电容构成)、RC 滤波器(它由电阻和电容构成)、谐振滤波器(它由谐振元件构成)。LC 滤波器就是由电感和电容组成的滤波器,为了减小纹波电压,通常加一个负载与电容并联接入电路中,这样经过电感、电容滤波后再输出,负载端得到一个平滑的直流电,这种滤波在电流波动变化时也能起到很好的滤波效果。RC 滤波器是用电阻代替了电感,由于电阻对电压具有降压作用,与电容组合在一起时,使得较多的脉动交流成分降在电阻上,可减少对负载的影响,最终实现滤波。这种电路适合负载电流较小同时输出电压脉动不是很高的场合。谐振滤波器是利用电路谐振原理,对某个频率产生谐振,信号振幅会大幅放大,而对那些不在谐振频率的其他信号会产生很高的阻尼。这样,含有复杂成分的信号经过这个电路以后,就只留下这个频率的有用信号。

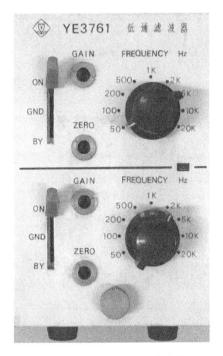

按电路组成,可分为有源滤波器和无源滤波器。无源滤波器是指滤波电路元件仅由无源元件(电阻、电容、电感)组成。无源滤波器的结构简单,易于设计,但它的通带放大倍数及其截止频率都随负载而变化,因而不适用于信号处理要求高的场合。无源滤波器通常用在功率电路中,比如直流电源整流后的滤波,或者大电流负载时采用LC(电感、电容)电路滤波。有源滤波器是指由集成运放和电阻、电容组成的滤波器,因而必须在合适的直流电源供电的情况下才能使用,同时还可以进行放大。若滤波电路不仅有无源元件,还有源元件(双极型管、单极型管、集成运放)组成,则称为有源滤波电路。有源滤波的主要形式是有源 RC 滤波,也被称作电子滤波器。YE3761 低通滤波器如图 4.55 所示。

图 4.55 YE3761 低通滤波器

随着信号分析和处理技术的发展,现在硬件型的滤波器逐渐被数字滤波方法所取代。

2. 典型的 RC 滤波器

滤波器利用电感通低频阻高频和电容通高频阻低频的特性工作。对于需要截止的高频,利用电容吸收的方法不使它通过;对于需要放行的低频,利用电容高阻、电感低阻的特点让它通过。

(1) 低通滤波器

简单的 RC 低通滤波器如图 4.56 所示。其截止频率为

$$f_1 = \frac{1}{2\pi R_1 C_1} \qquad (4-63)$$

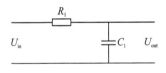

图 4.56 RC 低通滤波器示意图

也就是信号中频率低于 f_1 的成分通过。

(2) 高通滤波器

简单的 RC 高通滤波器如图 4.57 所示。其截止频率为

$$f_2 = \frac{1}{2\pi R_2 C_2} \qquad (4-64)$$

也就是信号中频率高于 f_2 的成分通过。

(3) 带通滤波器

带通滤波器是一种仅允许特定频率区间的信号通过,同时对其余频率的信号进行有效抑制的电路。简单的 RC 带通滤波器如图 4.58 所示。

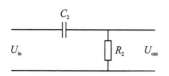

图 4.57　RC 高通滤波器示意图

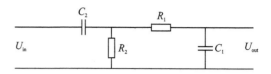

图 4.58　RC 带通滤波器示意图

信号中频率大于 f_2 小于 f_1 的成分通过。

4.6.5　积分器和微分器

在振动试验中,有时候需要对加速度、速度和位移传感器测得的信号进行变换,如加速度传感器得到信号想转换为位移信号,速度传感器测得的信号想转换为加速度信号,特别是很多时候想通过一种类型的传感器同时得到测点的位移、速度、加速度三种信号。要达到这些目的,就需要引入积分器和微分器来实现。

1. 积分器

积分器一般由电阻 R 和电容 C 构成,如图 4.59 所示。

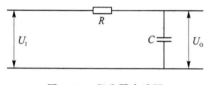

图 4.59　积分器电路图

当电路中电流为 i 时,由积分器电路图可得

$$U_1 = U_R + U_O = Ri + \frac{1}{C}\int i\,\mathrm{d}t \quad (4-65)$$

当 $R \gg \dfrac{1}{\omega C}$($\omega$ 为信号的圆周频率)时,有

$$U_R \gg U_O, \quad U_1 \approx U_R = Ri \quad (4-66)$$

得

$$i = \frac{U_1}{R} \quad (4-67)$$

从而得到积分器的输出电压:

$$U_O = \frac{1}{C}\int i\,\mathrm{d}t = \frac{1}{C}\int \frac{U_1}{R}\,\mathrm{d}t = \frac{1}{CR}\int U_1\,\mathrm{d}t \quad (4-68)$$

即输出电压 U_O 是输入电压 U_1 的积分值。把多个积分器进行串联,就可以组成对输入信号的多次积分器。积分器不但可以进行信号的积分变换,还可以抑制高频噪声干扰信号,同时积分器也存在一频率下限。

2. 微分器

微分器也一般由电阻 R 和电容 C 构成,如图 4.60 所示。

当电路中电流为 i 时,由积分器电路图可得

$$U_1 = U_R + U_O = \frac{1}{C}\int i\,\mathrm{d}t + Ri \quad (4-69)$$

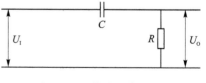

图 4.60　微分器电路图

当 $R \ll \dfrac{1}{\omega C}$ 时,有

$$U_R \ll U_O, \quad U_I \approx U_C = \frac{1}{C}\int i\,\mathrm{d}t \tag{4-70}$$

得

$$i = C\,\frac{\mathrm{d}U_I}{\mathrm{d}t} \tag{4-71}$$

从而得到微分器的输出电压：

$$U_O = Ri = RC\,\frac{\mathrm{d}U_I}{\mathrm{d}t} \tag{4-72}$$

即输出电压 U_O 是输入电压 U_I 的微分值。式中 RC 为时间常数，其值越小，积分结果越小，一般取值为 $RC \leqslant \dfrac{T}{10}$，其中 T 为输入电压 U_I 中关心的最高频率的周期。

习　　题

1. 传感器的类型有哪些？
2. 推导惯性式传感器的工作原理。
3. 典型的振动传感器有哪些？试述各自的特点。
4. 现代测试手段有哪些？试述各自的特点。
5. 推导压电传感器的信号调理原理。
6. 动态应变仪的原理包括哪几部分？
7. 滤波器的作用和类型有哪些？
8. 推导积分器和微分器的基本原理。

第5章 激振设备及信号的生成

振动试验中,有时需要激励手段来激励结构,如模态试验中,力锤、激振器的输入力使结构产生振动响应;电子设备、仪器在振动台上工作,模拟实际工作的力学环境等。同时,这些激励手段的实施,常常也需要信号来驱动。振动试验中常用的激励方式主要有以下几种。

① 力锤敲击法:最为常用的一种,使用便携,但对结构输入能量有限,适用于质量较轻、比较刚硬的结构。

② 预载突然释放法:给结构输入一阶跃力的方法,适用于塔式高层结构。

③ 电磁激振器:最为常用的一种,具有较宽的有效使用频率,例如,大型(100 kg 以上),2~3 000 Hz;中型(2~100 kg),2~4 000 Hz;小型(2 kg 以下),2~10 kHz。但其位移行程较小。

④ 液压激振器:具有较好的低频性能和较大的位移行程,但有效使用带宽小(0~1 kHz)和使用不方便(需要液压动力源)。

⑤ 声激励法:对结构无附加质量,该方法低频性能较差,适用于高频轻质结构和乐器。

⑥ 磁激励法:对结构无附加质量,该方法使用对象受到限制,且实际输入力无法测量。

⑦ 振动台:一般只适用于实验室中,是一种基础激励使得试验结构受到多点激励或面激励,模态参数的辨识较为复杂。

⑧ 环境激励法:对无法直接施加激励的测量对象而言,这是行之有效的方法,如大型高层建筑、大型桥梁、空间飞行器等。它的缺点是对测量对象的力无法量化,力的形式无法控制,从而造成结构模态参数的辨识较为复杂。

激励设备就是按照试验目的对试验对象施加输入力的装置。激励设备的类型非常多,按照其产生输出力的原理可分为机械、液压和电磁激振器以及力锤等。

5.1 机械激振器

机械激振器的形式有偏心轮、曲柄连杆和摆杆等,其共同的特点是利用旋转的偏心质量产生离心力生成所需的激励力。

(1) 曲柄式激振器

通过曲柄等机械机构,当电机带动主轴转动时,台面输出正弦函数的机械位移,改变转速可得到不同频率的激励力。几种常见的激振结构如图 5.1 所示。

此类激振器结构简单,使用方便,但是机械稳定性差,磨损严重,对所需激振频率限制较大,输出波形差。

(2) 偏心轮式激振器

该类激振器采用两个带有偏心质量的圆盘,当两个偏心圆盘做反向旋转时,各自偏心质量

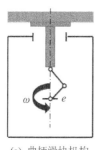

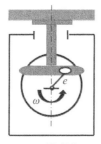
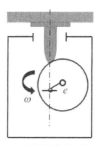

(a) 曲柄滑块机构　　　(b) 正弦机构　　　(c) 凸轮顶杆机构

图 5.1　曲柄式激振器

所产生的离心力合成后将在某一方向上产生正弦变化的简谐激振力,如图 5.2 所示。某型号偏心轮激振器实物图如图 5.3 所示。

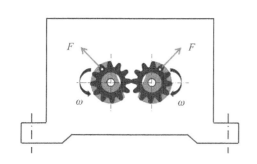

图 5.2　偏心轮激振器原理图

图 5.3　偏心轮激振器实物图

通过对原理图的分析,两个转轴通过一对齿轮啮合,由电机带动以相等的角速度、相反的转向转动,每一轴上都配有一个质量为 m、偏心距为 c 的质量块,通过调节两个质量块的偏心位置,可以使其水平偏心力平衡抵消,垂直分力构成一简谐变化的力分量作用在实验对象上。其激振力的大小 $F(t)$ 可表示为

$$F(t) = 2m\omega^2 e \cos \omega t \tag{5-1}$$

式中: ω 为旋转角频率, $f = \dfrac{\omega}{2\pi}$ 为输出激振力频率。试验时,将激振器固定在被测物体上,激振力激励试验对象一起振动。此类激振器一般采用直流式电动机工作,调节直流电动机的转速即可改变干扰力的频率。

该类型激振器的优点是结构简单,获得激振力的幅值范围也较大。缺点是工作频率范围窄,一般为 0~100 Hz。另外,离心式激振器本身质量较大,对激振系统的固有频率有一定的附加刚度和附加质量影响,且安装不方便。

5.2　液压激振器

液压激振器是采用液压传动与伺服控制,将高压油液的流动转换为激励点往复运动的装置。液压激振器控制系统原理图如图 5.4 所示。

液压激振器能提供较大的激振力和位移行程,台面也能承受大负载,但激振频率不能太

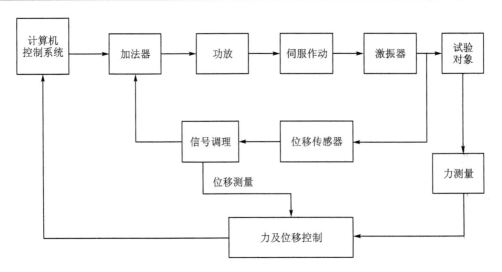

图 5.4 液压激振器控制系统原理图

高,通常在几百 Hz 以下,同时系统复杂,成本较高,使用时还需要配建油液泵站。

5.3 电动激振器

电动激振器是把电能通过磁场转换为机械能并以作用力的形式传递给试验对象的设备,其结构简图如图 5.5 所示,工作原理框图如图 5.6 所示。它利用磁场中的相互作用,驱动线圈产生激振力。电动激振器由外壳、顶杆、动圈、中心磁极、磁极板组成,其中动圈固定在磁极板上,称为可动部分。可动部分由弹簧片支撑,以保证轴向运动,并能给顶杆和试件之间提供一定的预压力。

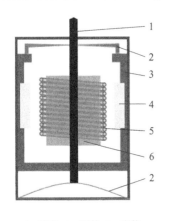

1—顶杆;2—弹簧;3—壳体;
4—磁极;5—线圈;6—铁芯

图 5.5 电动激振器结构简图

工作时,动圈处于中心磁极和磁极板之间的磁场中,若动圈中通过一个频率可调的交变简谐电流,其幅值为 I_0,角频率为 ω,则动圈在磁场的作用下产生一个电磁力,通过顶杆上下运动产生激振力 F,施加到试验对象上。其大小为

$$F = BLI_0\sin\omega t \qquad (5-2)$$

式中:B 为磁感应强度,T;L 为动圈绕线的有效长度,m;I_0 为动圈中电流的幅值,A;ω 为动圈中电流的圆周频率,rad/s。对已经设计好的激振器,B、L 都是常数,激振力 F 与电流成正比。当输入动圈的电流以简谐规律变化时,则通过顶杆作用在物体上的激振力也以简谐规律变化。

相对于机械激振器和液压激振器,电动激振器的优点是能获得较宽频带(从 0 Hz 到 10 kHz)的激振力。而可动部分质量较小,从而对被测物体的附加质量和附加刚度也较小,几何尺寸也可大可小,使用方便,因此,在振动试验中应用非常广泛。某些型号的激振器实物图如图 5.7 所示。

在使用电动激振器进行试验时,需要注意的是,由顶杆施加到试验对象上的激振力一般不

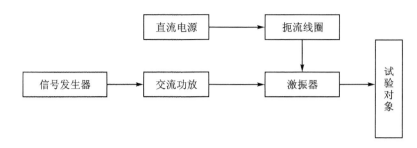

图 5.6　电动激振器工作原理框图

图 5.7　电动激振器实物图

等于线圈产生的电动力,而是等于电动力和激振器运动部件的弹簧力、阻尼力、惯性力的合力,所以试验测试时,一般在顶杆前部安装力传感器来实时获得实际的激振力。

5.4　振动台

振动台试验是将试验对象置于振动台的台面上,由台面按给定的波形以及加速度幅值使试验对象产生强迫振动,用于模拟试验对象真实工作状态下的力学环境,考核其力学环境下的可靠性。常见的振动台设备有:电动式振动台和电液式振动台。电动振动台的工作原理与电动激振器相同,电液式振动台和液压激振器相同,但二者的激振力和几何尺寸比激振器都要大得多。

电动振动台的台面与动圈相固联,称为运动部件,通过支撑弹簧将此运动部分支撑在台体外壳上。台体是由磁体材料制成的并起磁路作用,在磁路中含有一环形空气隙,与台面固联的动圈在此空气隙中运动。环形气隙中的磁场一般采用直流励磁线圈通以直流电流而产生强大的磁场;对于小型振动台,可通过永久磁铁来产生所需要的磁场。电动振动台结构原理图如图 5.8 所示。

电动振动台有以下特点:

① 使用频率范围宽,其范围是 5~5 000 Hz。

② 输出加速度波形好,一般失真度在 5% 以下。

③ 推出加速度大,最大推力可达几十吨甚至上百吨,非常适合大型结构的系统级振动试验。

④ 操作方便,容易实现自动控制,例如定加速度自动扫描或随机振动试验。

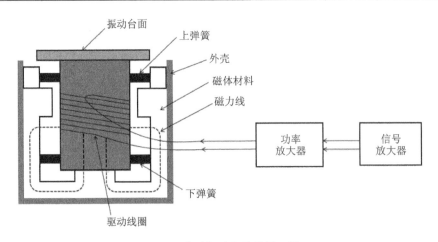

图 5.8 电动振动台结构原理图

电动振动台(可包含水平滑台)与功率放大器、振动控制系统组成力学环境试验系统,试验系统框图和实物图如图 5.9、图 5.10 所示。

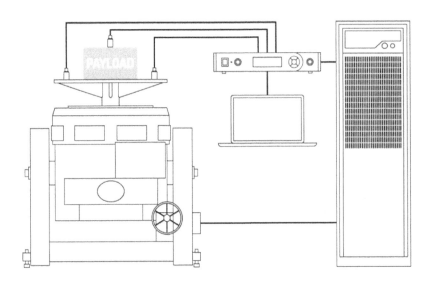

图 5.9 电动振动台力学环境试验系统框图

液压式振动台由电动式驱动装置、控制阀、功率阀、液压缸、高压管路(供油管路)和低压管路(回油管路)等主要部件组成。由于液压振动台可以方便地提供大的激振力,同时台面能承受大的负载,因此一般都做成大型设备,以适应大型结构的模型实验。它的工作频段下限可至零,上限可达几百 Hz。由于台面由高压油液驱动,从而避免了漏磁对台面的影响,但是台面的振动波形直接受油压及油的性能的影响,与电磁式振动台相比,液压式振动台波形失真度要大一些。其系统组成的原理框图如图 5.11 所示。

总结振动台的主要性能指标如下:

① 最大激振力;

② 最大承重值;

③ 最大空载与满载加速度;

图 5.10　电动振动台力学环境试验系统实物照片

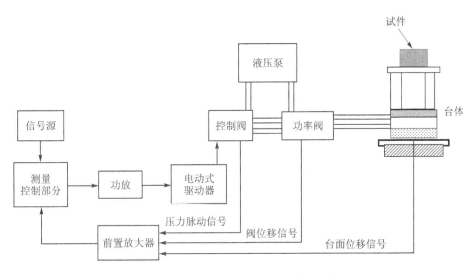

图 5.11　液压振动台控制系统组成原理框图

④ 最大振幅;

⑤ 频率工作范围;

⑥ 最大非线性失真系数。

5.5　力　锤

随着模态分析与参数辨识技术的发展,传递函数的测量应用广泛。在测量传递函数中,除了测量响应信号外,还需要测量力信号,使用力锤敲击试件,测力的问题变得非常方便。力锤是一把带有力传感器的手锤。用它敲击试件,通过调节锤头可得到多种脉冲宽度的激励,可以较为方便地调节激励力的频率范围。由于脉冲函数在频域中具有宽带谱形,所以力锤产生的脉冲力具有很宽的频率范围。

力锤的大小和锤头材料的选择,可根据试验件大小及其固有频率的范围选择,以能够给试件足够的能量和满足频率范围的要求为原则,其结构示意图如图 5.12 所示,某些型号的实物照片如图 5.13 所示。锤头的材料可以是铜、钢、铅、木、橡胶、尼龙、有机玻璃等。力的大小可由锤头质量和敲击加速度控制。

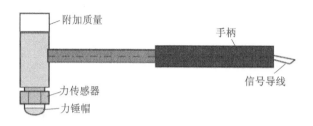

图 5.12　力锤结构示意图

图 5.13　力锤实物照片

5.6　其他激励方式

5.6.1　磁吸式激振器

磁吸式激振器利用电磁力作为激振力,其工作原理如图 5.14 所示,适合非接触激振场合,常常用于轻质或薄膜类结构的振动试验中。一定频率的交变信号经过功率放大器放大后,通入绕在磁芯的线圈,在线圈上就产生一个交变的磁场,处在磁场中的磁性试验对象就受到交变作用力,从而激励起试验对象的振动。

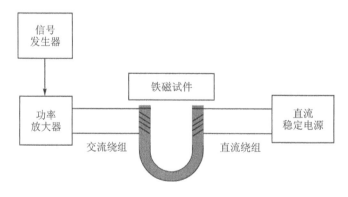

图 5.14　磁吸式激振器原理图

磁吸式激振器的吸振力可用麦克斯韦公式表示：

$$F = \frac{B^2 S}{2\mu_0} \qquad (5-3)$$

式中：F 为激振器的激振力；B 为电磁感应强度；S 为磁吸表面面积；μ_0 为空气导磁系数，$\mu_0 = 1.25 \times 10^6$ H/m。电磁感应强度与交变、直流工作电流相关，其表达式如下：

$$B = B_0 + B_m \sin \omega t \qquad (5-4)$$

$$B_0 = \frac{n_0 I_0}{1.6\delta} \qquad (5-5)$$

$$B_m = \frac{n_m I_m}{1.6\delta} \qquad (5-6)$$

式中：B_0 为直流线圈工作电流所产生的磁感应强度；B_m 为交变电流线圈工作电流所产生的磁感应强度幅值；n_0 为直流线圈的匝数；n_m 为交变电流线圈的匝数；I_0 为直流线圈的电流；I_m 为交变电流线圈的电流幅值；δ 为气隙厚度。

作为非接触激振器，磁吸式激振器结构简单、使用方便，但由于铁磁材料的磁通-电流特性曲线为非线性曲线，激振力容易失真。在高频时由于电磁铁与被激振对象之间的涡流效应及线圈的趋肤效应，激振力会大幅度下降。磁吸式激振器使用频率范围为几十至几百 Hz。

5.6.2　压电类作动器

压电类作动器包括压电陶瓷、压电复合材料等，几何形式包括片状和柱状压电堆，如图 5.15 所示。激振时利用压电材料的逆压电效应，即在压电材料的两个极化面上施加交变电流，就会使某一方向产生伸缩或者剪切变形。使用时如果将压电材料粘贴在试验对象表面，则采用薄片状，上下表面施加交变电压后，对试验件上下表面施加了动态面内拉或压激振力，等效为动态弯矩作用力。这种方法非常适用于轻质、板类结构的激励。柱状压电堆则利用了沿堆高方向施加交变电压，堆高方向就会产生伸缩变形，多用于结构的基础激励，类似于电动激振器的作用。

图 5.15　压电片和压电柱作动器

压电类作动器的缺点是产生的动态位移较小，一般在 μm 量级，更多用于结构振动控制中。

5.6.3　声激励

相对于电动激振器、力锤敲击等激励方式,声激励是一种非接触激励方式,因此,对结构无

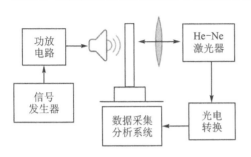

图 5.16　声激励测试结构特性系统框图

附加质量和附加刚度的影响,非常适用于高频轻质结构和乐器等结构的振动试验,其系统框图如图 5.16 所示。

声激励是一种场激励,激励的范围与激振力的大小难以获取。因此,在将该激励手段应用于结构模态试验时,将结构的响应作为输出,将信号发生器扫频信号作为输入,从而得到频响函数,再通过试验模态分析方法获得结构模态参数。

5.7　激励信号的生成

在进行振动试验时,激振器的输出作用力都依赖于驱动的信号。信号的发生方式有两种:

① 信号发生器,由硬件设备直接得到试验信号,是一种能提供多种频率、波形和输出电平电信号的设备;

② 采用数字信号通过数/模转换得到所需的振动驱动信号。

5.7.1　信号发生器

信号发生器按工作频率分为超低频信号发生器(0.1 Hz 以下)、低频信号发生器(0.1 Hz~1 MHz)、高频信号发生器(100 kHz~几百 MHz)、微波信号发生器(几十 GHz 以内)等。信号发生器的主要部件有频率产生单元、调制单元、缓冲放大单元、衰减输出单元、显示单元、控制单元。早期的信号发生器都采用模拟电路,现代信号发生器越来越多地使用数字电路或单片机控制,内部电路结构上有了很大的变化。

频率产生单元是信号发生器的基础和核心。早期的高频信号发生器采用模拟电路 LC 振荡器,低频信号发生器则较多采用文氏电桥振荡器和 RC 移相振荡器。由于早期没有频率合成技术,所以上述 LC、RC 振荡器的优点是结构简单,可以产生连续变化的频率,缺点是频率稳定度不够高。早期产品为了提高信号发生器频率稳定度,在可变电容的精密调节方面下了很多功夫,不少产品都设计了精密的传动机构和指示机构,所以很多早期的高级信号发生器体积大、重量重。后来,人们发现采用石英晶体构成振荡电路,产生的频率稳定,但是石英晶体的频率是固定的,在没有频率合成的技术条件下,只能做成固定频率信号发生器。之后也出现过压控振荡器,虽然频率稳定度比 LC 振荡器好些,但依然不够理想,不过压控振荡器摆脱了 LC 振荡器的机械结构,可以大大缩减仪器的体积,同时电路不太复杂,成本也不高。

随着 PLL 锁相环频率合成器电路的兴起,高档信号发生器纷纷采用频率合成技术,其优点是频率输出稳定(频率合成器的参考基准频率由石英晶体产生),频率可以步进调节,频率显示机构可以用数字化显示或者直接设置。目前的中高端信号发生器采用了更先进的 DDS 频率直接合成技术,具有频率输出稳定度高、频率合成范围宽、信号频谱纯净度高等优点。由于

DDS 芯片高度集成化,所以信号发生器的体积很小。

信号发生器的工作频率范围、频率稳定度、频率设置精度、相位噪声、信号频谱纯度都与频率产生单元有关,也是信号发生器性能的重要指标。目前,常用的信号发生器产品有安捷伦、泰克、安立、罗德与施瓦茨和江苏联能等。

5.7.2　数字信号的生成

由于 D/A(数/模)转换技术的发展,数字信号完全可以替代信号发生器的功能,并且相对于硬件的信号生成,数字信号具有更好的灵活性,信号类型也丰富得多。下面介绍几种常用的数字信号。

1. 定频正弦或余弦信号

定频正弦或余弦信号是固定某一特定频率的信号。信号随时间变化的表达式为

$$a(t) = A\sin(\omega_0 t + \varphi) \tag{5-7}$$

式中: A 为信号幅值; ω_0 为某一特定的圆周频率; $\varphi = 0$ 时为正弦信号, $\varphi = 90°$ 时为余弦信号。

2. 频率扫描信号

频率扫描信号简称扫频信号,是一种振动频率随时间变化的信号。由于扫频信号的频率范围可以根据需要任意设置,因此在振动试验中常被用作宽频振动激励信号,测试试件的动力学特性。

正弦扫频信号随时间变化的表达式为

$$a(t) = A\sin\omega t \tag{5-8}$$

$$\omega = 2\pi\big[(f_1 - f_0)F(t) + f_0\big] \tag{5-9}$$

式中: A 为信号幅值; ω 为随时间变化的圆周频率; f_0、f_1 分别为 t_0、t_1 的起始频率和终止频率; $F(t)$ 为频率扫描方式函数。

① 线性扫频函数

$$F(t) = \frac{t - t_0}{t_1 - t_0}, \quad t_0 \leqslant t \leqslant t_1 \tag{5-10}$$

② 对数扫频函数

$$F(t) = \frac{\ln(t - t_0)}{\ln(t_1 - t_0)}, \quad t_0 \leqslant t \leqslant t_1 \tag{5-11}$$

③ 指数扫频函数

$$F(t) = 2\mathrm{e}^{\frac{t-t_0}{t_1-t_0}-1}, \quad t_0 \leqslant t \leqslant t_1 \tag{5-12}$$

不同扫频方式的信号曲线如图 5.17 所示。

3. 拍波信号

拍波信号是由两个不同频率正弦波的乘积形成的一种组合信号。拍波信号是以两个频率中较高频率的正弦波包络较低频率正弦波的正半波中形成的一种波形,这个正半波和包络在内的频率较高的若干个正弦周波构成一个拍波。在振动试验中,常常以试件的自振基频生成的共振拍波作为模拟地震波的激励信号,考核产品试件的抗地震性能。

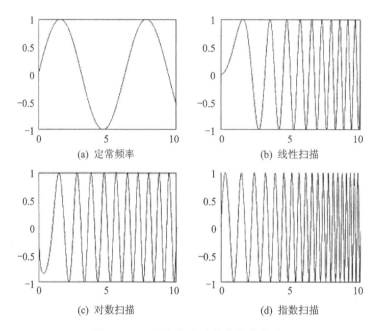

图 5.17　不同扫频方式的信号曲线图

生成拍波信号的基本表达式为

$$a(t) = A \sin \omega_1 t \sin \omega_2 t \tag{5-13}$$

式中：A 为信号幅值；ω_1 为拍波中频率较高的频率，也就是共振拍波的共振频率；ω_2 为拍波的拍频率，即用于包络的正弦波频率。

两个频率 ω_1 和 ω_2 之间的关系为

$$\omega_2 = \frac{\omega_1}{2n} \tag{5-14}$$

式中：n 为一个拍中所包含频率为 ω_1 正弦波的周波个数。

某拍波信号曲线如图 5.18 所示。

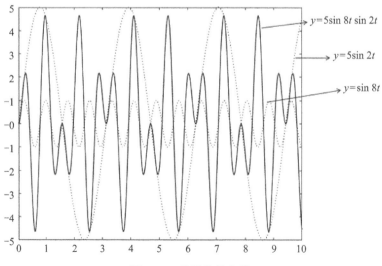

图 5.18　拍波信号曲线

4．白噪声随机信号

在指定频带带宽中白噪声随机波的功率谱为一常数。由于白噪声随机波各频率成分是均匀分布的，因而在振动试验的动力学特性测试中常被用作激振信号。根据白噪声随机波的定义，对给定的功率谱开方得到傅里叶幅值谱，将傅里叶幅值谱和任意定义的随机相位谱转换成傅里叶变换的实部和虚部，并作傅里叶逆变换，就可以得到白噪声随机波的时间历程，生成白噪声随机波的表达式如下：

$$a(t) = \text{FFT}^{-1}\left[\sqrt{S(\omega)}\ e^{j\Phi(\omega)}\right]$$

$$S(\omega) = \begin{cases} 1, & \omega_0 < \omega \leqslant \omega_1 \\ 0, & \text{其他} \end{cases} \tag{5-15}$$

式中：$S(\omega)$ 为给定频率范围 $[\omega_0, \omega_1]$ 的功率谱；$\Phi(\omega)$ 为随机相位谱，是 $0 \sim 2\pi$ 之间的随机数；j 为虚数单位，即 $\sqrt{-1}$。

5．模拟地震波信号

人工模拟地震波信号是抗震性能试验和计算分析中常用的一种输入载荷，这是因为人工模拟地震波能完全按照设计地震反应谱要求来生成，而实际地震波的记录是有限的，不可能完全符合设计的要求。

人工模拟地震波生成的基本原理：首先，按照所采用的抗震设计标准或规范，根据地震烈度、场地类别等设计参数确定设计反应谱，也就是期望反应谱。通过期望反应谱就可以近似地计算出人工地震波的功率谱，再由功率谱得到傅里叶幅值谱加上随机相位作傅里叶逆变换，并加上强度包络线，便可以得到近似人工地震波。接下来计算近似人工地震波的反应谱，不断地进行循环迭代，直至反应谱在控制频率点处的误差处于允许的范围内。

采用期望地震反应谱生成人工地震波加速度时间历程（简称时程）的具体实现步骤如下：

① 通过反应谱与功率谱的近似关系式求出功率谱。公式如下：

$$S(\omega) \approx -\frac{\zeta}{\pi\omega} S_a^2(\omega) / \ln\left(-\frac{\pi}{\omega T_d} \ln p\right) \tag{5-16}$$

式中：$S_a(\omega)$ 为期望加速度反应谱；ζ 为阻尼比；T_d 为人工地震波持续时间长度；p 为计算反应谱的平均幅值不超过期望反应谱幅值的概率系数（一般取 $p \geqslant 0.85$）。

② 由功率谱 $S(\omega)$ 计算傅里叶幅值谱。公式如下：

$$A(\omega) = \sqrt{4S(\omega)\Delta\omega} \tag{5-17}$$

式中：$\Delta\omega$ 为频率间隔。

③ 傅里叶幅值谱 $A(\omega)$ 和随机相位谱 $\Phi(\omega)$ 转换成傅里叶变化的实部和虚部，并进行傅里叶逆变换，可以得到近似人工地震波加速度时程。公式如下：

$$a(t) = \text{FFT}^{-1}\left[A(\omega)e^{j\Phi(\omega)}\right] \tag{5-18}$$

④ 由于实际的地震波是一个非平稳随机过程，地震从静止开始，逐渐加强由小变大，达到强震后保持一段时间，然后逐渐减弱直到停止运动。所以需要对求得的人工地震波时程加上一个振幅非平稳函数，即强度包络线 $g(t)$，于是可以得到符合实际地震波振动规律的人工地震波时程。公式如下：

$$a_g(t) = a(t)g(t) \tag{5-19}$$

⑤ 强度包络线由开始地震时逐渐加强的上升时间段、平稳保持强震的延续时间段和逐渐减弱到静止的下降时间段的包络线组成。三个时间段中,延续时间段的线形一般是幅值为 1 的水平线,而上升时间段和下降时间段包络线的线形可以是直线、抛物线或指数曲线。在大多数情况下,地震波振幅的上升速度较快,上升时间段应设置得短点,下降速度较慢,时间设置得长些。下面依次分别是上升时间段直线、抛物线和指数曲线的包络线函数的表达式:

$$g(t) = \frac{t}{T_1}, \quad 0 \leqslant t \leqslant T_1 \tag{5-20}$$

$$g(t) = \frac{t^2}{T_1^2}, \quad 0 \leqslant t \leqslant T_1 \tag{5-21}$$

$$g(t) = 1 - e^{c_1 \frac{t}{T_1}}, \quad 0 \leqslant t \leqslant T_1 \tag{5-22}$$

式中:t 为时间变量;T_1 为上升时间长度;c_1 为上升时间段指数包络线的线形参数。

下面依次分别是下降时间段直线、抛物线和指数曲线的包络线函数的表达式:

$$g(t) = \frac{T-t}{T-T_2}, \quad T_2 \leqslant t \leqslant T \tag{5-23}$$

$$g(t) = \frac{(t-T_2)^2}{(T-T_2)^2}, \quad T_2 \leqslant t \leqslant T \tag{5-24}$$

$$g(t) = 1 - e^{c_2 \frac{t-T_2}{T-T_2}}, \quad T_2 \leqslant t \leqslant T \tag{5-25}$$

式中:t 为时间变量;T 为地震波总的时间长度;T_2 为 0 时刻至延续时间段结束时刻的时间长度;c_2 为下降时间段指数曲线包络线的线性参数。

⑥ 计算 $a_g(t)$ 的反应谱 $S_{ak}(\omega)(k=0,1,2,\cdots)$,并用期望反应谱与计算反应谱的比值来修改傅里叶幅值谱,即

$$A_{k+1}(\omega) = A_k(\omega) \frac{S_a(\omega)}{S_{ak}(\omega)} \tag{5-26}$$

将 $A_{k+1}(\omega)$ 代入式中,重复步骤③~⑥的运算,进行循环迭代,直到期望反应谱与计算反应谱各频率成分的幅值的比接近于 1,满足允许误差的要求为止。

习　　题

1. 振动试验激励的设备有哪些?各自有什么特点?
2. 激励信号的生成方式有哪些?各自有什么特点?
3. 根据信号生成的原理,用表达式或程序生成自己的激励信号。

第 6 章　振动传感器及数据采集系统标定

振动测试时,为了确保整个试验过程的可靠和测量的精度,在试验的准备阶段,对试验系统和测量传感器进行标定是非常重要而必需的内容。

6.1　传感器标定的内容及要求

标定是指通过实验建立传感器输入量和输出量之间的关系,同时确定不同使用条件下的误差关系。振动传感器的标定主要包括以下内容:

① 灵敏度,指在规定的范围内和周围环境条件下的输出量(电压、电荷等)与输入量(位移、速度、加速度等)的比值。

② 频率特性,包括幅频特性和相频特性。频率特性是灵敏度随频率的变化,相频特性是输入量与输出量相位差随频率的变化。

③ 线性范围,指输入量与输出量之间保持线性关系的最大物理量变化范围。

④ 横向灵敏度,传感器承受主轴方向的振动时,其横向输出量与输入量之间的关系。

⑤ 环境因素的影响,在高温、高压、强磁场等特殊环境下,考虑环境参数对传感器性能的影响,作出相应的修正曲线。

⑥ 物理参数,包括几何尺寸与重量。

这些标定的内容中,最为重要的就是传感器的灵敏度,它是频率的函数,包含幅值和相位信息,可用幅值-频率、相位-频率之间的关系来表示,如图 6.1 所示。

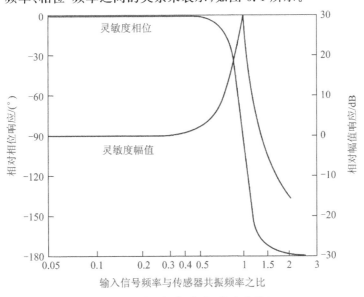

图 6.1　幅值-频率、相位-频率曲线图

图 6.1 中的平直段即为传感器使用时的有效范围。水平平直段一般以标准频率下的灵敏度的值为基准,国际上通用的标准频率为 160 Hz。

6.2 加速度传感器的标定

6.2.1 加速度传感器灵敏度的标定

加速度传感器具有高灵敏度,如果灵敏度高,可以提高测量精度。其中灵敏度系数是加速度传感器一项重要参数,它是电压信号和测量物理量的桥梁,也是表征传感器性能的关键指标。传感器的灵敏度系数定义为:一定的使用环境和工作频率下,输出电量(电压、电荷等)与输入振动量(位移、速度或加速度等)之比值。例如电压型加速度传感器灵敏度系数的单位为 $mV/g\left(\dfrac{\text{毫伏}}{\text{重力加速度}}\right)$,电荷型加速度传感器灵敏度系数的单位为 $C/g\left(\dfrac{\text{库仑}}{\text{重力加速度}}\right)$ 或 $pC/g\left(\dfrac{\text{皮库仑}}{\text{重力加速度}}\right)$。

加速度传感器的测振方向,称为灵敏轴方向,或称主轴方向。传感器的灵敏度,是指主轴方向的灵敏度,而垂直于主轴方向的灵敏度,称为横向灵敏度。横向灵敏度通常用主轴方向灵敏度的百分数表示。一般而言,传感器横向灵敏度越小越好。

每一个传感器,生产厂家在出厂前都要测定其灵敏度系数,给出灵敏度系数随频率的变化曲线。但在传感器使用了一段时间或搁置较长时间后,由于传感器的一些电学和机械性能会有所改变,因此,定期进行灵敏度系数的标定很有必要。传感器灵敏度系数的常用标定方法有绝对法、比较法和互易法。其中,绝对法主要用来测定作为传递标准用的标准传感器的灵敏度;比较法是例行校准中最常用的方法;互易法现在用得较少。

1. 绝对法标定

灵敏度的绝对法也称为一级标准标定方法,是采用高精度的标准振动台产生规定的振动,并以高精度测量设备(如激光测振仪)测量出这个振动的振幅、频率等值,标定系统示意图如图 6.2 所示。这些振动值,即为传感器的机械输入量,而传感器的输出量(电量)同样也可以用相应的高精度设备来测量,进而求出传感器的灵敏度系数。

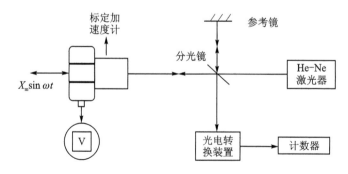

图 6.2 绝对法标定系统示意图

将加速度传感器固定安装在一台正弦激励的标准振动台上,振动台产生的振动表达式如下:

$$a = (2\pi f)^2 A \sin(2\pi f t) \qquad (6-1)$$

式中:a 为加速度,m/s^2;A 为振动幅值,m;f 为信号频率值,Hz。

测量得到加速度传感器的输出量电压值如下:

$$u = U_m \sin(2\pi f + \varphi) \qquad (6-2)$$

式中:U_m 为电压幅值,mV;φ 为相位,rad。从而可得到加速度传感器的灵敏度系数:

$$S = \frac{U_m}{(2\pi f)^2 A} \quad (mV/(m \cdot s^{-2})) \qquad (6-3)$$

由上式可见,只要精确地测出 U_m 和 A 值,即可求得加速度传感器的灵敏度系数 S。S 随频率变化的平直段即为传感器使用的频率范围。某加速度传感器灵敏度系数随频率的变化曲线如图 6.3 所示。

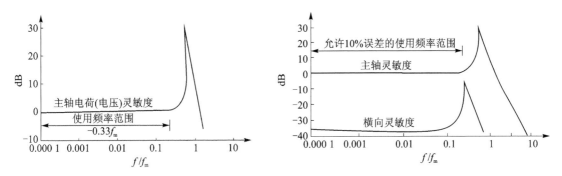

图 6.3　某加速度传感器灵敏度系数随频率的变化曲线

2. 比较法标定

比较法也称为二级标准标定方法,是用一个经过绝对法测定的标准加速度传感器及其配套的仪器作为二次标准,去校准待定的另一个加速度传感器。为了使被校准的传感器感受的振动与标准传感器一样,这两只传感器安装在振动台同一位置。为此,大多采用重叠式安装方式,如图 6.4 所示。

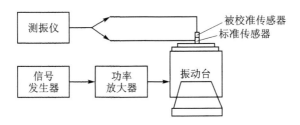

图 6.4　比较法标定原理示意图

将振动台输出调节到所要求的频率和加速度值,比较两个传感器的输出信号的电压输出,则可以求得被校准传感器的灵敏度系数。公式如下:

$$S' = \frac{u'}{u} S \qquad (6-4)$$

式中：S' 为被校准传感器灵敏度系数；u' 为被校准传感器的输出电压；S 为标准传感器灵敏度系数；u 为标准传感器输出电压。

比较法的测试方法比较简单，省时又经济，其校准精度通常可做到小于 2%。因此，一般适用于试验室和工程测试现场。图 6.5 是采用比较法标定电荷型加速度传感器灵敏度接线图，步骤如下：首先将切换开关转至 S_1 位置，电荷放大器 1 的灵敏度适调开关旋至标准加速度计的灵敏度值，增益为 1 000 mV/g，在一定频率下，调整振动台振动的加速度使电压表指示为 1.0 V；然后将切换开关转至 S_2 位置，调整电荷放大器 2 的增益为 1 000 mV/g，然后调节该电荷放大器灵敏度适调开关，使电压表仍指示 1.0 V，则此时灵敏度适调开关指示的即为待标加速度计的电荷灵敏度，其单位为 pC/g 或 pC/(m·s^{-2})。

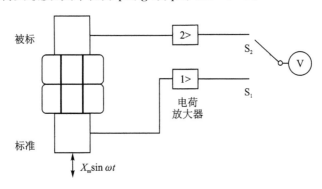

图 6.5　比较法标定电荷型加速度传感器灵敏度接线图

3. 标准标定台标定

目前很多仪器设备公司推出了标准标定台，标准振动台在某一固定频率（一般为 160 Hz 左右）下产生 1g 加速度的输出，加速度传感器安装在台面上，测量输出电压的幅值 u_m（单位：V）即可得到加速度传感器的灵敏度系数。公式如下：

$$S = u_m \times 1\,000 \quad (\text{mV/}g) \tag{6-5}$$

某型号手持式标定器实物图及工作原理框图如图 6.6 所示。

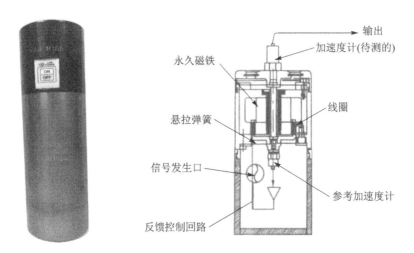

图 6.6　某型号手持式标定器实物图及工作原理框图

6.2.2　加速度传感器频率响应曲线的标定

加速度传感器的频率响应标定为传感器的灵敏度系数随频率的变化曲线,该曲线直接确定该传感器所能够使用的频率范围。频率响应曲线标定幅频特性曲线和相频特性曲线,对加速度传感器特别是压电式压电传感器,由于其自身阻尼非常小,因此,相频曲线一般不进行标定。频率响应曲线的标定在标准的正弦激励信号环境下进行,主要有两种方法,分别是频率逐点扫描法和频率连续扫描法。

1. 频率逐点扫描法

把需要标定的加速度传感器和标准的加速度传感器重叠安装在振动台台面中心处,在选定的频率区间内,以选定的频率逐个以正弦激励信号形式激励振动台(或者也可以采用步进正弦的方式进行),以台面上的标准加速度传感器输出作为参考,根据式(6-4)得到各个频率处的灵敏度系数 S'_i,从而得到以频率为横坐标、以灵敏度系数 S'_i 为纵坐标的频率响应曲线。频率逐点扫描法标定系统示意图如图 6.7 所示。

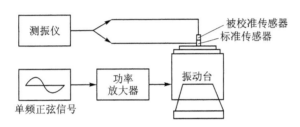

图 6.7　频率逐点扫描法标定系统示意图

以此频率响应曲线为基础,在频率响应曲线的平坦段取单点和多点平均,可得到灵敏度不同频率处的偏差。

2. 频率连续扫描法

把需要标定的加速度传感器和标准的加速度传感器重叠安装在振动台台面中心处,在选定的频率区间内,以振型扫频信号形式激励振动台(若频率变化,可采用线性或对数形式进行),以台面上的标准加速度传感器作为参考,根据式(6-4)得到区间内连续频率段的灵敏度系数 S'_i,从而得到以频率为横坐标,以灵敏度系数 S'_i 为纵坐标的频率响应曲线。频率连续扫描法标定系统示意图如图 6.8 所示。

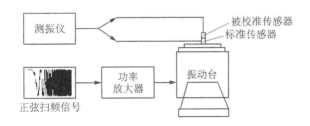

图 6.8　频率连续扫描法标定系统示意图

6.3 力传感器的标定

6.3.1 力传感器灵敏度的标定

力传感器灵敏度系数为输出电压或电荷与输入力幅值之比。采用正弦稳态力方式来进行。将力传感器一端固定在振动台台面中心,另一端连接集中质量块 M（单位：kg），振动台

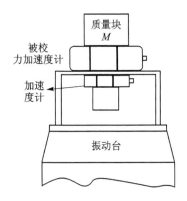

图 6.9 力传感器配重标定法示意图

输入某一确定频率的正弦振动信号,集中质量块产生相应的单频简谐振动,通过质量块上的标准加速度传感器测量得到单频简谐振动的加速度幅值 a_m（单位：m/s^2），同时也通过数据采集系统测量得到力传感器的电压输出的幅值 u_m（单位：V），则可以得到这次力传感器的标定灵敏度系数：

$$S = \frac{u_m \times 1\,000}{M a_m} \quad (mV/N) \qquad (6-6)$$

改变振动台不同的幅值或频率,即可通过数据平均得到力传感器力灵敏度系数的均值。力传感器配重标定法示意图如图 6.9 所示。

6.3.2 力传感器频率响应曲线的标定

力传感器的频率响应标定为传感器的灵敏度系数随频率的变化曲线,该曲线直接确定力传感器所能够使用的频率范围。

将力传感器一端固定在振动台台面中心,另一端连接集中质量块 M（单位：kg），在选定的频率区间内,以选定的频率逐个以正弦激励信号形式激励振动台（或者也可以采用步进正弦的方式进行），集中质量块产生相应的单频简谐振动,通过质量块上的标准加速度传感器测量得到单频简谐振动的加速度幅值 a_m^i（单位：m/s^2），同时也通过数据采集系统测量得到力传感器的电压输出的幅值 u_m^i（单位：V），根据式（6-6）得到各个频率处的灵敏度系数 S_i，从而得到以频率为横坐标、以灵敏度系数 S_i 为纵坐标的频率响应曲线。

6.4 阻抗头的标定

阻抗头在结构模态试验中被广泛应用,它可以同时测量激励力输入点的力和加速度信号,它由加速度传感器和力传感器组合而成。某些类型的阻抗头实物照片如图 6.10 所示。

由阻抗头的组成,可以看出其加速度和力传感器的灵敏度系数,加速度和力传感器的频率响应曲线标定可参考 6.2 节和 6.3 节内容里的方法来进行。需要注意的是,在进行这些内容标定时,采用方法时争取一次试验一次性同时测定力和加速度的参数。

图 6.10 阻抗头实物照片

6.5　振动数据采集系统的标定

数据采集系统是目前振动试验中的关键设备,它起到数据信号调理与信号采集的作用。其中系统中的信号调理是将输入的过大或过小的模拟信号调理成适合 A/D 转换器采集的电压范围(一般为±5 V 或±10 V 范围内)。模拟信号调理电路一般由放大器、衰减器和抗混叠滤波电路组成,但是系统中常常由于电阻、电容不够精密,运算放大器的失调电压随工作环境温度而变化;系统中的信号采集也就是测量信号的 A / D 转换,该类器件随着工作环境或时间的变化,参考电压产生偏差,造成数据采集通道在实际使用时出现零点偏移、增益偏差等现象。上述情况均会影响试验测量结果的精度和可靠性,因此,有必要在试验前对数据采集系统进行标定。

6.5.1　数值偏差的标定

采用绝对法对振动数据采集系统数值偏差进行标定。分别输入多个不同幅值为 x_m^i 标准正弦电压信号,振动数据系统进行信号采集得到采集后的电压信号幅值 y_m^i,即可得到数据采集系统的数值偏差百分比。公式如下:

$$\sigma = \frac{1}{N} \sum_{i=1}^{N} \frac{|(y_m^i - x_m^i)|}{x_m^i} \times 100\%　\qquad (6-7)$$

数值偏差标定系统示意图如图 6.11 所示。

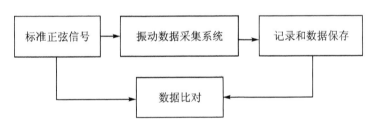

图 6.11　数值偏差标定系统示意图

6.5.2　频率响应曲线的标定

采用绝对法对振动数据采集系统数值偏差进行标定。在一定频率范围内,输入幅值为 x_m 标准正弦扫频(线性或对数扫频)电压信号 $x_m(t)$,振动数据系统进行信号采集得到采集后的电压信号 $y(t)$,对 $x_m(t)$、$y(t)$ 进行快速傅里叶变换,分别得到 $X(f)$ 和 $Y(f)$,即可得到数据采集系统的频率响应曲线。公式如下:

$$H(f) = \frac{Y(f)}{X(f)}　\qquad (6-8)$$

频率响应曲线中包含了幅值偏差、相位偏差随频率的变化。频率响应曲线标定系统示意图如图 6.12 所示。

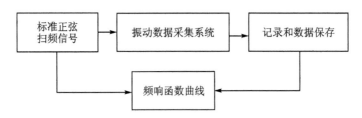

图 6.12　频率响应曲线标定系统示意图

习　　题

1. 加速度传感器标定的内容和方法有哪些？
2. 力传感器标定的方法有哪些？
3. 振动数据采集系统怎么进行标定？

第 7 章　振动信号采集与数字信号分析基础

7.1　振动信号的离散与采样

7.1.1　数字信号

振动传感器测量得到测点的信号后,一般都是以模拟信号的形式进行输出,所以大多采用示波器、频谱分析仪、录音和打印的方式进行数据存储、处理。随着计算机硬件和软件技术的发展,数据存储和处理变为自动且更加高效,其中最关键的步骤就是需要将模拟信号转换为数字信号,利用数字信号处理技术进行分析和处理,可以解决高频信号的记录、非平稳信号的分析和信号实时在线分析等方面的难题。

模拟信号通过模拟/数字转换器(Analog to Digital Converter,ADC)转换为数字信号,一般需要经历 4 个过程,分别是采样、保持、量化和编码,如图 7.1 所示。经历这些过程,连续信号变为数字信号,过程中哪些关键点需要注意? 数字信号是否能反映连续信号的特征? 这些都是大家十分关心的问题。

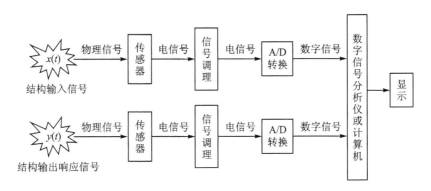

图 7.1　模拟信号转换为数字信号的基本步骤

对振动模拟信号进行数字化转换时,采样是关键步骤。采样即信号的离散化,就是将时间域或空间域的连续模拟信号 $x(t)$ 转换为离散量的过程,如图 7.2 所示。采样采用等时间间隔 Δt 取值,也就是每隔 Δt 时间,从模拟信号中取一个值,组成数字序列。所用到的主要设备便是 ADC,与之对应的是数/模转换器,即 DAC,其输出就是采样所得的离散时间序列 $x(n\Delta t)$。每秒的采样样本数称为采样频率,其表达式如下:

$$f_s = \frac{1}{\Delta t} \tag{7-1}$$

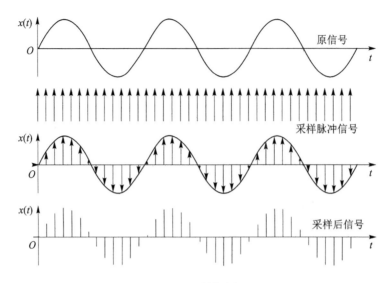

图 7.2　采样过程

7.1.2　采样定理

当振动模拟信号转换为数字信号时,采样的时间间隔 Δt 决定着得到数字信号的质量、所需硬件设备要求的高低和数据处理时间的长短。Δt 太小,会使 $x(n\Delta t)$ 的数目非常多,增加所需硬件的费用和数据处理的工作量;Δt 太大,会使原始信号中的低频和高频成分产生频率混叠,从而转换后的数字信号不能真实反映原始信号 $x(t)$ 的频谱特性,影响得到的结果。因此,需要有一个如何选择采样时间间隔 Δt 的准则,以保证采样后得到的 $x(n\Delta t)$ 能够不失真地表示 $x(t)$,这个准则就是采样定理。

采样定理(又称香农采样定理、奈奎斯特采样定理):只要采样频率 f_s 大于或等于 $x(t)$ 中有效信号最高频率 f_c(称为截止频率或截断频率)的 2 倍,采样结果 $x(n\Delta t)$ 就可以包含原始信号 $x(t)$ 的所有信息,$x(n\Delta t)$ 就可以不失真地还原成原始信号 $x(t)$。公式如下:

$$\Delta t \leqslant \frac{1}{2f_c} \text{ 或者 } f_s \geqslant 2f_c \tag{7-2}$$

采样定理确定了采样选择时间间隔的准则。这里的"不失真地还成原始信号"应理解为被恢复信号与原始模拟信号在频谱上无混叠失真,而不是被恢复信号与模拟信号在时域里完全一样。实际上,由于采样信号精度和量化误差的存在,被恢复信号与原始模拟信号之间是存在一定误差或失真的。

1924 年,奈奎斯特推导出在理想低通信道下的最高码元传输速率的公式,即每赫兹带宽的理想低通信道的最高码元传输速率是每秒 2 个码元。若码元的传输速率超过了奈奎斯特准则所给出的数值,则将出现码元之间的互相干扰,在接收端就无法正确判定码元是 1 还是 0。之后于 1928 年,推导出采样定理,因此称为奈奎斯特采样定理。1933 年,由苏联工程师科捷利尼科夫首次用公式严格地表述这一定理,因此,在苏联文献中称为科捷利尼科夫采样定理。1948 年,信息论的创始人 C. E. 香农对这一定理加以明确的说明并正式作为定理引用,因此,在许多文献中又称为香农采样定理。

7.1.3　频率混叠

如果采样时 f_s 不能满足采样定理,那么采样后信号的频率就会出现重叠现象(见图 7.3(c)),即高于采样频率一半的频率成分将被重建成低于采样频率一半的信号上(高频成分折叠到低频成分上),其结果是原始频谱被彻底改变:

① 原始频谱中的低频成分由于折叠作用而发生了畸变(与原频谱不一致);

② 高频成分被填充为零(原信号中高频成分不一定为零)。

这种频谱重叠导致的失真称为混叠,如图 7.3 所示,信号相位和幅度会改变,从而采样信号无法重构原信号。

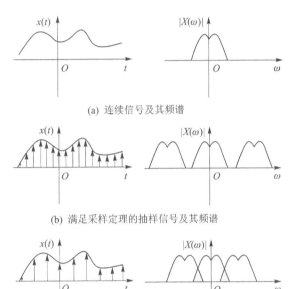

(a) 连续信号及其频谱

(b) 满足采样定理的抽样信号及其频谱

(c) 不满足采样定理的抽样信号及其频谱(出现频率混叠现象)

图 7.3　频率混叠现象

为了避免这种混叠现象的出现,可以采取以下措施:

① 提高采样频率 f_s,即缩短采样时间间隔 Δt,使之达到最高信号频率的 2 倍以上。但在实际使用过程中,f_s 受到设备硬件性能的限制而有一上限值,这一上限值也是振动信号采集中,选择采集系统时需考虑的技术指标之一。

② 信号采集时,引入低通滤波器或提高低通滤波器的参数。该低通滤波器通常称为抗混叠滤波器。抗混叠滤波器可限制信号的带宽,使之满足采样定理的条件。但需要注意的是,在实际情况中滤波器不可能完全滤除奈奎斯特频率之上的信号,所以采样定理所限定的带宽之外总有一些低的信号。不过抗混叠滤波器可使这些能量足够小而忽略不计。

一般情况下,为了确保采样信号幅值和相位角的精度以及避免出现虚假的混叠频率,工作中建议 f_s 不小于 $10f_c$。例如,一个幅值为 2.0、频率为 100 Hz 的信号,分别以采样率 1 000 Hz、200 Hz、50 Hz 和 10 Hz 进行采样,得到的结果如图 7.4 所示。

从图 7.4 中可以看出,如果采样率不满足采样定理,得到的离散信号则无法反映原信号的信息。

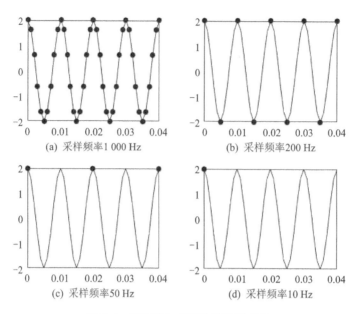

(a) 采样频率1 000 Hz　　　　　(b) 采样频率200 Hz

(c) 采样频率50 Hz　　　　　　(d) 采样频率10 Hz

图 7.4　高频率和低频率的混叠现象

7.1.4　数据量化及 ADC 性能参数

　　数据量化就是将采样、保持后的值以某个"最小数量单位"的整数倍来表示,这个"最小数量单位"也可称为分辨率或者精度。通俗地讲,量化就是把采样信号 $x(n\Delta t)$ 经过舍入变为只有有限个有效数字的数,这一过程称为量化,如图 7.5 所示。

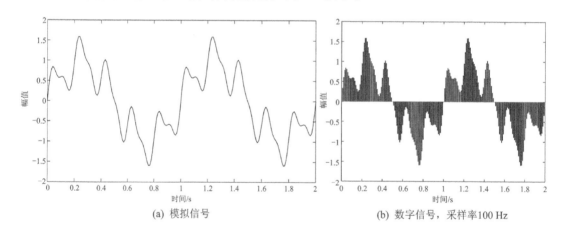

(a) 模拟信号　　　　　　　　　(b) 数字信号,采样率100 Hz

图 7.5　振动信号量化

　　量化涉及的设备为模/数转换器 ADC,因此 ADC 的性能参数直接影响到精度和有效性。ADC 的主要性能参数有分辨率(精度)、速度等。分辨率与 ADC 的位数密切相关,对于电压满量程为 $\pm A$(单位:V)、位数为 B 位的 ADC 来说,其分辨率为

$$分辨率 = \frac{2A}{2^B}$$　　　　　　　　　　　　(7-3)

　　例如:± 10 V 的 16 位的 ADC 分辨率为 0.31 mV;± 10 V 的 24 位的 ADC 分辨率为

$1.19\ \mu\mathrm{V}$。由此可见,ADC 位数越高,其分辨率或者精度越高。ADC 的速度决定转换器最大可能的采样率,常用的 ADC 转换器的速度介于几 Hz～几百 kHz 之间,高速 ADC 的速度可以达到几 MHz 甚至更高,常用于冲击、爆炸工况下的数据采集。

7.2　傅里叶变换及快速傅里叶变换

傅里叶变换 FT(也称为傅里叶分析)在振动信号处理中占有重要的地位,它是信号分析的主要理论基础,它能非常方便地把测量得到的时域振动信号变换为频谱信号,从而获得信号频率成分和变化规律,并以此为基础,发展了诸多的信号分析手段。除振动信号分析之外,傅里叶变换在物理学、数论、组合数学、概率、统计、密码学、声学、光学等领域都有着广泛的应用。

傅里叶(Joseph Fourier,1768—1830)是法国的数学家和物理学家,他在 1807 年写成关于热传导的论文《热的传播》并在法国科学学会上发表。傅里叶在论文中推导出著名的热传导方程,并在求解该方程时发现解函数可以用三角函数构成的级数形式表示,从而提出任意函数都可以展成三角函数的无穷级数形式。傅里叶级数、傅里叶变换等理论由此创立。

7.2.1　傅里叶变换

傅里叶变换的数学基础是傅里叶级数,即任何周期性函数都可以以傅里叶级数的形式来表示(傅里叶展开)。

$$x(t)=\frac{a_0}{2}+\sum_{n=1}^{\infty}\left[a_n\cos\left(n\omega_1 t\right)+b_n\cos\left(n\omega_1 t\right)\right] \tag{7-4}$$

$$\begin{cases} a_n=\dfrac{1}{T}\displaystyle\int_{-T/2}^{+T/2}x(t)\cos(n\omega_1 t)\mathrm{d}t \\[2mm] b_n=\dfrac{1}{T}\displaystyle\int_{-T/2}^{+T/2}x(t)\sin(n\omega_1 t)\mathrm{d}t \end{cases} \tag{7-5}$$

式中:a_0 为常值分量;ω_1 为基频角频率;n 为倍频次数;a_n、b_n 为各倍频的幅值;T 为信号分析的时间范围。

根据欧拉公式,上式可以化为复数形式来表示,即

$$x(t)=\frac{a_0}{2}+\sum_{n=1}^{\infty}c_n\mathrm{e}^{\mathrm{j}n\omega_1 t} \tag{7-6}$$

$$c_n=\frac{1}{T}\int_{-T/2}^{+T/2}x(t)\mathrm{e}^{-\mathrm{j}n\omega_1 t}\mathrm{d}t \tag{7-7}$$

而 $x(t)$ 的傅里叶变换为

$$X(\omega)=\int_{-\infty}^{\infty}x(t)\mathrm{e}^{-\mathrm{j}\omega t}\mathrm{d}t \tag{7-8}$$

对比式(7-7)和式(7-8)可见,二者形式十分相近。傅里叶级数是将时域信号分解为无穷多个离散的谐波,而傅里叶变换是将时域信号变换为无穷多个连续的谐波。当 $T\to\infty$ 时,傅里叶级数的离散谱变为傅里叶变换的连续谱,该连续谱也称为"谱密度"。因此,对任一周期信号 $x(t)$ 进行傅里叶变换,得到频谱 $|X(\omega)|$,即为 $x(t)$ 的频谱分析,$|X(\omega)|-\omega$ 曲线称为 $x(t)$ 的幅频曲线或幅频图,简称频谱图或频谱(注意,在幅值上 $|X(\omega)|=T|c_n|$),如图 7.6 所示。

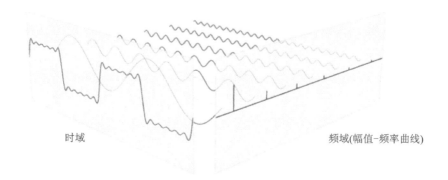

时域   频域(幅值-频率曲线)

图 7.6   振动信号的傅里叶变换

7.2.2   傅里叶变换对

令 $\omega = 2\pi f$，傅里叶变换对的表达式如下：

$$x(t) = \int_{-\infty}^{+\infty} X(f)\,\mathrm{e}^{\mathrm{j}2\pi ft}\,\mathrm{d}f = \int_{-\infty}^{+\infty}\left(\int_{-\infty}^{+\infty} x(t)\,\mathrm{e}^{-\mathrm{j}2\pi ft}\,\mathrm{d}t\right)\mathrm{e}^{\mathrm{j}2\pi ft}\,\mathrm{d}f \qquad (7-9)$$

式中：$X(f) = \int_{-\infty}^{+\infty} x(t)\,\mathrm{e}^{-\mathrm{j}2\pi ft}\,\mathrm{d}t$ 是傅里叶变换，简称 FT；$x(t) = \int_{-\infty}^{+\infty} X(f)\,\mathrm{e}^{\mathrm{j}2\pi ft}\,\mathrm{d}f$ 是傅里叶逆变换，简称 IFT，二者称为傅里叶变换对。

7.2.3   卷积定理

卷积运算是联系振动信号时域和频域的桥梁。在数学上，已知定义在区间 $(-\infty, +\infty)$ 内的两个函数 $f_1(t)$ 和 $f_2(t)$，则定义积分

$$f(t) = \int_{-\infty}^{+\infty} f_1(\tau) f_2(t-\tau)\,\mathrm{d}\tau \qquad (7-10)$$

为 $f_1(t)$ 和 $f_2(t)$ 的卷积积分，简称卷积，记为

$$f(t) = f_1(t) * f_2(t) \qquad (7-11)$$

注意：积分是在虚设的变量 τ 下进行的，τ 为积分变量，t 为参变量，结果仍为 t 的函数。可演变其他上下限。

$$y(t) = \int_{-\infty}^{+\infty} f(\tau) h(t-\tau)\,\mathrm{d}\tau = f(t) * h(t) \qquad (7-12)$$

设

$$f_1(t) \xrightleftharpoons[\text{IFT}]{\text{FT}} F_1(f), \quad f_2(t) \xrightleftharpoons[\text{IFT}]{\text{FT}} F_2(f) \qquad (7-13)$$

则有

$$f_1(t) * f_2(t) \xrightleftharpoons[\text{IFT}]{\text{FT}} F_1(f) \cdot F_2(f) \qquad (7-14)$$

$$f_1(t) \cdot f_2(t) \xrightleftharpoons[\text{IFT}]{\text{FT}} F_1(f) * F_2(f) \qquad (7-15)$$

式(7-14)称为时域卷积定理，即两个时域函数的卷积的傅里叶变换，等于二者分别进行傅里叶变换之后的积。式(7-15)称为频域卷积定理，即两个时域函数的乘积的傅里叶变换，等于二者分别进行傅里叶变换之后的卷积。

现对时域卷积定理式(7-14)进行证明。由傅里叶变换定义式(7-7)有

$$F(f_1(t) * f_2(t)) = \int_{-\infty}^{\infty} [f_1(t) * f_2(t)] e^{-j\omega t} dt = \int_{-\infty}^{\infty} [f_1(t) * f_2(t)] e^{-j2\pi f t} dt$$

$$= \int_{-\infty}^{\infty} \int_{-\infty}^{\infty} [f_1(t) f_2(t-\tau)] d\tau e^{-j2\pi f t} dt \cdot \frac{e^{j2\pi f \tau}}{e^{j2\pi f \tau}}$$

$$= \int_{-\infty}^{\infty} f_1(\tau) e^{-j2\pi f \tau} d\tau \int_{-\infty}^{\infty} f_2(t-\tau) e^{-j2\pi f(t-\tau)} d(t-\tau)$$

$$= F_1(f) \cdot F_2(f) \qquad (7-16)$$

类似思路可以证明频域卷积定理。

7.2.4　离散傅里叶变换和逆变换

$x(t)$ 根据采样定理变为离散的数字信号,其采样率为 f_s,采样后总点数为 N(分析数据数长度的个数,一般为 2 的幂次方),可得采样时间间隔为 $\Delta t = \dfrac{1}{f_s}$,采样的总时间为 $T = \dfrac{N}{f_s}$。分析时,频率分辨率为 $\Delta f = \dfrac{f_s}{N} = \dfrac{1}{T}$,频域截止频率为 $f_c = \dfrac{f_s}{2}$。离散化后,公式(7-9)积分求解变为黎曼求和形式。其中,时间 t 离散后变为 $n\Delta t (n=0,1,2,\cdots,N-1)$,频率 f 离散后变为 $k\Delta f(k=0,1,2,\cdots,\dfrac{N}{2}-1)$,从而公式(7-9)变为

$$x(n\Delta t) = \sum_{k=0}^{\frac{N}{2}-1} \left[\sum_{n=0}^{N-1} x(n\Delta t) e^{-j2\pi n k \Delta f \Delta t} \Delta t \right] e^{j2\pi n k \Delta f \Delta t} \Delta f$$

$$= \frac{1}{T} \sum_{k=0}^{\frac{N}{2}-1} \left[\frac{T}{N} \sum_{n=0}^{N-1} x(n\Delta t) e^{-j2\pi n k \Delta f \Delta t} \right] e^{j2\pi n k \Delta f \Delta t}$$

$$= \frac{1}{N} \sum_{k=0}^{\frac{N}{2}-1} \left[\sum_{n=0}^{N-1} x(n\Delta t) e^{-j\frac{2\pi n k}{N}} \right] e^{j\frac{2\pi n k}{N}} \qquad (7-17)$$

和

$$X(k\Delta f) = \frac{T}{N} \sum_{n=0}^{N-1} x(n\Delta t) e^{-j\frac{2\pi n k}{N}}, \quad k=0,1,\cdots,\frac{N}{2}-1 \qquad (7-18)$$

二式即为离散傅里叶逆变换(IDFT)和离散傅里叶变换(DFT)的表达式。

7.2.5　快速傅里叶变换

快速傅里叶变换(FFT)是离散傅里叶变换(DFT)的快速算法,是运用计算机来处理信号的产物,它将一个信号变换到频域。绝大部分的振动信号在时域上是很难看出其特征(特别是频率特征,低频简谐信号除外)的,但是如果将它们变换到频域之后,就可以很容易得到其特征了。

序列 $x(n)(n=0,1,\cdots,N-1)$ 的离散傅里叶变换定义为

$$X(k) = \sum_{n=0}^{N-1} x(n) W_N^{nk}, \quad k=0,1,\cdots,N-1 \qquad (7-19)$$

其中 $W_N^{nk} = e^{-j\frac{2\pi n k}{N}}$,将序列 $x(n)$ 按序号 n 的奇、偶分成两组,即

$$\begin{cases} x_1(n)=x(2n), & n=0,1,\cdots,\dfrac{N}{2}-1 \\ x_2(n)=x(2n+1), & n=0,1,\cdots,\dfrac{N}{2}-1 \end{cases} \quad (7-20)$$

因此,$x(n)$的傅里叶变换可写成:

$$X(k)=\sum_{n=0}^{\frac{N}{2}-1}x(2n)W_N^{2nk}+\sum_{n=0}^{\frac{N}{2}-1}x(2n+1)W_N^{2nk}$$

$$=\sum_{n=0}^{\frac{N}{2}-1}x_1(n)W_{N/2}^{2nk}+\sum_{n=0}^{\frac{N}{2}-1}x_2(n)W_{N/2}^{2nk} \quad (7-21)$$

由此可得

$$X(k)=X_1(k)+W_N^k X_2(k), \quad k=0,\cdots,\frac{N}{2}$$

式中,

$$\begin{cases} X_1(k)=\sum_{n=0}^{\frac{N}{2}-1}x(2n)W_N^{2nk} \\ X_1(k)=\sum_{n=0}^{\frac{N}{2}-1}x(2n+1)W_N^{(2n+1)k} \end{cases} \quad (7-22)$$

它们分别是$x_1(n)$和$x_2(n)$的$\dfrac{N}{2}$点 DFT。上面的推导表明:一个 N 点 DFT 被分解为两个$\dfrac{N}{2}$点 DFT,这两个$\dfrac{N}{2}$点 DFT 又可以合成一个 N 点 DFT。但上面给出的公式仅能得到 $X(k)$ 的前 $N/2$ 点的值,要用 $X_1(k)$ 和 $X_2(k)$ 来表达 $X(k)$ 的后半部分的值,还必须运用权系数 W_N 的周期性与对称性,即

$$\begin{cases} W_{N/2}^{2n(k+N/2)}=W_{N/2}^{2nk} \\ W_N^{(k+N/2)}=-W_N^k \end{cases} \quad (7-23)$$

因此,$X(k)$ 的后 $N/2$ 点的值可表示为

$$X\left(k+\frac{N}{2}\right)=X_1\left(k+\frac{N}{2}\right)+W_N^{k+N/2}X_2\left(k+\frac{N}{2}\right)$$

$$=X_1\left(k+\frac{N}{2}\right)-W_N^k X_2(k), \quad k=0,1,\cdots,\frac{N}{2}-1 \quad (7-24)$$

由推导可以看出,N 点的 DFT 可以分解为两个$\dfrac{N}{2}$点 DFT,每个$\dfrac{N}{2}$点 DFT 又可以分解为两个$\dfrac{N}{4}$点 DFT。以此类推,当 N 为 2 的整数次幂($N=2^M$)时,由于每分解一次降低一阶幂次,所以通过 M 次分解,最后全部成为一系列 2 点 DFT 运算。以上就是按时间抽取的快速傅里叶变换 FFT 算法。$N=8$ 的 FFT 流程图如图 7.7 和图 7.8 所示。

序列 $X(k)$ 的离散傅里叶逆变换 IDFT 定义为

$$x(n)=\frac{1}{N}\sum_{k=0}^{N-1}X(k)W_N^{-nk}, \quad n=0,1,\cdots,N-1 \quad (7-25)$$

它与离散傅里叶变换 DFT 的区别在于:将 W_N 变为 W_N^{-1},并多了一个除以 N 的运算。W_N

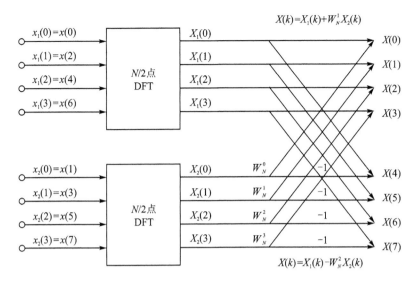

图 7.7　$N=8$ 的 FFT 流程图(1)

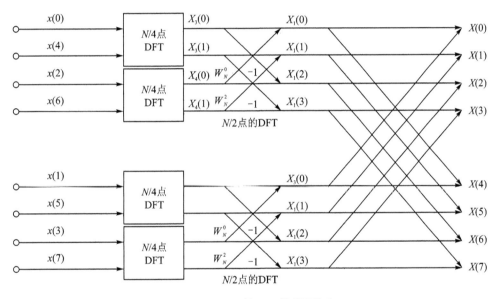

图 7.8　$N=8$ 的 FFT 流程图(2)

和 W_N^{-1} 对于推导按时间抽取的 FFT 算法并无实质性区别,因此,可将 FFT 和 IFFT 算法合并在一起。$N=8$ 的 IFFT 流程图如图 7.9 所示。

7.2.6　应用示例

设余弦函数 $x(t)=\cos \omega t$,$\omega=0.25\pi$,即 $f=0.125$ Hz,计算其 DFT。对于时域信号 $\cos(2\pi f_0 t)$,有

$$\cos(2\pi f_0 t)=\frac{1}{2}\left(\mathrm{e}^{\mathrm{j}2\pi f_0 t}+\mathrm{e}^{-\mathrm{j}2\pi f_0 t}\right) \tag{7-26}$$

可知,其傅里叶变换为

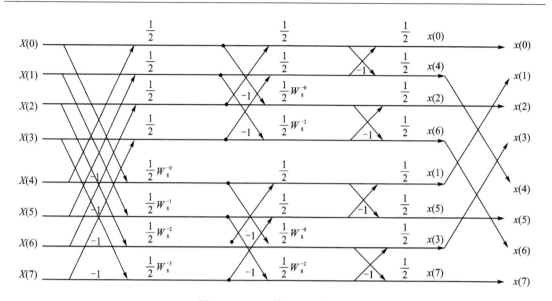

图 7.9　$N=8$ 的 IFFT 流程图

$$\cos(2\pi f_0 t) \Leftrightarrow \frac{1}{2}\left[\delta(f+f_0)+\delta(f-f_0)\right] \qquad (7-27)$$

式中：δ 为脉冲函数，即

$$\delta(t-t_0)=\begin{cases}\infty, & t=t_0 \\ 0, & t \neq t_0\end{cases}$$

$$(7-28)$$

$$\int_0^\infty \delta(t-t_0)=1 \qquad (7-29)$$

其频谱如图 7.10 所示。

对于离散傅里叶变换，取 $T=16$ s，采样频率 $f_s=0.5$ Hz（采样频率不低于

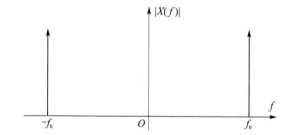

图 7.10　振动信号离散傅里叶变换结果

0.25 Hz），即 $N=80$，$\Delta t=0.2$ s。$\omega_0=\dfrac{2\pi}{T}=0.125\pi$，$f_0=\dfrac{\omega_0}{2\pi}=0.062\,5$ Hz 为频率分辨率。

对于离散傅里叶变换：

$$x(t)=\sum_{k=-\infty}^{+\infty} X(k)\mathrm{e}^{-\mathrm{j}k\omega_0 t} \qquad (7-30)$$

$$X(k)=\frac{1}{N}\sum_{n=0}^{N-1} x(n)\mathrm{e}^{-\mathrm{j}\frac{2\pi nk}{N}} \qquad (7-31)$$

由于

$$\mathrm{e}^{-\mathrm{j}\frac{2\pi Nk}{N}}=1 \qquad (7-32)$$

因此，必有 $X(N+k)=X(k)$，即 $X(k)$ 是周期性的，如图 7.11 所示，且每个周期中只包含 N 个 $X(k)$，同时还存在：

$$X(N-k)=\frac{1}{N}\sum_{n=0}^{N-1} x(n)\mathrm{e}^{-\mathrm{j}\frac{2\pi n(N-k)}{N}}=\frac{1}{N}\sum_{n=0}^{N-1} x(n)\mathrm{e}^{\mathrm{j}\frac{2\pi nk}{N}}=\bar{X}(k)=X(-k) \quad (7-33)$$

表示 $X(N-k)$ 是 $X(k)$ 的共轭，即在 N 个 $X(k)$ 中仅有 $N/2$ 个独立量，这正是采样定理的由来：采样频率 f_s 不小于 $x(t)$ 中有效信号的最高频率 f_c（也有称为截止频率、截断频率）的 2 倍。

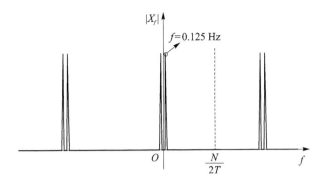

图 7.11　离散傅里叶分析结果

7.3　信号分析的窗函数

从傅里叶变换对的表达式(7-9)可以看出，其积分区间是从 $-\infty \sim +\infty$，而实际测量的信号都是有限长度的。同时，采用计算机和分析软件进行处理时，考虑到硬件限制和效率，分析的数据块都是有限的。因此，数据分块或者截断的过程，相当于原信号函数 $x(t)$ 与一个截断函数相乘。在此基础上，用截取的信号时间片段进行周期延拓处理，得到虚拟的无限长的信号，然后就可以对信号进行傅里叶变换、相关分析等。无限长的信号被截断时，如果是非周期性截取，则其频谱会发生畸变，原来集中在原有频率 f 处的能量被分散到两个较宽的频带中，这种现象称为频谱能量泄漏。如何估计这一过程带来的误差和减小其影响是数据处理非常关心的问题。

为了减少频谱能量泄漏，可采用不同的截取函数对信号进行截断，截断函数称为窗函数，但窗函数不能消除泄漏，只能减少泄漏。常用的窗函数有矩形窗、汉宁窗、三角窗、海明窗等。

7.3.1　矩形窗

矩形窗属于时间变量的零次幂窗，其时域和频域图如图 7.12 所示。矩形窗使用比较多，通常不加窗就是使信号通过了矩形窗。这种窗的优点是主瓣比较集中，缺点是旁瓣较高，并有负旁瓣，导致变换中带进了高频干扰和泄漏，有时候还出现负谱现象。其时域表达式如下：

$$w(t) = \begin{cases} 1, & |t| \leqslant \dfrac{T}{2} \\ 0, & |t| \geqslant \dfrac{T}{2} \end{cases} \qquad (7-34)$$

其傅里叶变换的频谱表达式如下：

$$W(f) = \frac{\sin(\pi f T)}{\pi f} \qquad (7-35)$$

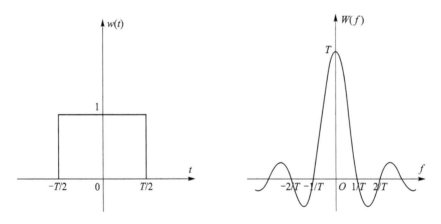

图 7.12　矩形窗时域和频域图

7.3.2　汉宁窗

汉宁窗(Hanning)又称升余弦窗,其时域和频域图如图 7.13 所示。汉宁窗可以看作是 3 个矩形时间窗的频谱之和,它可以使用旁瓣互相抵消,消去高频干扰和漏能。汉宁窗与矩形窗的谱图对比,可以看出,汉宁窗主瓣加宽$\left(\text{第一个零点在}\dfrac{2\pi}{T}\text{处}\right)$并降低,旁瓣则显著减小。第一个旁瓣衰减$-32$ dB,而矩形窗第一个旁瓣衰减-13 dB。此外,汉宁窗的旁瓣衰减速度也较快,约为 60 dB/10 oct,而矩形窗为 20 dB/10 oct。从减小泄漏观点出发,汉宁窗优于矩形窗,但汉宁窗主瓣加宽,相当于分析带宽加宽,频率分辨力下降。其时域表达式如下:

$$w(t)=\begin{cases}\dfrac{1}{2}\left(1+\cos\dfrac{2\pi t}{T}\right),&|t|\leqslant\dfrac{T}{2}\\[2mm]0,&|t|>\dfrac{T}{2}\end{cases}\tag{7-36}$$

其傅里叶变换的频谱表达式如下:

$$W(f)=\frac{\sin(\pi fT)}{2\pi f}\frac{1}{1-(fT)^{2}}\tag{7-37}$$

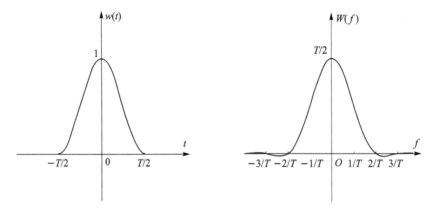

图 7.13　汉宁窗时域和频域图

7.3.3 三角窗

三角窗亦称费杰(Fejer)窗,是幂窗的一次方形式,三角窗与矩形窗比较,主瓣宽约等于矩形窗的 2 倍,但旁瓣小,而且无负旁瓣,其时域和频域图如图 7.14 所示。三角窗是改善边界连续性的最直观的一种窗。其时域表达式如下:

$$w(t) = \begin{cases} \left(1 - \dfrac{|t|}{T}\right), & |t| \leqslant \dfrac{T}{2} \\ 0, & |t| > \dfrac{T}{2} \end{cases} \tag{7-38}$$

其傅里叶变换的频谱表达式如下:

$$W(f) = \left[\frac{\sin(\pi f T)}{\pi f}\right]^2 \tag{7-39}$$

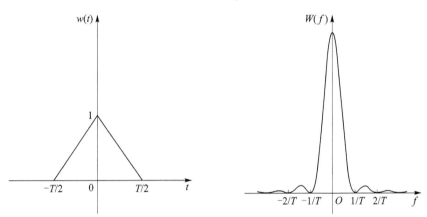

图 7.14　三角窗时域和频域图

7.3.4 海明窗

海明(Hamming)窗也是余弦窗的一种,又称改进的升余弦窗,海明窗与汉宁窗都是余弦窗,只是加权系数不同,其时域和频域图如图 7.15 所示。海明窗加权的系数能使旁瓣达到更小。分析表明,海明窗的第一旁瓣衰减为 -42 dB。海明窗的频谱也是由 3 个矩形时窗的频谱合成,但其旁瓣衰减速度为 20 dB/10 oct,这比汉宁窗衰减速度慢。海明窗时域表达式如下:

$$w(t) = \begin{cases} 0.54 + 0.46\cos\dfrac{2\pi t}{T}, & |t| \leqslant \dfrac{T}{2} \\ 0, & |t| \geqslant \dfrac{T}{2} \end{cases} \tag{7-40}$$

其傅里叶变换的频谱表达式如下:

$$W(f) = 0.54\frac{\sin(\pi f T)}{2\pi f} + 0.23\frac{\sin\left[\pi\left(f - \dfrac{1}{T}\right)T\right]}{2\pi\left(f - \dfrac{1}{T}\right)} + 0.23\frac{\sin\left[\pi\left(f + \dfrac{1}{T}\right)T\right]}{2\pi\left(f + \dfrac{1}{T}\right)}$$

$$\tag{7-41}$$

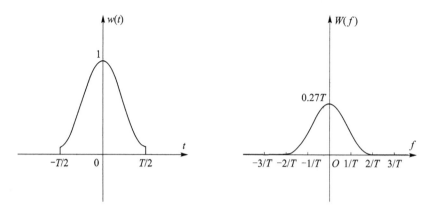

图 7.15　海明窗时域和频域图

7.3.5　指数窗

指数窗的时域和频域图如图 7.16 所示。其时域表达式如下：

$$w(t) = \begin{cases} e^{-at}, & t \geqslant 0, a > 0 \\ 0, & t < 0 \end{cases} \tag{7-42}$$

其傅里叶变换的频谱表达式如下：

$$W(f) = \frac{1}{\sqrt{a^2 + (2\pi f)^2}} \tag{7-43}$$

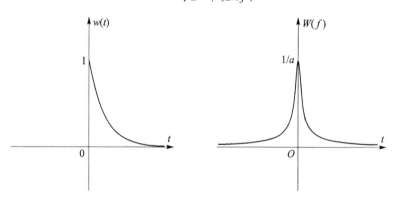

图 7.16　指数窗时域和频域图

7.3.6　高斯窗

高斯窗是一种指数窗，频谱没有负的旁瓣，第一旁瓣衰减达 -55 dB。高斯窗谱的主瓣较宽，故而频率分辨力低。高斯窗函数常被用来截断一些非周期信号，如指数衰减信号等。其时域表达式如下：

$$w(t) = \begin{cases} e^{-at}, & |t| \leqslant T \\ 0, & |t| > T \end{cases} \tag{7-44}$$

式中：a 为常数，决定了函数曲线衰减的快慢。

7.3.7 窗函数选择

各种窗函数频谱特征的主要差别在于：主瓣宽度（也称为有效噪声带宽，ENBW）、幅值失真度、最高旁瓣高度和旁瓣衰减速率等参数，如图 7.17 所示。加窗的主要想法是用比较光滑的窗函数代替截取信号样本的矩形窗函数，也就是对截断后的时域信号进行特定的不等计权，使被截断后的时域波形两端突变，变得平滑些，以此压低谱窗的旁瓣。加窗函数时，应使窗函数频谱的主瓣宽度尽量窄，以获得高的频率分辨力；旁瓣衰减应尽量大，以减少频谱拖尾，但通常都不能同时满足这两个要求。各种窗的差别主要在于集中于主瓣的能量和分散在所有旁瓣的能量之比。

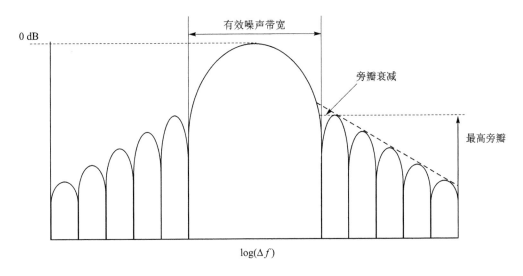

图 7.17 窗函数的特征参数图

窗的选择取决于分析的目标和被分析信号的类型，一般来说，有效噪声频带越宽，频率分辨能力越差，越难以分清有相同幅值的邻近频率。选择性（即分辨出强分量频率、邻近的弱分量的能力）的提高与旁瓣的衰减率有关。通常，有效噪声带宽窄的窗，其旁瓣的衰减率较低，因此窗的选择是在二者中取折中。

窗函数的选择一般原则如下：

① 如果仅要求精确读出主瓣频率，而不考虑幅值精度，则可选用主瓣宽度比较窄而便于分辨的矩形窗，例如测量物体的自振频率等情况。

② 如果分析窄带信号，且有较强的干扰噪声，则应选用旁瓣幅度小的窗函数，如汉宁窗、三角窗等。

③ 对于随时间按指数衰减的函数，可采用指数窗来提高信噪比。

④ 如果截断后的信号仍为周期信号，则不存在泄漏，无须加窗，相当于加矩形窗。

⑤ 模态试验采用锤击法时，试验力信号可加力窗（类似矩形窗），响应可加指数窗；采用激振器激励进行测试时，常用矩形窗和汉宁窗。

⑥ 当对于要处理的信号，不知选用哪一种窗函数好时，往往多用几种窗函数进行处理，然后比较几种窗处理的结果和试验验证的综合考虑来决定选用什么样的窗函数。

7.3.8 窗函数应用示例

设复合振动信号由 10 Hz、12 Hz 和 15 Hz 的正弦信号组成,其表达式如下:

$$y(t) = \sin(2\pi \times 10t) + \sin(2\pi \times 12t) + \sin(2\pi \times 15t) \qquad (7-45)$$

对 4 s 长度的信号进行 FFT 变换,得到没有加窗和加汉宁窗的结果,如图 7.18 和图 7.19 所示,其处理的算法程序如下所示。

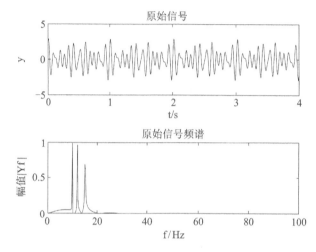

图 7.18　原信号 FFT 分析频谱图

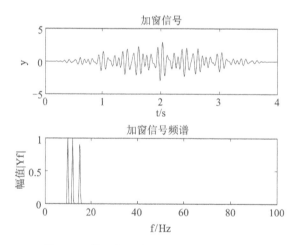

图 7.19　信号加汉宁窗后 FFT 分析频谱图

由结果可以看出,信号分析中,加适当的窗函数可以减少频谱分析中的泄漏现象。

MATLAB 程序:

```
%% 窗函数应用示例 MATLAB 程序
function main
clear;
Ts = 0.001;                        % 采用间隔
fs = 1/Ts;                         % 采用率
%% 原始信号
t = 0: Ts: 4;                      % 信号的离散时间
```

```
yt = sin(2 * pi * 10 * t) + sin(2 * pi * 12 * t) + sin(2 * pi * 15 * t);      %信号数值
[Yf,f] = Spectrum_analysis(yt, fs);
figure
subplot(211)
plot(t,yt);
xlabel('t/s');
ylabel('y');
title('原始信号');
subplot(212)
plot(f,Yf);
xlabel('f(Hz)');
ylabel('幅值|Yf|');
xlim([0 100]);
ylim([0 1]);
title('原始信号频谱')
%%加汉宁窗函数
win = hann(length(t));
yt1 = yt. * win';
[Yf1,f1] = Spectrum_analysis(yt1, fs);
figure
subplot(211)
plot(t, yt1);
xlabel('t/s');
ylabel('y');
title('加窗信号');
subplot(212)
plot(f1,2 * Yf1);                             %2表示能量系数
xlabel('f/Hz');
ylabel('幅值|Yf|')
xlim([0 100]);
ylim([0 1]);
title('加窗信号频谱');
end
%%信号频谱分析子函数
function [Yf, f] = Spectrum_analysis(yt, fs)
L - length(yt);
NFFT = 2^nextpow2(L);                         %大于或等于 L 的最小的 2 的整数次幂的数作为 FFT 分析长度
Yf = fft(yt,NFFT)/L;
Yf = 2 * abs(Yf(1: NFFT/2 + 1));
f = 0: (fs/2)/(NFFT/2): fs/2;                 %频率轴
end
```

7.4　拉普拉斯变换

前面介绍了振动信号应用广泛的傅里叶变换,信号可以进行傅里叶变换的前提条件是该信号 $x(t)$ 在时间上是绝对可积的,即

$$\int_{-\infty}^{+\infty} |x(t)| \, dt < \infty \tag{7-46}$$

但振动信号中很多信号并非时间上绝对可积,如常见的正弦、余弦信号等。为了使这类信号都能进行频谱变换,可以引入 $e^{-\sigma t}$。当 $\sigma > 0$ 时,使得 $x(t)e^{-\sigma t}$ 的值随着时间 t 的增加而衰减,从而在时间上满足绝对可积的条件,可进行傅里叶变换,这就是拉普拉斯变换。

7.4.1　拉普拉斯变换和拉普拉斯逆变换

拉普拉斯变换的定义如下:

$$X(s) = L[x(t)] = \int_{-\infty}^{+\infty} [x(t)e^{-\sigma t}]e^{-j\omega t} dt = \int_{-\infty}^{+\infty} x(t)e^{-(\sigma+j\omega)t} dt$$

$$= \int_{-\infty}^{+\infty} x(t)e^{-st} dt \tag{7-47}$$

式中 $s = \sigma + j\omega$。当 $\sigma = 0$ 时,拉普拉斯变换退化为傅里叶变换。

同样,也可以得到拉普拉斯逆变换公式:

$$x(t) = L^{-1}[X(s)] = \frac{1}{2\pi j}\int_{\sigma-\infty}^{\sigma+\infty} [X(s)e^{\sigma t}]e^{j\omega t} d\omega = \int_{\sigma-\infty}^{\sigma+\infty} x(t)e^{(\sigma+j\omega)t} d\omega$$

$$= \frac{1}{2\pi j}\int_{\sigma-\infty}^{\sigma+\infty} X(s)e^{st} ds \tag{7-48}$$

式(7-47)和式(7-48)称为拉氏变换对。

7.4.2　拉普拉斯变换的主要性质

拉普拉斯变换的主要性质如下:

① 线性可叠加性:若 $x_1(t) \leftrightarrow X_1(s)$,$x_2(t) \leftrightarrow X_2(s)$,则 $\alpha x_1(t) + \beta x_2(t) \leftrightarrow \alpha X_1(s) + \beta X_2(s)$。

② 时移性:若 $x(t) \leftrightarrow X(s)$,则 $x(t-t_0) \leftrightarrow e^{-st_0} X(s)$。

③ 尺度变换性:若 $x(t) \leftrightarrow X(s)$,则 $x(at) \leftrightarrow \dfrac{1}{|\alpha|} X\left(\dfrac{s}{a}\right)$。

④ s 域平移性:若 $x(t) \leftrightarrow X(s)$,则 $e^{at}x(t) \leftrightarrow X(s-a)$。

⑤ 卷积性:若 $x_1(t) \leftrightarrow X_1(s)$,$x_2(t) \leftrightarrow X_2(s)$,则 $x_1(t) * x_2(t) \leftrightarrow X_1(s)X_2(s)$。

⑥ 时域微分性:若 $x(t) \leftrightarrow X(s)$,则 $\dot{x}(t) \leftrightarrow sX(s)$。

⑦ 时域积分性:若 $x(t) \leftrightarrow X(s)$,则 $\int_0^t x(t)dt \leftrightarrow \dfrac{1}{s}X(s)$。

7.4.3　拉普拉斯变换应用示例

质量为 m 的物体挂在弹簧系数为 k 的弹簧的一端,如图 7.20 所示,作用在物体上的外力为 $f(t)$。若物体自静止平衡位置 $x=0$ 开始运动,求物体的运动规律。

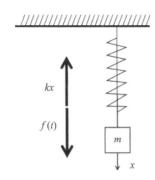

图 7.20　单自由度系统示意图

由牛顿定律和胡克定律可得

$$m\ddot{x}(t) = f(t) - kx(t) \tag{7-49}$$

即物体的运动微分方程为

$$m\ddot{x}(t) + kx(t) = f(t), \quad x(0) = \dot{x}(0) = 0 \tag{7-50}$$

对方程两边取拉普拉斯变换可得

$$m[s^2 X(s) - sx(0) - \dot{x}(0)] + kX(s) = F(s) \tag{7-51}$$

代入初始条件 $x(0) = \dot{x}(0) = 0$,可得

$$ms^2 X(s) + kX(s) = F(s) \tag{7-52}$$

记 $\omega_0^2 = \dfrac{k}{m}$,则有

$$X(s) = \frac{1}{m\omega_0} \cdot \frac{\omega_0}{s^2 + \omega_0^2} \cdot F(s) \tag{7-53}$$

由 $L^{-1}\left[\dfrac{\omega_0}{s^2+\omega_0^2}\right]=\sin\omega_0 t$，并且由卷积定理可得

$$x(t)=L^{-1}[X(s)]=\frac{1}{m\omega_0}\cdot[\sin\omega_0 t * f(t)] \tag{7-54}$$

当 $f(t)$ 具体给出时，可以求出运动位移表达式 $x(t)$。

7.5　Z 变换

与傅里叶变换一样，离散信号的离散傅里叶变换 DFT 也是有收敛条件的，很多信号不能够满足条件，为了有效地分析信号，引入 Z 变换，可以说，Z 变换是 DFT 的一般形式或者离散信号的拉普拉斯变换。

信号 $x(t)$ 离散采样后的表达式为

$$\hat{x}(t)=\sum_{n=0}^{\infty}x(t)\delta(t-n\Delta t) \tag{7-55}$$

式中：δ 单位脉冲函数；Δt 为采样时间间隔。对式 $(7-55)$ 两边进行拉普拉斯变换，有

$$\hat{X}(s)=L[\hat{x}(t)]=\int_{-\infty}^{+\infty}\hat{x}(t)e^{-st}\mathrm{d}t=\int_{-\infty}^{+\infty}\left[\sum_{n=0}^{\infty}x(t)\delta(t-n\Delta t)\right]e^{-st}\mathrm{d}t$$

$$=\sum_{n=0}^{\infty}x(n)e^{-sn\Delta t} \tag{7-56}$$

式 $(7-56)$ 中 $x(n)$ 为信号 $x(t)$ 在时间 $n\Delta t$ 的采样，当 $t<0$ 时，$x(n)=0$。令 $z=e^{-s\Delta t}$，$\hat{X}(s)=X(z)$，则有

$$X(z)=\sum_{n=0}^{\infty}x(n)z^{-n} \tag{7-57}$$

即为 $x(t)$ 离散信号的 Z 变换。其逆变换为

$$x(n)=Z^{-1}[X(z)]=\frac{1}{2\pi\mathrm{j}}\oint X(z)z^{n-1}\mathrm{d}z \tag{7-58}$$

由此也可以看出，Z 的逆变换得到的结果为采样点 $n\Delta t$ 上的信号值。

习　　题

1. 离散信号的优点有哪些？
2. 采样定理的内容是什么？信号采样不满足采样定理会出现什么现象？
3. 推导傅里叶变换和傅里叶逆变换。
4. 卷积定理包含的内容有哪些？
5. 推导离散傅里叶变换和离散傅里叶逆变换。
6. FFT 变换的优点有哪些？
7. 数据处理时，窗函数有哪些？各自有什么特点？
8. 试述拉普拉斯变换和 Z 变换。

第 8 章　振动信号分析和处理

振动测试中得到的数据在大多数情况下不是真实的振动信号,或者说与真实的振动信号之间存在一定的差别,所以未经处理、修正,直接采用测量所得到的振动信号作为结果往往会产生误差,从而导致在某些时候得出错误的结论。

振动信号处理就是通过一些数学运算方法对振动测试所得到的信号进行加工,去伪存真,计算出所需要了解的内容,以便做进一步的分析研究。振动信号处理关心的是振动信号的表示、变换和运算、振动信号所包含的信息。主要内容包含以下几个方面。

8.1　振动信号的预分析

通过传感器、放大器或中间变换器和数据采集仪对被测物体进行振动测试时所得到的信号,由于测试过程中测试系统外部和内部各种因素的影响,必然在输出过程中夹杂着许多不需要的成分,如电噪声。这样一来,就需要采用一定手段对所得到的信号做初步的加工,修正波形的畸变,剔除混杂在真实信号中的噪声和干扰,削弱信号中的多余内容,强化突出感兴趣的部分,使初步处理的结果尽可能真实地还原成实际的振动信号和振动的真实面貌。通常,振动信号的预处理方式有:

① 数据物理量单位的转换:把采集得到的振动信号由量化的数字量转换成所测量的物理量。

② 消除趋势项:可将由于基线偏离(也称为零漂成分)造成的波形畸变加以修正。基线偏离造成的原因有多种,如测量设备和传感器环境温度、元器件的稳定性等影响。

③ 消除高频噪声和干扰:可采用平滑处理方式来消除混杂于信号中的高频噪声或干扰的影响。

8.1.1　信号物理量的转换

对于电压数字量的数据,直接乘以传感器的灵敏度,即传感器的物理量与输出电压的比值,即得到测点物理量的信号。对于整型数字量的数据,首先需要乘以采集它的分辨率即量化单位,将数据转换成电压数据,然后再进行物理单位的标定变换。例如,对于采集电压范围±10 V 的 16 位数据采集器,它的满量程电压为 20 V,用 20 除以 2^{16} 可以求出分辨率为 0.000 305 175 781 25 V。用这个分辨率值分别乘以采集到的振动信号的每一个整型数据可得到以电压为单位的振动信号数据,再用传感器的灵敏度系数乘以电压信号,便可得到实际物理单位下的振动信号数据。

由于这一过程还涉及 A/D 转换等采集硬件,因此,对得到的信号还有一个重要的指标——信噪比(SNR),即信号功率与硬件量化噪声之比。SNR 可以用以下公式进行计算:

$$SNR = 16b - 1.24 \quad (dB) \qquad (8-1)$$

式中：b 为采集设备的位数。例如，一个 24 位的信号采集设备，可得到其最优信噪比约为 142 dB。

8.1.2　信号野值点剔除

在振动数据的测量、记录和传输等过程中，信号某些时刻可能有受到大的噪声干扰、信号丢失、传感器失灵等现象，使得信号中涵盖这些虚假的野值，造成信号时间历程产生过低或者过高的突变点。这样的虚假值在后续的信号处理中，很容易误导分析结果和结论，因此，在信号分析之前对这些虚假野值进行判断和剔除处理是非常重要的一项工作。可采用下面表达式进行计算：

$$\sigma_i^2(x) = \overline{x_i^2} - (\bar{x}_i)^2 \qquad (8-2)$$

式中：σ_n 为方差；x_n 为测量得到的信号序列。如果

$$x_{i+1} < x_i - k\sigma_i \text{ 或者 } x_{i+1} > x_i + k\sigma_i \qquad (8-3)$$

则 x_{i+1} 为野值，予以剔除；反之，x_{i+1} 为信号的正常值。其中 k 为加权系数，一般取 3～5。

8.1.3　零均值化处理

由于测试中的某些原因，使得测量得到振动信号均值不等于零，因此为了后续信号处理更方便，有必要对振动信号进行均值化处理。

设测量得到的振动数据序列为 $x_n(n=1,2,\cdots,N)$，则测量的时间长度为 $T = N\Delta t$，这段时间信号的均值为

$$\bar{x} = \frac{1}{N} \sum_{n=1}^{N} x_n \qquad (8-4)$$

则对 x_n 零均值化处理的计算公式为

$$y_n = x_n - x \qquad (8-5)$$

式中：y_n 为零均值化处理后的新振动信号。

零均值化处理对振动信号中的低频分量非常重要，非零均值的振动信号相当于在零均值的信号中叠加了一直流分量，犹如一矩形脉冲，若不进行零均值处理，就会在信号低频段引起较大的误差。

8.1.4　趋势项消除

(1) 信号的趋势项概念

在振动测试中采集到的振动信号数据，由于采集设备随温度变化产生零点漂移、传感器频率范围外低频性能的不稳定以及传感器周围的环境干扰，往往会产生偏离基线，甚至偏离基线的大小还会随时间变化。偏离基线随时间变化的整个过程被称为信号的趋势项。

(2) 消除方法

趋势项的消除方法常采用多项式最小二乘法来进行。该方法就是通过最小二乘法，利用所测得的振动信号数据拟合出一条指定阶数为 m 的多项式曲线，最后将振动信号数据减去所得到的多项式曲线就达到了消除趋势项的目的。在实际振动信号数据处理中，通常取 $m = 1\sim3$ 来对采样数据进行多项式趋势消除的处理。

设有多项式 $\hat{x}_k = a_0 + a_1 k + a_2 k^2 + \cdots + a_m k^m (k = 1, 2, 3, \cdots, n)$，确定函数 $\hat{x}_k$ 的各待定系数 $a_j (j = 0, 1, 2, \cdots, m)$，使得函数 $\hat{x}_k$ 与离散数据 x_k 的误差平方和为最小，即

$$E = \sum_{k=1}^{n} (\hat{x}_k - x_k)^2 = \sum_{k=0}^{m} \left(\sum_{j=0}^{m} a_j k^j - x_k \right)^2 \qquad (8-6)$$

依次取 E 对 a_i 求偏导，可以产生一个 $m+1$ 元线性方程组：

$$\sum_{k=1}^{n} \sum_{j=0}^{m} a_j k^{j+i} - \sum_{k=1}^{n} x_k k^i = 0 \quad (i = 0, 1, 2, \cdots, m) \qquad (8-7)$$

解线性方程组，求出 $m+1$ 个待定系数 $a_j (j = 0, 1, \cdots, m)$。上面各式中，$m$ 为设定的多项式阶次，其值范围为 $0 \leqslant j \leqslant m$。

图 8.1 所示为某振动信号趋势项消除曲线，其处理的算法程序如下所示。

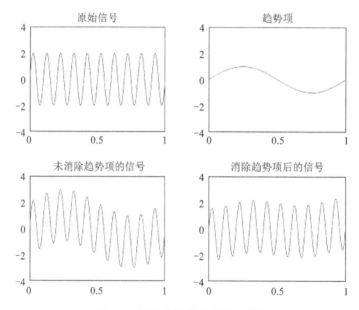

图 8.1　振动信号趋势项消除曲线

MATLAB 程序：

```
%% 最小二乘法消除多项式趋势项
clear;
fs = 1000;                          %% 采样率
t = 0:1/fs:(1-1/fs);                %% 建立离散时间列向量
y1 = 2 * sin(2 * pi * 10 * t);      %% 原始信号
subplot(221);
plot(t,y1);
title('原始信号');
y2 = 1 * sin(2 * pi * t);           %% 趋势项
subplot(222);
plot(t,y2);
title('趋势项');
y3 = y1 + y2;                       % 未消除趋势项的信号
subplot(223);
plot(t,y3);
title('未消除趋势项的信号');
m = 3;                              %% 多项式阶次
a = polyfit(t,y3,m);               %% 计算趋势项的多项式待定系数向量 a
y4 = y3 - polyval(a,t);            %% 减去多项式 a 生成的趋势项
```

```
subplot(224);
plot(t,y4);
title('消除趋势项后的信号');
```

8.1.5　信号的平滑

数据采集器采样得到的振动信号数据往往叠加有噪声信号。噪声信号除了有 50 Hz 的供电电源工作频率及其倍频程等周期性干扰信号外,还有不规则的随机干扰信号,且其频带较宽,有时高频成分所占比例还很大,使得采集到的离散数据绘成的振动曲线上呈现许多毛刺,很不光滑。为了削弱干扰信号的影响,提高振动曲线的光滑度,常常需要对采样数据进行光滑处理。另外,数据平滑处理的一个特殊用途是用来消除不规则的趋势项。可以通过对所测得的数据进行多次平滑处理,得到一条光滑的趋势项曲线,用原始数据减去趋势项,就达到了消除信号不规则趋势项的目的。对数据平滑处理的方法有加权平均法和五点三次平滑法。

(1) 加权平均法

加权平均法就是对所采集数据的每个点与其周围某个指定区间的数据进行加权平均,最终达到数据平滑的目的。加权平均法的基本计算公式如下:

$$y_i = \sum_{n=-N}^{N} h_n x_{i-n}, \quad i = 1, 2, \cdots, m \tag{8-8}$$

式中:x 为采样数据,y 为平滑处理后的结果,m 为数据点数,$2N+1$ 为平均点数,h 为加权因子。加权因子必须满足下式:

$$\sum_{n=-N}^{N} h_n = 1 \tag{8-9}$$

对于加权平均法,若做五点加权平均($N=2$),可取

$$\{h\} = (h_{-2}, h_{-1}, h_0, h_1, h_2) = \frac{1}{9}(1,2,3,2,1) \tag{8-10}$$

图 8.2 所示为某振动信号加权平均法平滑处理曲线,其处理的算法程序如下所示。

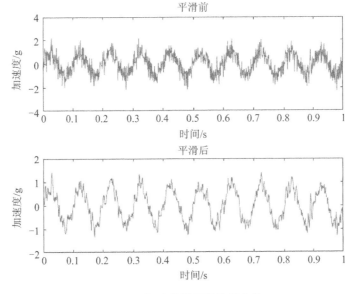

图 8.2　振动信号平滑处理曲线

MATLAB 程序：

```
clear;
fs = 1000;                          %% 采样率
t = 0:1/fs:(1-1/fs);
a = sin(2 * pi * 10 * t);           %% 原信号
x = a + 0.5 * randn(size(t));       %% 加噪声正弦信号
m = length(x);                      %% 取信号的长度
subplot(211);
plot(t,x);
title('平滑前');
xlabel('时间/s');
ylabel('加速度/g');
y(1) = x(1);
y(2) = x(2);
for i = 3: m - 2
y(i) = 1/9 * x(i + 2) + 1/9 * x(i + 1) + 3/9 * x(i) + 2/9 * x(i - 1) + 1/9 * x(i - 2);
end
y(m - 1) = x(m - 1);
y(m) = x(m);
subplot(212);
plot(t,y);
title('平滑后');
xlabel('时间/s');
ylabel('加速度/g');
```

(2) 五点三次平滑法

五点三次平滑法就是利用最小二乘拟合,取要平滑的目标点和左右两侧各两个数据点进行三次多项式拟合以达到平滑的目的。五点三次平滑法计算公式为

$$
\begin{cases}
y_1 = \dfrac{1}{70}\left[69x_1 + 4(x_2 + x_4) - 6x_3 - x_5\right] \\[2mm]
y_2 = \dfrac{1}{35}\left[2(x_1 + x_5) + 27x_2 + 12x_3 - 8x_4\right] \\[2mm]
\qquad\qquad\vdots \\[2mm]
y_i = \dfrac{1}{35}\left[-3(2x_{i-1} + x_{i+2}) + 12(x_{i-1} + x_{i+1}) + 17x_i\right] \\[2mm]
\qquad\qquad\vdots \\[2mm]
y_{m-1} = \dfrac{1}{35}\left[2(x_{m-4} + x_m) - 8x_{m-3} + 12x_{m-2} + 27x_{m-1}\right] \\[2mm]
y_m = \dfrac{1}{70}\left[-x_{m-4} + 4(x_{m-3} + x_{m-1}) - 6x_{m-2} + 69x_m\right]
\end{cases}
\tag{8-11}
$$

式中：$i = 3, 4, \cdots, m - 2$。

图 8.3 所示为某振动信号五点三次平滑法处理曲线,其处理的算法程序如下所示。

MATLAB 程序：

```
clear;
fs = 1000;                          %% 采样率
t = 0:1/fs:(1-1/fs);
a = sin(2 * pi * 10 * t);           %% 原信号
x = a + 0.5 * randn(size(t));       %% 加噪声正弦信号
m = length(x);                      %% 取信号的长度
subplot(211);
```

```
plot(t,x);
title('平滑前');
xlabel('时间/s');
ylabel('加速度/g');
y(1) = 1/70 * (69 * x(1) + 4 * (x(2) + x(4)) - 6 * x(3) - x(5));
y(2) = 1/35 * (2 * (x(1) + x(5)) + 27 * x(2) + 12 * x(3) - 8 * x(4));
for i = 3 : m - 2
y(i) = 1/35 * ( - 3 * (x(i - 2) + x(i + 2)) + 12 * (x(i - 1) + x(i + 1)) + 17 * x(i));
end
y(m - 1) = 1/35 * (2 * (x(m - 4) + x(m)) - 8 * x(m - 3) + 12 * x(m - 2) + 27 * x(m - 1));
y(m) = 1/70 * ( - x(m - 4) + 4 * (x(m - 3) + x(m - 1)) - 6 * x(m - 2) + 69 * x(m));
subplot(212);
plot(t,y);
title('平滑后');
xlabel('时间/s');
ylabel('加速度/g');
```

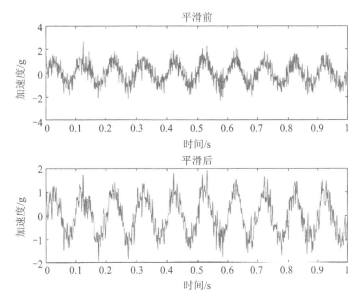

图 8.3　振动信号平滑处理曲线

8.2　振动信号的时域分析

在振动试验和测试中,人们直接感受和记录得到的往往是被测物体某些位置上的振动大小随时间变化的过程,它是被研究对象的综合振动反应。这个过程通常被称为振动时程信号,它在图形中所描述振动大小随时间变化的曲线称为振动波形。振动信号的时域处理是对振动波形的分析,从记录的时程信号中提取各种有用的信息或将记录的时程信号转换成所需要的形式。

通过不同时域处理方法,可以得到实测信号的最大幅值和时间历程,求出相位滞后和波形的时间滞后,有选择地滤除或保留实测信号的某些频率成分,消除实测信号的畸变状况;通过自由振动的信号求衰减系数,进而求得振动系统的阻尼比;确定信号与各种物理现象的联系情况,建立正常作用状态和破坏状态与信号的有机联系;对实测信号进行相关分析等。

对于随机振动信号,还需要进行数理统计方面的分析,诸如信号幅值的概率分布、概率密度等信息以及平均值、均方值、均方根值和方差等。

8.2.1 最大值和最小值

信号的最大值和最小值是信号的极值,它给出了信号随时间变化的幅值范围,是比较直观的特征信息,一般在振动信号分析和处理中总是首先考虑。二者的绝对值大小,往往反映结构受外界激励的严酷程度、状态的安全性和舒适性等指标。

8.2.2 数字滤波

在振动信号分析中,数字滤波就是通过一定的计算或判断程序减少干扰信号在有用信号中的比例,因此它实际上是一个程序滤波。当然,这个过程也可以在信号测量过程中,以引入滤波器硬件(即模拟滤波器)的方式来实现,采用硬件实现滤波所涉及的原理和使用等内容请参见本书前面的介绍。数字滤波器克服了模拟滤波器的许多不足,它与模拟滤波器相比有以下优点:

① 数字滤波器是用软件实现的,不需要增加硬设备,因而可靠性高、稳定性好,不存在阻抗匹配问题。

② 模拟滤波器通常是各通道单独使用,而数字滤波器则可多通道共用,降低了成本且使用便捷。

③ 数字滤波器可以对频率很低(如 0.01 Hz)的信号进行滤波,而模拟滤波器由于受电容容量的限制,频率不可能太低。

④ 数字滤波器可以根据信号的不同,采用不同的滤波方法或滤波参数,因此具有灵活、方便、功能强的特点。

⑤ 数字滤波器相比模拟滤波器有更高的信噪比。数字滤波器是以数字器件执行运算,从而避免了模拟电路中噪声(如电阻热噪声等)的影响。

⑥ 数字滤波器具有非常高的可靠性。模拟滤波器电子元件的电路特性会随着时间、温度、电压的变化而产生一定变化,而数字滤波器则没有这种问题。

滤波器按其功能的频率特性分为低通滤波、高通滤波、带通滤波、带阻滤波等。从数学运算方式上考虑,数字滤波又包括频域滤波和时域滤波,其功能示意图如图 8.4 所示。

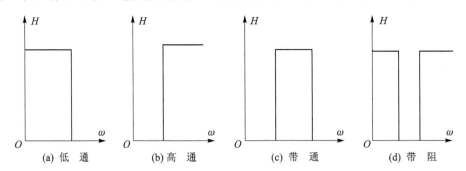

图 8.4 低通、高通、带通、带阻滤波器功能示意图

(1) 数字滤波的频域方法

数字滤波的频域方法是利用快速傅里叶变换 FFT 算法对输入信号采样数据进行离散傅

里叶变换 FFT,分析其频谱,根据滤波要求,将需要滤除的频率部分直接设置成零,或加渐变过渡频带后再设置成零,然后再利用 IFFT 算法对滤波处理后的数据进行离散傅里叶逆变换IDFT,恢复时域信号。其方法原理图如图 8.5 所示。

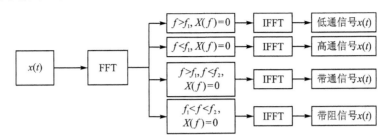

图 8.5　数字滤波的频域方法原理图

数字滤波频域方法的特点是简单,计算速度快,滤波频带控制精度高,可以用来设计包括梳状滤波器的任意响应滤波器。但是,由于对频域数据的突然截断造成的频谱泄漏会导致滤波后的时域信号失真变形。在不考虑加平滑衰减过渡带的情况下,数字滤波的频域方法比较适合于数据长度较大的信号或者振动幅值最终是衰减变小的信号。下面用示例介绍其方法和过程。

例如,现有含 10 Hz、50 Hz、100 Hz、150 Hz 四个正弦频率的信号,采用频率数字滤波方法滤除 30 Hz 以上的信号。

图 8.6 所示为振动信号数字滤波曲线,其处理的算法程序如下所示。

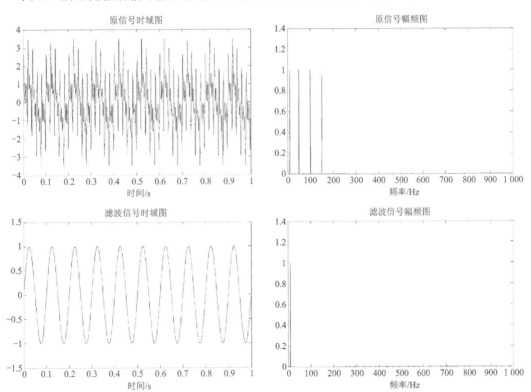

图 8.6　振动信号数字滤波曲线(频率数字滤波法)

MATLAB 程序：

```
clear
fs = 2000;                              %% 采样率
fc1 = 30;                               %% 带阻起始频率
fc2 = 200;                              %% 带阻结束频率
%%%%%%%%%%%%%%%%
t = 0:1/fs:(1 - 1/fs);
y1 = 1 * sin(2 * pi * 10 * t);
y2 = 1 * sin(2 * pi * 50 * t);
y3 = 1 * sin(2 * pi * 100 * t);
y4 = 1 * sin(2 * pi * 150 * t);
y = y1 + y2 + y3 + y4;
%%%%%%%%%%%%%%%%
[M N] = size(y);
%%%%%%%%% 原信号频谱 %%%%%%%%%
y_ft = fft(y);
y_fft = (2/N) * abs(y_ft);              % 除以 N/2 还原幅值
%%%%%%%%%% FFT 滤波 %%%%%%%%%
y_ft(fc1 * fs/N: fc2 * fs/N) = 0;       % 滤去频率清零
y_ft(N - fc2 * fs/N: N - fc1 * fs/N) = 0;
y1_output = ifft(y_ft);
%%%%%%%%%% 画曲线及频谱 %%%%%%%%%
f = (0: fs/N: fs/2 - fs/N);             % 频率坐标轴
f1 = (0: fs/N: fs - fs/N);              % 频率坐标轴
subplot(2,2,1);
plot(t,y);
xlabel('时间/s');
title('原信号时域图');
subplot(2,2,2)
plot(f,y_fft(1:N/2));                    % 1:N/2 单边频谱
xlabel('频率/Hz');
title('原信号幅频图');
%%%%%%%%%% 滤波 %%%%%%%%
subplot(2,2,3);
plot(t,y1_output);
xlabel('时间/s');
title('滤波信号时域图');
subplot(2,2,4);
plot(f,2/N * abs(y_ft(1:N/2)));
xlabel('频率/Hz');
title('滤波信号幅频图');
```

（2）数字滤波的时域方法

数字滤波的时域方法是对信号离散数据进行差分方程数学运算以达到滤波的目的。经典数字滤波器实现方法主要有两种：FIR 数字滤波器和 IIR 数字滤波器。FIR 滤波器称为有限冲激响应滤波器，它能在保证幅度特性的同时，做到较为严格的线性相位特性。FIR 滤波器的最主要特点是没有反馈回路，因此，稳定以及线性相位是 FIR 滤波器的最大优点。IIR 滤波器称为无限冲激响应滤波器，它采用递归型结构，即结构上带有反馈回路，它的幅频特性精度很高，不是线性相位的，与 FIR 滤波器相比，对于相同的滤波器设计指标，FIR 滤波器所要求的阶次比 IIR 滤波器更高，由于使用了反馈结构，IIR 滤波器在设计时需要考虑稳定性问题。

滤波器设计一般要经过以下三个步骤来完成：

① 确定一些技术指标，这些指标应根据工程实际的需要来制定。

② 利用数学和数字信号处理的基本原理提出一个滤波器模型来逼近给定的指标，从而可以得到以差分方程（或系统函数，或冲激响应）描述的滤波器。

③ 将上述得到的差分方程在计算机上用程序来实现滤波。

数字滤波器所涉及的理论知识,请参考专门的书籍。下面用示例介绍借助 MATLAB 进行数字滤波器设计及使用。

例如,现有含 10 Hz、50 Hz、100 Hz、150 Hz 四个正弦频率的信号,采用 MATLAB FDAtool 工具箱设计低通滤波器(小于 80 Hz 以下频率通过)、高通滤波器(大于 80 Hz 以上频率通过)、带通滤波器(40~120 Hz 之间频率通过)和带阻滤波器(40~120 Hz 之间频率不通过),对信号进行处理。

FDAtool 滤波器设计界面及参数如图 8.7、图 8.8、图 8.9 和图 8.10 所示。

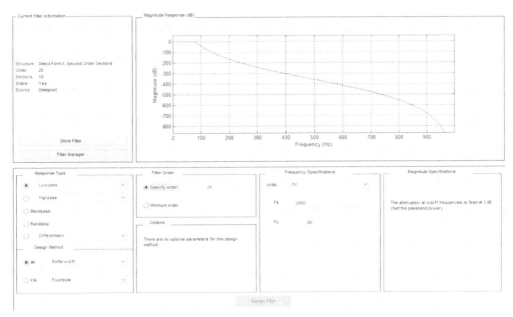

图 8.7　FDAtool 低通滤波器设计界面及参数

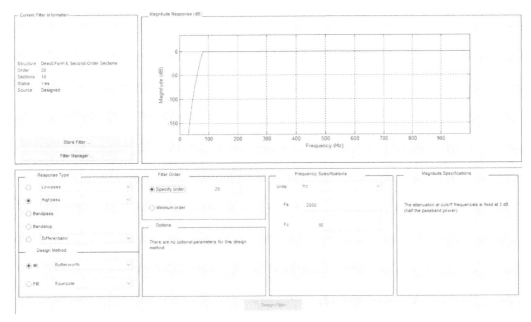

图 8.8　FDAtool 高通滤波器设计界面及参数

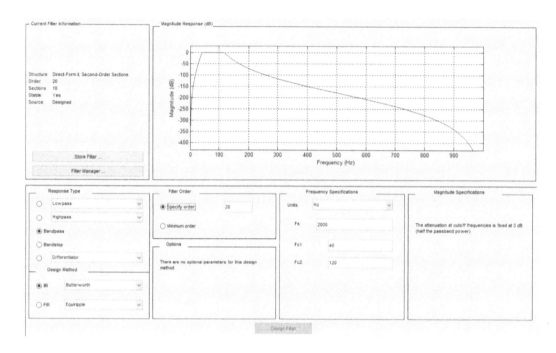

图 8.9   FDAtool 带通滤波器设计界面及参数

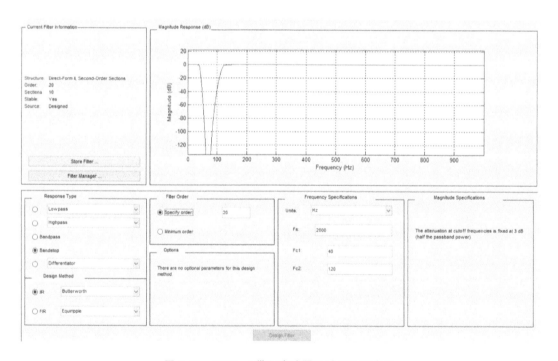

图 8.10   FDAtool 带阻滤波器设计界面及参数

图 8.11 所示为某振动信号数字滤波曲线,其处理的算法程序如下所示。

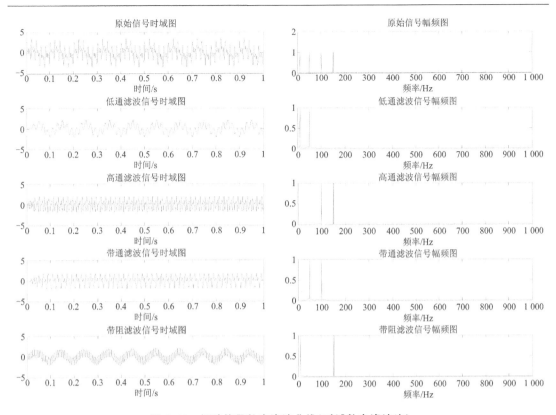

图 8.11　振动信号数字滤波曲线(时域数字滤波法)

MATLAB 程序：

```
clear
fs = 2000;                                %采样率
t = 0:1/fs:1 - 1/fs);
y1 = 1 * sin(2 * pi * 10 * t);
y2 = 1 * sin(2 * pi * 50 * t);
y3 = 1 * sin(2 * pi * 100 * t);
y4 = 1 * sin(2 * pi * 150 * t);
y = y1 + y2 + y3 + y4;
%%%%%%%%%%信号滤波处理%%%%%%%
y1_output = filter(lowpassfilter_y,y);
y2_output = filter(highpassfilter_y,y);
y3_output = filter(bandpassfilter_y,y);
y4_output = filter(bandstopfilter_y,y);
%%%%%%%%%%%%%%%%%%%
[M N] = size(y);
f = (0: fs/N: fs/2 - fs/N);                %频率坐标轴
%%%%%%%%%%原信号幅频%%%%%%%%%%
y_ft = fft(y);
y_fft = (2/N) * abs(y_ft);                 %除以 N/2 还原幅值
%%%%%%%%%%%%%%%低通幅频%%%%%%%
y1_ft = fft(y1_output);
y1_output_fft = (2/N) * abs(y1_ft);
%%%%%%%%%%高通幅频%%%%%%%
y2_ft = fft(y2_output);
y2_output_fft = (2/N) * abs(y2_ft);
%%%%%%%%%%带通幅频%%%%%%%
y3_ft = fft(y3_output);
```

```
y3_output_fft = (2/N) * abs(y3_ft);
%%%%%%%%%%带阻频谱%%%%%%%%%
y4_ft = fft(y4_output);
y4_output_fft = (2/N) * abs(y4_ft);
%%%%%%%%%%画曲线及频谱%%%%%
subplot(5,2,1);
plot(t,y);
xlabel('时间/s');
title('原始信号时域图');
subplot(5,2,2)
plot(f,y_fft(1:N/2));                    %1:N/2单边频谱
xlabel('频率/Hz');
title('原始信号幅频图');
%%%%%%%%%%低通%%%%%%%%%%
subplot(5,2,3);
plot(t,y1_output);
xlabel('时间/s');
title('低通滤波信号时域图');
subplot(5,2,4);
plot(f,y1_output_fft(1:N/2));
xlabel('频率/Hz');
title('低通滤波信号幅频图');
%%%%%%%%%%高通%%%%%%%%%
subplot(5,2,5);
plot(t,y2_output);
xlabel('时间/s');
title('高通滤波信号时域图');
subplot(5,2,6);
plot(f,y2_output_fft(1:N/2));
xlabel('频率/Hz');
title('高通滤波信号幅频图');
%%%%%%%%%%带通%%%%%%%%%%
subplot(5,2,7);
plot(t,y3_output);
xlabel('时间/s');
title('带通滤波信号时域图');
subplot(5,2,8);
plot(f,y3_output_fft(1:N/2));
xlabel('频率/Hz');
title('带通滤波信号幅频图');
%%%%%%%%%%带阻%%%%%%%%%
subplot(5,2,9);
plot(t,y4_output);
xlabel('时间/s');
title('带阻滤波信号时域图');
subplot(5,2,10);
plot(f,y4_output_fft(1:N/2));
xlabel('频率/Hz');
title('带阻滤波信号幅频图');
```

8.2.3 信号的积分和微分变换

在振动信号测试过程中,由于仪器设备或测试环境的限制,有的物理量需要通过对采集到的其他物理量进行转换处理才能得到,例如,将加速度的振动信号转换成速度信号或位移信号。当然,也可以在信号测量过程中,通过引入积分和微分运算电路硬件的方式来实现。积分和微分运算电路硬件涉及的原理和使用等内容请参见本书前面的介绍。

数据常用的转换处理方法有积分和微分,积分和微分可以在时域里实现,采用的是梯形求积的数值积分法和中心差分的数值微分法,或其他直接积分和微分的方法。积分和微分还可

以在频域里实现,基本原理是首先将需要积分或微分的信号作傅里叶变换,然后将变换的结果在频域里进行积分或微分运算,最后经傅里叶逆变换得到积分或微分后的时域信号。

(1) 时域积分方法

利用辛普森(梯形)法则,则速度、位移积分公式如下:

$$v(i) = v(i-1) + \frac{a(i-1) + 4a(i) + a(i+1)}{6} \cdot \Delta t \tag{8-12}$$

$$s(i) = s(i-1) + \frac{v(i-1) + 4v(i) + v(i-1)}{6} \cdot \Delta t \tag{8-13}$$

式中: $i = 0,1,2,\cdots,N-1$; Δt 为采样时间。

(2) 频域积分方法

假设任一频率的傅里叶分量为 $A\mathrm{e}^{\mathrm{j}\omega t}$,则速度、位移积分公式如下:

$$v(t) = \begin{cases} \displaystyle\int_0^t A\mathrm{e}^{\mathrm{j}\omega t}\,\mathrm{d}t = \frac{A}{\mathrm{j}\omega}\mathrm{e}^{\mathrm{j}\omega t}, & \omega \neq 0 \\ 0, & \omega = 0 \end{cases} \tag{8-14}$$

$$s(t) = \begin{cases} \displaystyle\int_0^t\left(\int_0^t A\mathrm{e}^{\mathrm{j}\omega t}\,\mathrm{d}t\right)\mathrm{d}t = -\frac{A}{\omega^2}\mathrm{e}^{\mathrm{j}\omega t}, & \omega \neq 0 \\ 0, & \omega = 0 \end{cases} \tag{8-15}$$

(3) 时域微分方法

利用位移的中心差分代替位移的导数,则速度、加速度微分公式如下:

$$v(i) = s'(i) = \frac{s(i+1) - s(i-1)}{2\Delta t} \tag{8-16}$$

$$a(i) = s''(i) = \frac{s(i+1) - 2s(i) + s(i-1)}{\Delta t^2} \tag{8-17}$$

(4) 频域微分方法

假设任一频率的傅里叶分量为 $S\mathrm{e}^{\mathrm{j}\omega t}$,则速度、加速度微分公式如下:

$$v(t) = \frac{\mathrm{d}s(t)}{\mathrm{d}t} = \mathrm{j}\omega S\mathrm{e}^{\mathrm{j}\omega t} \tag{8-18}$$

$$a(t) = \frac{\mathrm{d}^2 s(t)}{\mathrm{d}t^2} = -\omega^2 S\mathrm{e}^{\mathrm{j}\omega t} \tag{8-19}$$

图 8.12 所示为信号的积分和微分变换曲线,其处理的算法程序如下所示。

积分变换 MATLAB 程序:

```
syms t f1;                          % 定义符号变量
f1 = 2 * heaviside(t) - heaviside(t-1);
% 生成一个原始信号,其中 heaviside(t) 为阶跃函数,当 t<0 时,其为 0,当 t = 0 时,其为 0.5,当 t>0 时,其为 1
t = -1:0.01:2;                      % 定义变量 t 的范围
subplot(121);
ezplot(f1,t);
title('原函数')
grid on
ylabel('x(t)');
f = int(f1,'t');                    % 对函数 f1 中的变量 t 进行积分
subplot(122)
ezplot(f,t);
title('积分函数')
grid on
ylabel('x(t)')
```

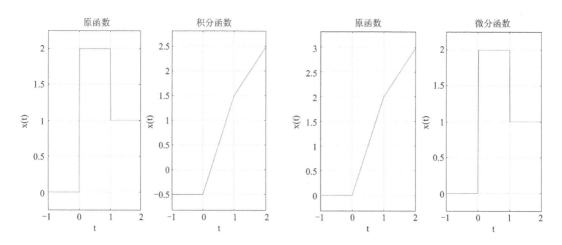

图 8.12 信号的积分和微分变换

微分变换 MATLAB 程序：

```
syms t f2;                              %定义符号变量
f2 = t * (2 * heaviside(t) - heaviside(t - 1)) + heaviside(t - 1);
%生成一个原始信号,其中 heaviside(t)为阶跃函数,当 t<0 时,其为 0,当 t=0 时,其为 0.5,当 t>0 时,其为 1
t = -1:0.01:2;                          %定义变量 t 的范围
subplot(121);
ezplot(f2,t);
title('原函数')
grid on
ylabel('x(t)');
f = diff(f2,'t',1);                     %对函数 f2 中的变量 t 进行一次微分(即求一阶导数)
subplot(122)
ezplot(f,t);
title('微分函数')
grid on
ylabel('x(t)');
```

8.2.4 随机振动信号的时域分析

1. 随机信号的特点

随机信号也称为非确定性振动,是相对于确定性振动的一种不能用确定的数学解析式表达其变化历程,也不可能预见其任意时刻所出现的振幅,同样也无法用实验的方法重复再现的振动方程。严格来说,所有振动都是随机的,或者是包含一定随机振动的成分。只有在略去非确定成分后,才把它看作是有规则的振动,才可以用简单的函数或这些函数的组合来描述。

2. 均值、均方值和方差

(1) 均 值

随机振动信号的均值是振动数据 $x(k)(k=1,2,\cdots,N)$ 在整个时间坐标上的积分平均,其物理含义为该随机振动信号变化的中心趋势,或称为零点漂移。随机振动信号均值包括连续信号和离散信号。

连续信号：

$$\mu_x = \frac{1}{T} \int_0^T x(t)\,\mathrm{d}t \tag{8-20}$$

离散信号：

$$\mu_x = \frac{1}{N} \sum_{k=1}^{N} x(k) \tag{8-21}$$

（2）均方值

随机振动信号均方值的估计是样本函数记录 $x(k)$ 的平方在时间坐标上有限长度的积分平均，表示信号的强度或功率。其表达式包括连续信号和离散信号。

连续信号：

$$\psi_x^2 = \frac{1}{T} \int_0^T x^2(t)\,\mathrm{d}t \tag{8-22}$$

离散信号：

$$\psi_x^2 = \frac{1}{N} \sum_{k=1}^{N} x^2(k) \tag{8-23}$$

均方值的正平方根称为均方根值，用 x_{rms} 表示，又称为有效值。均方根值是信号振动的平均能量（功率）的一种表达式，也是信号强度或者能量的一种描述。在国际标准中一些振动强度常采用信号的均方根值表示，例如人体振动等，因为均方根值包含着对受振物体形成破坏的主要因素功率的意义。

（3）方　差

显然，方差的定义是去除了均值后的均方值。由于去除了直流分量，所以方差也是振动信号纯动态分量强度的一种表示，反映波动的大小。随机振动信号方差的表达式包括连续信号和离散信号。

连续信号：

$$\sigma_x^2 = \frac{1}{T} \int_0^T \left[x(k) - \mu_x \right]^2 \mathrm{d}t \tag{8-24}$$

离散信号：

$$\sigma_x^2 = \frac{1}{N-1} \sum_{k=1}^{N} \left[x(k) - \mu_x \right]^2 \tag{8-25}$$

均值、均方值和方差三者的关系如下：

$$\sigma_x^2 = \psi_x^2 - \mu_x^2 \tag{8-26}$$

图 8.13 所示的信号表达式如下：

$$x(t) = \begin{cases} 1 - |t|, & -1 \leqslant t \leqslant 1 \\ 0, & \text{其他} \end{cases} \tag{8-27}$$

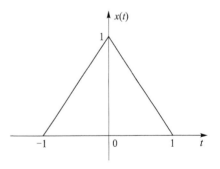

图 8.13　信号曲线

根据上述公式可得到

$$\mu_x = \frac{1}{2} \int_{-1}^{+1} x(t)\,\mathrm{d}t = \int_0^{+1} (1-t)\,\mathrm{d}t = \frac{1}{2} \tag{8-28}$$

$$\psi_x^2 = \frac{1}{2} \int_{-1}^{+1} x^2(t)\,\mathrm{d}t = \int_0^{+1} (1-t)^2\,\mathrm{d}t = \frac{1}{3} \tag{8-29}$$

$$\sigma_x^2 = \frac{1}{2} \int_{-1}^{+1} \left[x(t) - \mu_x(t) \right]^2 \mathrm{d}t = \int_0^{+1} \left(\frac{1}{2} - t \right)^2 \mathrm{d}t = \psi_x^2 - \mu_x^2 \tag{8-30}$$

3. 概率分布函数和概率密度函数

(1) 概率分布函数

随机振动信号(见图 8.14)的概率分布函数如图 8.15 所示,指振动信号是 N 个样本函数的集合 $X = \{x(n)\}$,其中在 t_1 时刻,有 N_1 个样本函数的函数值不超过指定值 x,则它的概率分布函数的估计为

$$P(X \leqslant x, t_1) = \lim_{N \to \infty} \frac{N_1}{N} \qquad (8-31)$$

瞬时值概率分布函数为 0~1 之间的正实数,是变量 x 的非递减函数。必须指出的是,只有当样本函数个数足够大时,N_1/N 值才趋向一个稳定值,即概率。

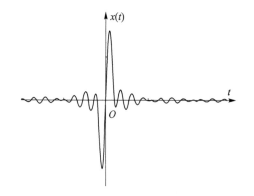

图 8.14　随机振动信号时间函数

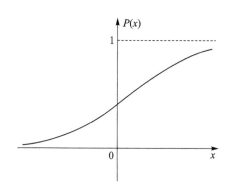

图 8.15　概率分布函数

(2) 概率密度函数

概率密度函数为概率分布函数对变量 x 的一阶导数,表示一随机振动信号的幅值落在某一范围内的概率,如图 8.16 所示。它是随所取范围处的幅值而变化的,所以是幅值的函数。随机振动信号概率密度函数的估计为

$$p(x) = \frac{N_x}{N \Delta x} \qquad (8-32)$$

式中:Δx 是以 x 为中心的窄区间;N_x 为 $\{x_n\}$ 数组中数值落在 $x \pm \Delta x/2$ 范围中的数据个数;N 为总的数据个数。概率密度函数定量给出了随机振动信号在幅值域上的统计规律。

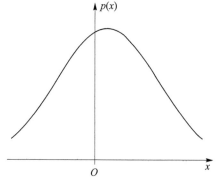

图 8.16　概率密度函数

4. 相关函数

相关分析是随机信号在时域上的统计分析,是用相关系数和相关函数等统计量来研究和描述振动信号的相关关系。相关函数描述振动信号在不同时刻瞬时值之间的相关程度,可以简单描述为振动信号随时间坐标移动时与其他信号的相似程度。可以对同一振动信号随时间坐标移动进行相似程度计算,其结果称为自相关函数。也可以对两个不同信号进行相似程度计算,其结果称为互相关函数。

(1) 自相关函数

自相关函数描述随机振动信号在不同瞬时幅值之间的差别或相似程度,也就是反映同一条随机振动信号波形随时间坐标移动时相互关联紧密性的一种函数。振动信号自相关函数的表达式如下:

连续信号:

$$R_{xx}(\tau) = \frac{1}{T}\int_0^T x(t)x(t+\tau)\,\mathrm{d}t \tag{8-33}$$

离散信号:

$$R_{xx}(k) = \frac{1}{N}\sum_{i=1}^{N-k} x(i)x(i+k), \quad k=0,1,2,\cdots,m \tag{8-34}$$

式中:$x(i)$ 等价于 $x(i\Delta t)=x(t)$,是振动信号的表达式;$R_{xx}(k)$ 等价于 $R_{xx}(k\Delta t)=R_{xx}(\tau)$,$\tau$ 为时间坐标移动值,Δt 为采样时间间隔;m 为相关数据长度,即个数。

实际工程中常用自相关函数来检测随机振动信号中是否包含周期振动成分,这是因为随机分量的自相关函数总是随时间趋近于零或某一常数值,而周期分量的自相关函数则保持原来的周期性而不衰减,并可以定性地了解振动信号所含频率成分的多少。

图 8.17 所示为某正弦信号的自相关性分析,其处理的算法程序如下所示。

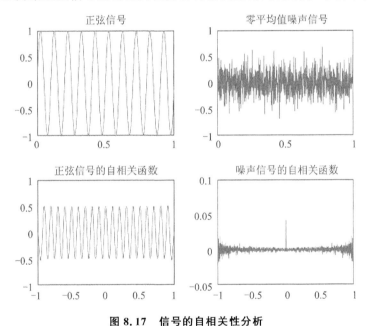

图 8.17　信号的自相关性分析

MATLAB 程序:

```
clear;
fs = 1000;                        %% 采样频率
t = 0:1/fs:(1 - 1/fs);
x = sin(2 * pi * 10 * t);         %% 生成正弦信号
y = 0.2 * randn(size(t));         %% 生成零平均值噪声信号
[a,b] = xcorr(x,'unbiased');      %% 计算自相关函数向量
[c,d] = xcorr(y,'unbiased');      %% 计算自相关函数向量
subplot(221);
```

```
plot(t,x);
title('正弦信号');
subplot(223);
plot(b*1/fs,a);
title('正弦信号的自相关函数');
subplot(222)
plot(t,y);
title('零平均值噪声信号');
subplot(224);
plot(d*1/fs,c);
title('噪声信号的自相关函数');
```

(2) 互相关函数

互相关函数描述两个随机振动信号在不同瞬时幅值之间的差别或相似程度,也就是反映两个随机振动信号波形随时间的相互关联紧密性的一种函数。振动信号互相关函数的表达式包括连续信号和离散信号。

连续信号:

$$R_{xy}(\tau)=\frac{1}{T}\int_0^T x(t)y(t+\tau)\,\mathrm{d}t \tag{8-35}$$

离散信号:

$$R_{xy}(k)=\frac{1}{N-k}\sum_{i=1}^{N-k}x(i)y(i+k),\quad k=0,1,2,\cdots,m \tag{8-36}$$

式中:$x(i)$ 等价于 $x(i\Delta t)=x(t)$,$y(i)$ 等价于 $y(i\Delta t)=y(t)$,均为随机振动信号;$R_{xy}(k)$ 等价于 $R_{xy}(k\Delta t)=R_{xy}(\tau)$,$\tau$ 为时间坐标移动值,Δt 为采样时间间隔;m 为相关数据长度,即个数。

图 8.18 所示为某正弦和余弦振动信号的互相关性分析,其处理的算法程序如下所示。

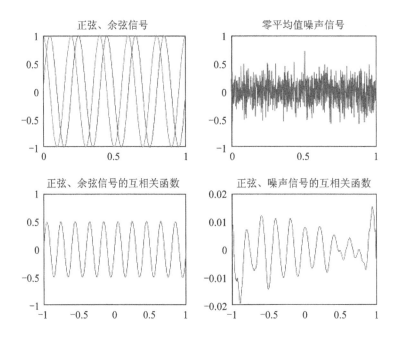

图 8.18 信号的互相关性分析

MATLAB 程序：

```
clear;
fs = 1000;                              %%采样频率
t = 0:1/fs:(1 - 1/fs);
x = sin(2 * pi * 5 * t);                %%生成正弦信号
y = cos(2 * pi * 5 * t);                %%生成余弦信号
z = 0.2 * randn(size(t));               %%生成零平均值噪声信号
[a,b] = xcorr(x,y,'unbiased');          %%计算互相关函数向量
[c,d] = xcorr(x,z,'unbiased');          %%计算互相关函数向量
subplot(221);
plot(t,x,t,y);
title('正弦、余弦信号');
subplot(223);
plot(b * 1/fs,a);
title('正弦、余弦信号的互相关函数');
subplot(222)
plot(t,z);
title('零平均值噪声信号');
subplot(224);
plot(d * 1/fs,c);
title('正弦、噪声信号的互相关函数');
```

8.3　振动信号的频域分析

　　频域处理也称为频谱分析，是建立在傅里叶变换（FT）基础上信号的时域、频域二者之间的变换运算，所得到的结果是以频率为变量的函数，称为谱函数，分析结果常以频率为横坐标，以幅值（或者幅值谱密度、功率谱密度和相位等）为纵坐标，称为频谱图。傅里叶变换的结果称为傅氏谱函数，是由实部和虚部组成的复函数。傅氏谱的模称为幅值谱，相角称为相位谱。振动信号的幅值谱可用来描述振动的大小随频率的分布情况，相位谱则反映振动信号的各频率成分相位角的分布情况。随机振动信号的频域处理以建立在数理统计基础上的功率谱密度函数为基本函数。通常频响函数是试验模态参数频域识别的基本数据，通过自功率谱和互功率谱可以导出频响函数和相干函数，相干函数则是评定频响函数估计精度的一个重要参数。

　　振动信号频域和时域分析从两个不同的角度来研究动态信号。时域表示较为形象和直观，频域表示信号则更为简练，剖析问题更加深刻和方便，它可以较为方便地研究信号是由哪些频率成分组成的，对应每个频率它的幅值、相位等的变化情况。

8.3.1　快速傅里叶变换

　　快速傅里叶变换 FFT 的理论和方法可参见前面章节的内容。

　　例如，设一个含有 10 Hz、50 Hz、100 Hz、150 Hz 四个正弦频率，幅值分别为 1.0、0.8、0.6 和 0.4 的信号，采用 FFT 进行信号频谱分析。

　　图 8.19 所示为信号的时域图和频谱图，其处理的算法程序如下所示。

　　MATLAB 程序：

```
clear
fs = 1000;                              %采样率
t = 0:1/fs:(1 - 1/fs);
y1 = 1 * sin(2 * pi * 10 * t + 0);
y2 = 0.8 * sin(2 * pi * 50 * t + 30 * pi/180);
```

```
y3 = 0.6 * sin(2 * pi * 100 * t + 60 * pi/180);
y4 = 0.4 * sin(2 * pi * 150 * t + 90 * pi/180);
y = y1 + y2 + y3 + y4;
[M N] = size(y);
f = (0; fs/N; fs/2 - fs/N);                        %频率坐标轴
%%%%%%%%%%%信号频谱%%%%%%%%%%%%%%%
y_ft = fft(y);
y_fft = (2/N) * abs(y_ft);                         %还原幅值
%%%%%%%%%%画曲线图%%%%%%%%%%%%%%
subplot(2,1,1);
plot(t,y);
xlabel('时间/s');
title('信号时域图');
grid on;
subplot(2,1,2)
plot(f,y_fft(1:N/2));                              %1:N/2 单边频谱
xlabel('频率/Hz');
title('信号幅频图');
grid on;
```

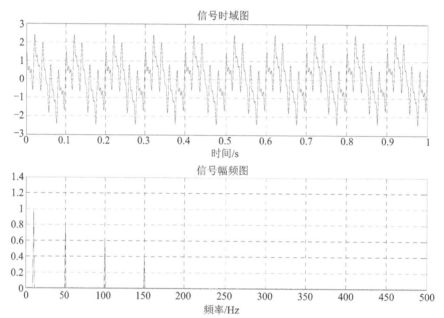

图 8.19   振动信号的时域图和幅频图

8.3.2   功率谱密度

对于随机信号,一般不满足傅里叶变换的狄利赫利条件之一,即信号绝对值可积:

$$\int_{-\infty}^{+\infty} |x(t)| \, \mathrm{d}t < \infty \qquad\qquad (8-37)$$

因此,一般不能通过随机信号的傅里叶变换获得其频率组成。相关函数是随机信号的一种数学变换,不会丢失频率信息,但可以满足狄利赫利条件,所以采用信号的相关函数的傅里叶分析来得到随机信息的频率特性。这就要用到著名的帕塞瓦尔定理和维纳-辛钦方程。

(1) 帕塞瓦尔定理

一个信号所含有的能量(功率)恒等于此信号在完备正交函数集中各分量能量(功率)之

和。假定 $x(t)$ 和 $y(t)$ 都是平方可积的函数,且定义在 $\mathbf{R}$ 上周期为 2π 的区间上,分别写成傅里叶级数的形式,则有

$$\int_{-\infty}^{+\infty} x(t)y(t)\mathrm{d}t = \int_{-\infty}^{+\infty} X(f)Y^*(f)\mathrm{d}f = \int_{-\infty}^{+\infty} X^*(f)Y(f)\mathrm{d}f \qquad (8-38)$$

运用帕塞瓦尔定理可以很方便地将相关函数表示为傅氏谱。

(2) 维纳-辛钦方程

维纳-辛钦方程将功率谱密度函数和相关函数联系起来,即二者为傅里叶变换对:

$$S(f) = \int_{-\infty}^{+\infty} R(\tau)\mathrm{e}^{-\mathrm{j}2\pi f\tau}\mathrm{d}\tau \qquad (8-39)$$

$$R(\tau) = \int_{-\infty}^{+\infty} S(f)\mathrm{e}^{\mathrm{j}2\pi f\tau}\mathrm{d}f \qquad (8-40)$$

$S(f)$ 是双边功率谱密度函数,如果是单边功率谱密度函数,数值上则为它 $f>0(f=0$ 的点数值不变)的部分的 2 倍。

1. 自功率谱

自功率谱密度函数简称自功率谱、自谱。自功率谱密度函数的定义如下:

连续信号:

$$S_{xx}(f) = \lim_{T\to\infty}\frac{1}{T}\int_{-\infty}^{+\infty} X(f)X^*(f)\mathrm{d}f = \int_{-\infty}^{+\infty} R_{xx}(\tau)\mathrm{e}^{-2\pi f\tau}\mathrm{d}\tau \qquad (8-41)$$

离散信号:

$$S_{xx}(f) = \frac{1}{MN_{\mathrm{FFT}}}\sum_{i=1}^{M} X_i(f)X_i^*(f) \qquad (8-42)$$

式中: $X_i(f)$ 为一随机振动信号的第 i 个数据段的傅里叶变换; $X_i^*(f)$ 为 $X_i(f)$ 的共轭复数; M 为平均次数; N_{FFT} 为傅里叶变换的数据长度,即个数。

如果是单边自功率谱密度函数,数值上则为它 $f>0(f=0$ 的点数值不变)的部分的 2 倍。

图 8.20 所示为某振动信号自功率谱分析,其处理的算法程序如下所示。

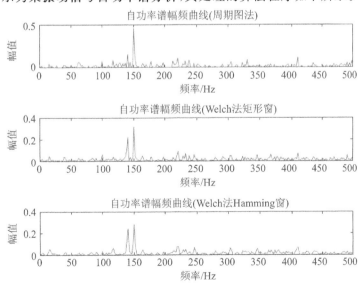

图 8.20　振动信号自功率谱分析

MATLAB 程序：

```
%% 周期图法估计库函数调用格式[Pxx,F] = periodogram(X,'FREQRANGE'NFFT,fs)
% X 为信号序列;NFFT 为采用的 FFT 长度;fs 采样频率;FREQRANGE 为 onesided、twodised 或 centered
% welch 法估计库函数调用格式[Pxx,F] = pwelch(X,WINDOW,NOVERLAP,Fs)
% WINDOW 定义了窗函数和 x 分段序列的长度;NOVERLAP 为分段序列重叠的采样长度
clear;
f = [150;140];A = [1 1];
fs = 1000;
t = 0:1/fs:(1-1/fs);
x = A * sin(2 * pi * f * t);                              % 生成信号 x
n = 3 * randn(size(t));                                   % 生成噪音 n
xn = x + n;                                               % 生成被污染的信号 xn
[px1,f1] = periodogram(xn,'onesided',512,fs);
% 绘制用周期图法估计出来的谱
subplot(311);
plot(f1,abs(px1));
title('自功率谱幅频曲线(周期图法)');
xlabel('频率/Hz');
ylabel('幅值');
[px2,f2] = pwelch(xn,rectwin(512),256,512,fs);           % 绘制用 Welch 估计出来的谱
subplot(312);
plot(f2,abs(px2));
title('自功率谱幅频曲线(Welch 法矩形窗)');
xlabel('频率/Hz');
ylabel('幅值');
[px3,f3] = pwelch(xn,hamming(512),256,512,fs);           % 绘制用 Welch 法估计出来的谱
subplot(313);
plot(f3,abs(px3));
title('自功率谱幅频曲线(Welch 法 Hamming 窗)');
xlabel('频率/Hz');
ylabel('幅值');
```

自功率谱是实函数，是描述随机振动的一个重要的参数，它展现振动信号各频率处功率的分布情况，即体现出振动信号能量的大小情况，知道哪些频率的功率是主要的。自功率谱常常被用来确定结构或机械设备的自振特性。在设备故障检测中，还可以根据不同时段自功率谱的变化来判断故障发生征兆和寻找可能发生故障的原因。

2. 互功率谱

互功率谱密度函数简称互功率谱、互谱。互功率谱密度函数定义如下：

连续信号：

$$S_{xy}(f) = \lim_{T \to \infty} \frac{1}{T} \int_{-\infty}^{+\infty} X(f) Y^*(f) \mathrm{d}f = \int_{-\infty}^{+\infty} R_{xy}(\tau) \mathrm{e}^{-2\pi f \tau} \mathrm{d}\tau \qquad (8-43)$$

离散信号：

$$S_{xy}(f) = \frac{1}{MN_{\text{FFT}}} \sum_{i=1}^{M} X_i(f) Y_i^*(f) \qquad (8-44)$$

式中：$X_i(f)$ 和 $Y_i(f)$ 分别为二随机振动信号的第 i 个数据段的傅里叶变换；$Y_i^*(f)$ 为 $Y_i(f)$ 的共轭复数；M 为平均次数。

如果是单边互功率谱密度函数，数值上则为它 $f>0$（$f=0$ 的点数值不变）的部分的 2 倍。

互功率谱是复函数，该函数本身实际上并不具有功率的含义，只因为计算方法上与自功率谱相对应，更准确的称呼应该是互谱函数。互谱函数可以用来分析结构的动力特性。

图 8.21 所示为某振动信号互功率谱分析，其处理的算法程序如下所示。

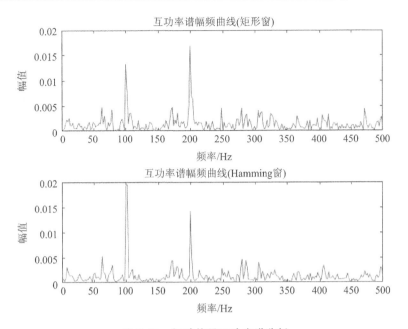

图 8.21 振动信号互功率谱分析

MATLAB 程序：

```
% 互功率谱估计函数[Pxy,F] = cpsd(X,Y,WINDOW,NOVERLAP,NFFT,Fs)
clear;
fs = 1000;
t = 0:1/fs:(1 - 1/fs);
x = 1.5 * sin(2 * pi * 200 * t);                    %生成信号 x
y = 2 * sin(2 * pi * 100 * t);                      %生成信号 y
n = 0.8 * randn(size(t));                           %生成噪音 n
xn = x + n;                                         %生成被污染的信号 xn
yn = y + n;                                         %生成被污染的信号 yn
[Pxy1,f1] = cpsd(xn,yn,rectwin(512),256,512,fs,'onesided');
%% 绘制用矩形窗估计出来的互谱 %%
subplot(211);
plot(f1,abs(Pxy1));
title('互功率谱幅频曲线(矩形窗)');
xlabel('频率/Hz');
ylabel('幅值');
[Pxy2,f2] = cpsd(xn,yn,hamming(512),256,512,fs,'onesided');
%% 绘制用 Hamming 窗估计出来的互谱 %%
subplot(212);
plot(f2,abs(Pxy2));
title('互功率谱幅频曲线(Hamming 窗)');
xlabel('频率/Hz');
ylabel('幅值');
```

8.3.3 相干函数

相干函数是指在时间域描述量信号的相关程度。为了更加深入地描述信号,还可以在频域里考察两个信号的相关程度,也就是说,两个信号在哪些频率成分上是相关的,哪些是不相关的,即为相干函数,它是两个振动信号在频域内相关程度的指标。相干函数定义为 $x(t)$ 和 $y(t)$ 两个信号的自功率谱 $S_{xx}(f)$、$S_{yy}(f)$ 不等于零,则相干函数等于这两个信号互功率谱模的平方除以二者自功率谱,即

$$C_{xy}(f) = \frac{\left| S_{xy}(f) \right|^2}{S_{xx}(f)S_{yy}(f)} \qquad (8-45)$$

式中：$S_{xx}(f)$和$S_{yy}(f)$分别为$x(t)$和$y(t)$的自功率谱；$S_{xy}(f)$为$x(t)$、$y(t)$信号的互功率谱。

一般情况下，$0 \leqslant C_{xy}(f) \leqslant 1$。$C_{xy}(f)$越接近1，表明$x(t)$和$y(t)$两个信号越相关。在振动模态试验测试中，或者研究振动系统特性时，为了评价输入信号与输出信号的因果性，即输出信号的频率响应中有多少是由输入信号的激励所引起的，就可以用相干函数来表示。实际测试中，通常采用相干函数$C_{xy}(f)$来评判得到的频响函数的好坏，$C_{xy}(f)$越接近1，说明噪声的影响越小，频响函数的结果越好。一般认为$C_{xy}(f) \geqslant 0.8$时，频响函数的结果比较准确可靠。

图8.22所示为某振动信号相干函数分析，其处理的算法程序如下所示。

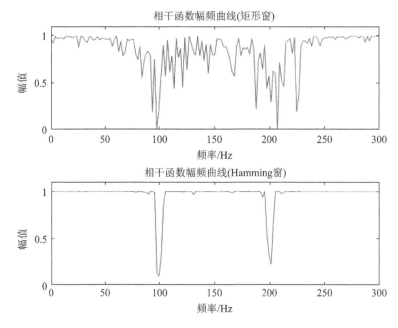

图8.22　振动信号相干函数分析

MATLAB 程序：

```
%相干函数[Cxy,F] = mscohere(X,Y,WINDOW,NOVERLAP,NFFT,Fs)%%
clear;
fs = 1000;
t = 0:1/fs:(1 - 1/fs);
x = 1.5 * sin(2 * pi * 200 * t);                    %生成信号 x
y = 2 * sin(2 * pi * 100 * t);                      %生成信号 y
n = 0.8 * randn(size(t));                           %生成噪音 n
xn = x + n;                                         %生成被污染的信号 xn
yn = y + n;                                         %生成被污染的信号 yn
[Pxy1,f1] = mscohere(xn,yn,rectwin(512),256,512,fs);
%%绘制用矩形窗估计出来的相干函数
subplot(211);
plot(f1,abs(Pxy1));
axis([0 300 0 1.1]);
title('相干函数幅频曲线(矩形窗)');
```

```
xlabel('频率/Hz');
ylabel('幅值');
[Pxy2,f2] = mscohere(xn,yn,hamming(512),256,512,fs);
%% 绘制用矩形窗估计出来的相干函数
subplot(212);
plot(f2,abs(Pxy2));
axis([0 300 0 1.1]);
title('相干函数幅频曲线(Hamming窗)');
xlabel('频率/Hz');
ylabel('幅值')
```

8.3.4　频率响应函数

频率响应函数简称频响函数,是从频域角度来研究系统对输入信号的传递特性的函数。如果系统的输入振动系统的输入信号为 $x(t)$,输出信号为 $y(t)$,则系统的频响函数的表达式如下:

$$H(f) = \frac{Y(f)}{X(f)} \tag{8-46}$$

式中:$X(f)$、$Y(f)$ 分别为 $x(t)$、$y(t)$ 的傅里叶变换。

当输入 $x(t)$ 为随机激励时,$H(f)$ 的表达式可表示为输入 $x(t)$ 和响应 $y(t)$ 的互功率谱除以输入 $x(t)$ 的自功率谱,即

$$H(f) = \frac{Y(f)}{X(f)} \cdot \frac{X^*(f)}{X^*(f)} = \frac{S_{xy}(f)}{S_{xx}(f)} \tag{8-47}$$

式中:$X^*(f)$ 为 $X(f)$ 的共轭;$S_{xx}(f)$ 为随机激励信号 $x(t)$ 的自功率谱;$S_{xy}(f)$ 为激励信号 $x(t)$ 与响应信号 $y(t)$ 的互功率谱。

图 8.23 所示为力和加速度信号得到的频率响应函数的幅频和虚频图,其处理的算法程序如下所示。

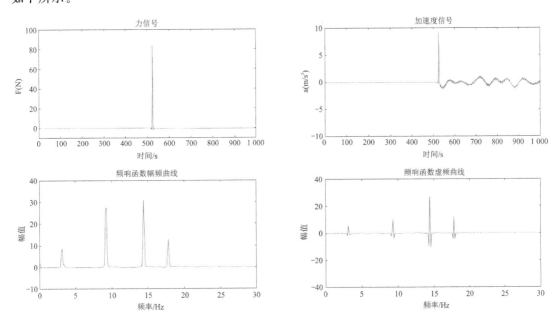

图 8.23　力和加速度信号及其频率响应函数的幅频和虚频图

MATLAB 程序：

```
%% 频响函数[Txy,F] = tfestimate(X,Y,WINDOW,NOVERLAP,NFFT,Fs)
clear;
load aa.txt
fs = 1000;
nfft = 32768/4;
xn = aa(:,2);                              %% 力信号
yn = aa(:,3);                              %% 加速度信号
[txy,f] = tfestimate(xn,yn,hamming(nfft),nfft/2,nfft,fs);
subplot(221);
plot(aa(:,2));
title('力信号');
xlabel('时间/s');
ylabel('F(N)');
axis([0 1000 -10 100]);
subplot(222);plot(aa(:,3));
axis([0 1e3 -10 10]);
title('加速度信号');
xlabel('时间/s');
ylabel('a(m/s^2)');
%% 绘制用矩形窗估计出来的相干函数
subplot(223);
plot(f,abs(txy));
axis([0 30 -10 40]);
title('频响函数幅频曲线');
xlabel('频率/Hz');
ylabel('幅值');
subplot(224);
plot(f,imag(txy));
axis([0 30 -40 40]);
title('频响函数虚频曲线');
xlabel('频率/Hz');
ylabel('幅值');
```

频响函数是复函数,它是被测系统的动力特性在频域内的表现形式,也就是被测系统本身对输入信号在频域中传递特性的描述。当输入信号的各频率成分通过该系统时,频率响应函数对其中一些频率成分进行了放大,另一些频率成分进行了衰减,得到的输出信号为新的频率成分的分布。因此,频响函数对结构的动力特性测试非常重要。

8.3.5 倒 谱

倒谱,是在一般频谱分析基础上发展起来的分析技术,是振动信号的傅里叶变换经对数运算后再进行的傅里叶逆变换得到的频谱,又叫二次频谱。它可以有效地检测出复杂频谱中的周期成分,因此,在振动和声源的识别、机械故障检测和诊断中应用广泛。

功率倒谱可以定义为对自功率谱作对数运算后,再对运算的结果进行傅里叶逆变换而得的频谱:

$$C(\tau) = \text{IFT}[\lg S_{xx}(f)] \tag{8-48}$$

式中:τ 具有时间量纲,单位为秒。

由振动系统响应 $x(t)$ 和外界激励 $f(t)$ 与系统函数的关系可知:

$$x(t) = h(t) * f(t) \tag{8-49}$$

上式两边作傅里叶变换,有

$$X(f) = H(f)F(f) \tag{8-50}$$

再作变换,有

$$|X(f)|^2 = |H(f)|^2 |F(f)|^2 \qquad (8-51)$$

$$\frac{2}{T}\lg(|X(f)|^2) = \frac{2}{T}\lg(|H(f)|^2) + \frac{2}{T}\lg(|F(f)|^2) = S_{xx}(f) \qquad (8-52)$$

从而有

$$C(\tau) = f(\tau) + h(\tau) \qquad (8-53)$$

由表达式可知,振动系统响应的倒谱是输入激励的倒谱和系统函数倒谱之和,可以很方便地把输入激励和系统特性进行分离。

倒谱的定义目前主要有两类,一是实倒谱,二是复倒谱。

(1) 实倒谱

实倒谱的定义:通过对时域信号 $x(t)$ 的傅里叶变换 $X(f)$ 的幅值求自然对数,然后对所得结果作傅里叶逆变换,即

$$C_R(t) = \text{IFT}[\ln|X(f)|] \qquad (8-54)$$

从实倒谱的定义可以看出,在实倒谱变换中只用到信号傅里叶变换的幅值分量,因此不能从实倒谱序列中重建原来的信号。

(2) 复倒谱

复倒谱的定义:通过对时域信号 $x(t)$ 的傅里叶变换 $X(f)$ 求复自然对数,然后对所得结果作傅里叶逆变换,即

$$C_C(t) = \text{IFT}[\ln X(f)] \qquad (8-55)$$

在进行复倒谱变换之前,要用一个线性相位因子对傅里叶变换的数据进行调整,来保证其频谱在 $-\pi \sim +\pi$ 之间没有相位跳变。通过对信号进行补零,然后在单位圆上移位,使得频率在 π 弧度处具有零相位特征。由于对信号进行复倒谱变换得到的结果保留了信号的全部信息,所以可以进行复倒谱逆变换,用结果数据重建原来的信号序列。

图 8.24 所示为某振动信号的倒谱分析,其处理的算法程序如下所示。

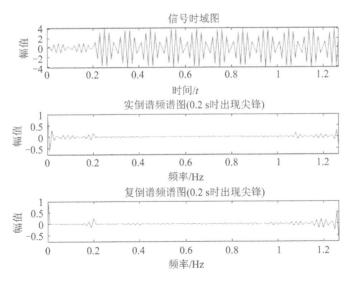

图 8.24　振动信号的倒谱分析

MATLAB 程序：

```
clear;
Fs = 100; t = 0:1/Fs:1.27;
x = sin(2 * pi * 45 * t);
y = x + 3 * [zeros(1,20) x(1:108)];
%%输入信号 0.2 s 处发生突变
r = rceps(y);                          %%计算实倒谱
c = cceps(y);                          %%计算复倒谱
subplot(311);
plot(t,y);
axis([0 1.27 -4.2 4.2]);
title('信号时域图');
xlabel('时间/t');
ylabel('幅值');
subplot(312);
plot(t,r);
axis([0  1.27  -0.8  1]);
title('实倒谱频谱图(0.2 s时出现尖锋)');
xlabel('频率/Hz');
ylabel('幅值');
subplot(313);
plot(t,c);
axis([0  1.27  -0.8  1]);
title('复倒谱频谱图(0.2 s时出现尖锋)');
xlabel('频率/Hz');
ylabel('幅值');
```

8.4　振动信号的时频分析

时频分析即时-频联合分析的简称,时频分析方法提供了时间域与频率域的联合分布信息,可以比较清楚地描述信号频域随时间变化的关系。时频分析的基本思想是：设计时间和频率的联合函数,用它同时描述信号在不同时间和频率的能量密度或强度。利用时频分析方法来分析信号,能够对各个时刻的瞬时频率及其幅值进行时频滤波和时变信号研究。由于傅里叶变换是一种全局的变换,因此无法表达信号的时频局部性质,而时频局部信息恰好是非平稳信号最基本和最关键的性质。为了分析和处理非平稳信号,在傅里叶变换的基础上提出并发展了一系列新的信号分析理论,如短时傅里叶变换(STFT)、连续小波变换、经验模态分解(EMD)、希尔伯特-黄变换等。

8.4.1　短时傅里叶变换

傅里叶积分变换可以把时间信号和空间信号变换到频率域中,用频谱特性去分析原信号特征,其所取得的频谱信号是全局性的。也就是说,一段信号中包含各个频率下信号的信息,但却无法分辨每个频段或者频率的信号出现的时间和持续时间。

短时傅里叶变换则弥补了这一缺陷,其核心是把长的非平稳随机过程看成是一系列短时随机平稳信号的叠加。短时性可通过在时间上加窗口函数实现假定分析窗函数 $g(t)$ 在一个短时间间隔内是平稳(伪平稳)的移动窗函数,使 $f(t)g(t)$ 在不同的有限时间宽度内是平稳信号,从而计算出各个不同时刻的频谱,然后将各频率成分联系到所选取的时间段。

短时傅里叶变换将时域变换为频域的公式如下：

$$X_{\text{STFT}}(t,f) = \int_{-\infty}^{\infty} \left[x(u)g^*(u-t) \right] \mathrm{e}^{-2\pi i f u} \, \mathrm{d}u \qquad (8-56)$$

式中：$x(t)$ 表示信号；$g^*(t)$ 表示窗函数共轭。

对于时间序列 $x(n)$，其短时傅里叶变换的定义为

$$X_k = \sum_{n=0}^{B} x(n)w(n)\omega_N^{nk} \qquad (8-57)$$

式中：$w(n)$ 是窗函数。

图 8.25 所示为某振动信号的短时傅里叶分析，处理的算法程序如下所示。

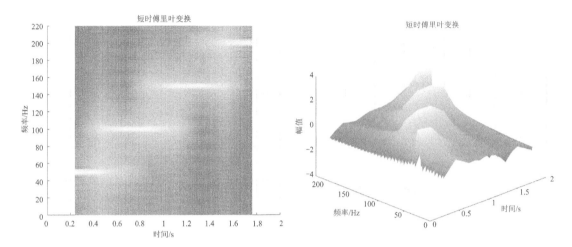

图 8.25　振动信号的短时傅里叶分析

MATLAB 程序：

```
%%短时傅里叶变换(STFT)函数[S, F, T] = spectrogram(y, window, nooverlap, nfft, fs)
clear;
fs = 1000;                          %%采样频率
t = 0:1/fs:2;
y = sin(2 * pi * 50. * t). * (t>0&t<0.5) + sin(2 * pi * 100. * t). * (t> = 0.5&t<1) + sin(2 * pi * 150. * t). *
(t> = 1&t<1.5) + sin(2 * pi * 200. * t). * (t<2&t> = 1.5);
win_sz = 256;                       %%窗口的长度
han_win = hamming(win_sz);
%%选择 Hamming 窗
nfft = 2048;                        %%傅里叶变换的长度
nooverlap = win_sz - 1;             %%重叠数据长度
[S, F, T] = spectrogram(y, window,nooverlap, nfft, fs);
%%S 为输入信号 y 的短时傅里叶变换,F 为频率,T 为频谱图计算的时刻点
surf(T, F, log10(abs(S)));
axis([0 2 0 220]);
set(gca, 'YDir', 'normal')
xlabel('时间/s')
ylabel('频率/Hz')
zlabel('幅值')
title('短时傅里叶变换')
grid on;
shadinginterp;
```

8.4.2 小波分析

对短时傅里叶变换而言,窗函数一旦固定,其分辨率也会随之确定。如果信号的变化剧烈,则需要窗函数具有较高的时间分辨率,窗的长度应该较短;如果波形变化比较平缓,则说明其频率比较集中,这时窗函数应该具有较高的频率分辨率,窗的长度应该较长。短时傅里叶变换无法同时兼顾时间分辨率和频率分辨率的需求。小波变换是在此基础上提出的信号分析方法。

小波变换是将傅里叶变换中的三角函数正交基(如图 8.26 所示)变换成快速衰减的小波基,如图 8.27 所示,a 表示小波的尺度即小波基的频率,τ 表示小波的时移。对某一时间段分析,取 τ 为中心时刻时间,然后取不同的 a,进行小波分析则可得到该时间段内的频域信息。同理,固定 a、变换 τ 则可得到该频率成分随时间的变化规律。常见的小波基有 Haar 小波、Mexihat 小波、Morlet 小波、Meyer 小波等。

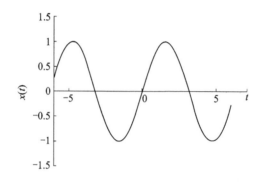

图 8.26 傅里叶变换所用正弦基

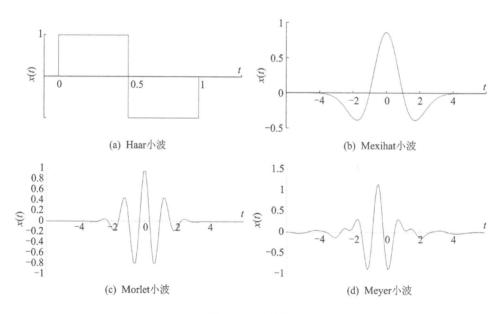

(a) Haar小波

(b) Mexihat小波

(c) Morlet小波

(d) Meyer小波

图 8.27 小波基

① 傅里叶积分变换：

$$F(w) = \int_{-\infty}^{\infty} f(t)\, e^{-j\omega t}\, dt \tag{8-58}$$

② 小波变换：

$$WT(a,\tau) = \frac{1}{\sqrt{a}} \int_{-\infty}^{\infty} f(t)\, \psi\left(\frac{t-\tau}{a}\right) \tag{8-59}$$

8.4.3　经验模态分解

经验模态分解（EMD）的特点在于克服了基函数无自适应性的问题。例如对小波分析而言，需要根据实际波形选择小波基，小波基一旦确定，在整个分析过程中就无法更改，即便是全局意义上的最优基函数，也可能在局部性能较差，即小波变换的适应性较差。EDM 分解方法则可以直接进行分析，而不用进行预先的人为设置和干预。

EDM 分解之后所得的信号称为内涵模态分量（Intrinsic Mode Functions，IMF），与前述的分析方法不同，内涵模态分量不具有固定的形式，而是由原信号确定出来的。EMD 的提出人黄锷认为，任何信号都可以拆分成若干个内涵模态分量之和。内涵模态分量的两个约束条件为：

① 在整个数据段内，极值点的个数和过零点的个数必须相等，或者相差最多不能超过一个。

② 在任意时刻，由局部极大值点形成的上包络线和由局部极小值点形成的下包络线的平均值为零，即上下包络线相对于时间轴局部对称。

EDM 具体分析时，需要根据原信号的上下极点，绘制出上下包络线。如图 8.28 所示，取上下包络线的平均值作为中间曲线，如果该中间曲线满足 IMF 的约束条件，则称之为原信号的一个 IMF，用原信号减去该 IMF 分量后再重复上述过程；如果中间曲线不是 IMF，则对所得的中间曲线进行 EDM 分解，重复上述过程，直至得到一个 IMF，如图 8.29 所示。重复进行迭代分解，直至最后剩下一个不通过 x 轴的信号，称为残差。

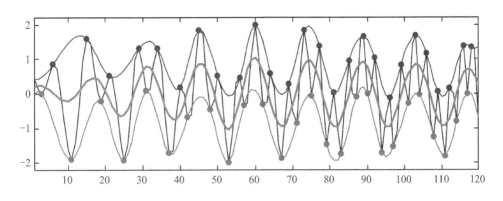

图 8.28　上下包络及其中间曲线

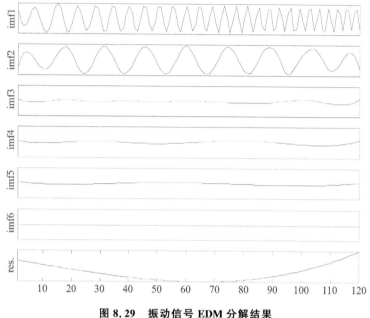

图 8.29　振动信号 EDM 分解结果

8.4.4　希尔伯特-黄变换

一个连续时间信号 $x(t)$ 的希尔伯特变换（Hilbert Transform，HT）等于该信号通过具有冲激响应 $h(t)=1/(\pi t)$ 的线性系统以后的输出响应 $\hat{x}(t)$，其定义为

$$\hat{x}(t)=x(t)*\frac{1}{\pi t}=\frac{1}{\pi}\int_{-\infty}^{+\infty}\frac{x(\tau)}{t-\tau}\mathrm{d}\tau=-\frac{1}{\pi}\int_{-\infty}^{+\infty}\frac{x(t+\tau)}{\tau}\mathrm{d}\tau \qquad (8-60)$$

式中 $1/(\pi t)$ 的傅里叶变换为

$$\frac{1}{\pi t}\Leftrightarrow-\mathrm{j}\cdot\mathrm{sgn}(\omega)\begin{cases}-\mathrm{j}, & \omega\geqslant 0\\ \mathrm{j}, & \omega<0\end{cases} \qquad (8-61)$$

信号经 Hilbert 变换后，在频域各频率分量的幅度保持不变，但相位将出现 90° 相移。也就是说，正频率滞后 $\pi/2$，负频率导前 $\pi/2$，如图 8.30 所示，算法程序如下所示。

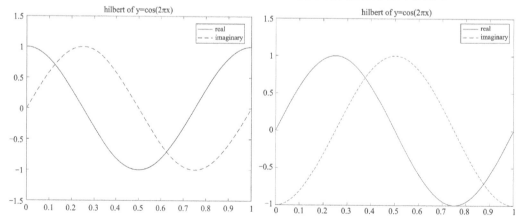

图 8.30　振动信号希尔伯特变换

MATLAB 程序：

```
fs = 1e4;
t = 0:1/fs:1;
x = cos(2 * pi * t); % x = sin(2 * pi * t);
y = hilbert(x);
plot(t,real(y),t,imag(y));
legend('real','imaginary');
title('hilbert of y = cos(2 * pi * x)');
```

希尔伯特-黄变换（Hilbert-Huang Transform，HHT）处理非平稳信号的基本步骤如下：

① 利用 EMD 方法将给定的原始信号（如图 8.31 所示）分解为若干固有模态函数 IMF，如图 8.32 所示。

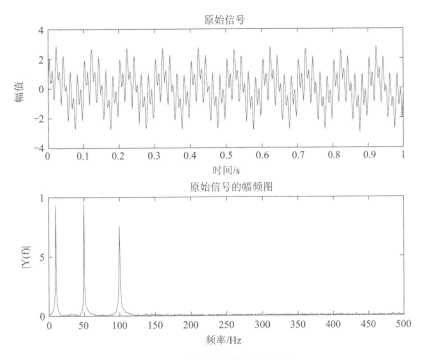

图 8.31 原始信号及其幅频图

② 对每一个 IMF 进行 Hilbert 变换，得到相应的 Hilbert 谱，即将每个 IMF 表示在联合的时频域中，如图 8.33 所示。

③ 汇总所有 IMF 的 Hilbert 谱，得到原始信号的 Hilbert 谱，算法程序如下所示。

MATLAB 程序：

```
Clear;
Ts = 0.001;
Fs = 1/Ts;
t = 0: Ts: 1;
x = sin(2 * 10 * pi * t) + sin(2 * pi * 50 * t) + sin(2 * pi * 100 * t) + 0.1 * randn(1, length(t));
imf = emd(x);
plot_hht(x,imf,1/Fs);

k = 2;
y = imf{k};
N = length(y);
t = 0: Ts: Ts * (N - 1);
```

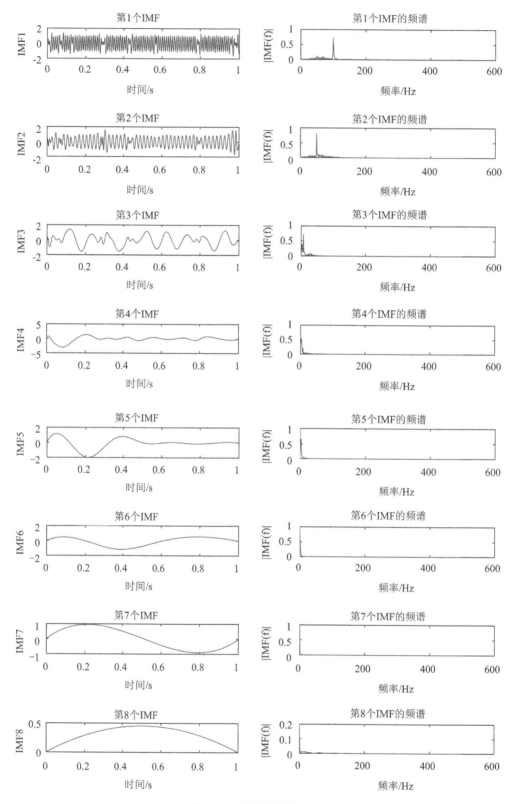

图 8.32 原始信号的 IMF

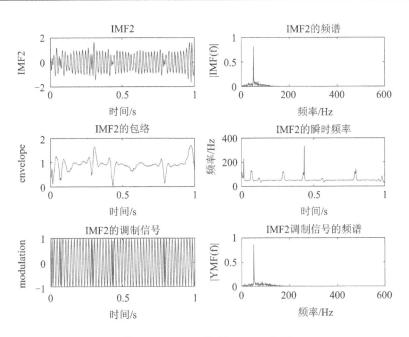

图 8.33　IMF2 信号 Hilbert 分析

```
[yenvelope, yfreq, yh, yangle] = HilbertAnalysis(y, 1/Fs);
yModulate = y./yenvelope;
[YMf, f] = FFTAnalysis(yModulate, Ts);
Yf = FFTAnalysis(y, Ts);

figure
subplot(321)
plot(t, y)
title(sprintf('IMF % d', k))
xlabel('时间/s')
ylabel(sprintf('IMF % d', k));

subplot(322)
plot(f,Yf)
title(sprintf('IMF % d 的频谱 ', k))
xlabel('频率/Hz')
ylabel('|IMF(f)|');

subplot(323)
plot(t,yenvelope)
title(sprintf('IMF % d 的包络 ', k))
xlabel('时间/s')
ylabel('envelope');

subplot(324)
plot(t(1: end-1),yfreq)
title(sprintf('IMF % d 的瞬时频率 ', k))
xlabel('时间/s')
ylabel('频率/Hz');

subplot(325)
plot(t,yModulate)
title(sprintf('IMF % d 的调制信号 ', k))
```

```
xlabel('时间/s')
ylabel('modulation');

subplot(326)
plot(f,YMf)
title(sprintf('IMF %d 调制信号的频谱', k))
xlabel('频率/Hz')
ylabel('|YMf(f)|');
```

findpeaks.m 文件：

```
function n = findpeaks(x)
% Find peaks. 找极大值点，返回对应极大值点的坐标
n = find(diff(diff(x) > 0) < 0);
% 相当于找二阶导小于 0 的点
u = find(x(n+1) > x(n));
n(u) = n(u) + 1;
```

plot_hht.m 文件：

```
functionplot_hht(x,imf,Ts)
for k = 1: length(imf)
    b(k) = sum(imf{k}. * imf{k});
    th = unwrap(angle(hilbert(imf{k})));           % 相位
    d{k} = diff(th)/Ts/(2 * pi);                   % 瞬时频率
end
[u,v] = sort(-b);
b = 1 - b/max(b);                                  % 后面绘图的亮度控制

% Hilbert 瞬时频率图
N = length(x);
c = linspace(0,(N-2) * Ts,N-1);
% 0: Ts: Ts * (N-2)
for k = v(1: 2)
    % 显示能量最大的两个 IMF 的瞬时频率
    figure
    plot(c,d{k});
    xlim([0 c(end)]);
    ylim([0 1/2/Ts]);
    xlabel('时间/s')
    ylabel('频率/Hz');
    title(sprintf('IMF %d', k))
end
% 显示各 IMF
M = length(imf);
N = length(x);
c = linspace(0,(N-1) * Ts,N);
% 0: Ts: Ts * (N-1)
for k1 = 0: 4: M-1
    figure
    for k2 = 1: min(4,M-k1)
        subplot(4,2,2 * k2-1)
        plot(c,imf{k1+k2})
        set(gca,'FontSize',8,'XLim',[0 c(end)]);
        title(sprintf('第 %d 个 IMF', k1+k2))
        xlabel('时间/s')
        ylabel(sprintf('IMF %d', k1+k2));

        subplot(4,2,2 * k2)
        [yf, f] = FFTAnalysis(imf{k1+k2}, Ts);
        plot(f,yf)
        title(sprintf('第 %d 个 IMF 的频谱', k1+k2))
```

```
        xlabel('频率/Hz')
        ylabel('|IMF(f)|');
    end
end

figure
subplot(211)
plot(c,x)
set(gca,'FontSize',8,'XLim',[0 c(end)]);
title('原始信号')
xlabel('时间/s')

subplot(212)
[Yf, f] = FFTAnalysis(x, Ts);
plot(f,Yf)
title('原始信号的幅频图')
xlabel('频率/Hz')
```

emd. m 文件:

```
functionimf = emd(x)
% Empiricial Mode Decomposition (Hilbert - Huang Transform)
% EMD 分解或 HHT
% 返回值为 cell 类型,依次为一次 IMF,二次 IMF,……,最后残差

x = transpose(x(:));
imf = [];
while ~ismonotonic(x)
    x1 = x;
    sd = Inf;
    while (sd > 0.1) || ~isimf(x1)
        s1 = getspline(x1);              % 极大值点样条曲线
        s2 = -getspline(-x1);           % 极小值点样条曲线
        x2 = x1 - (s1 + s2)/2;
        sd = sum((x1 - x2).^2)/sum(x1.^2);
        x1 = x2;
    end

    imf{end + 1} = x1;
    x = x - x1;
end
imf{end + 1} = x;

% 是否单调
function u = ismonotonic(x)
u1 = length(findpeaks(x)) * length(findpeaks(-x));
if u1 > 0
    u = 0;
else
    u = 1;
end

% 是否 IMF 分量
function u = isimf(x)
N = length(x);
u1 = sum(x(1:N-1). * x(2:N) < 0);    % 过零点的个数
u2 = length(findpeaks(x)) + length(findpeaks(-x));
% 极值点的个数
if abs(u1 - u2) > 1
    u = 0;
else
```

```
    u = 1;
  end
% 根据极大值点构造样条曲线
function s = getspline(x)
N = length(x);
p = findpeaks(x);
s = spline([0 p N+1],[0 x(p) 0],1:N);
```

FFTAnalysis. m 文件：

```
% 频谱分析
function [Y, f] = FFTAnalysis(y, Ts);
Fs = 1/Ts;
L = length(y);
NFFT = 2^nextpow2(L);
%%%%%%%%%%
y = y - mean(y);
Y = fft(y, NFFT)/L;
Y = 2 * abs(Y(1:NFFT/2+1));
f = Fs/2 * linspace(0, 1, NFFT/2+1);
end
```

HilbertAnalysis. m 文件：

```
function [yenvelope, yf, yh, yangle] = HilbertAnalysis(y, Ts)
yh = hilbert(y);
yenvelope = abs(yh);                % 包络
yangle = unwrap(angle(yh));         % 相位
yf = diff(yangle)/2/pi/Ts;          % 瞬时频率
end
```

8.5 振动信号的其他分析

8.5.1 三分之一倍频程谱

三分之一倍频程谱是频域分析方法之一,它具有谱线少、频带宽的特点。三分之一倍频程谱常用于声学、人体振动、机械振动等测试分析以及频带范围较宽的随机振动测试分析。

倍频程实际上是频域分析中频率的一种相对尺度。倍频程谱是由一系列频率点以及对应这些频率点附近频带内信号的平均幅值(有效值)所构成的。这些频率点称为中心频率 f_c,中心频率附近的频带处于下限频率 f_l 与上限频率 f_u 之间,也就是在倍频程谱上,f_c 代表 $f_l \sim f_u$ 的频率段,这个频率段的值均为该频段内信号的有效值。

三分之一倍频程谱是按逐级式频率进行分析的,它是由多个带通滤波器并联组成的,目的是使这些带通滤波器的带宽覆盖整个分析频带。根据国际电工委员会(IEC)的推荐,三分之一倍频程的中心频率为

$$f_c = 1\,000 \times 10^{3n/30}\,\text{Hz} \quad (n = 0, \pm 1, \pm 2, \pm 3, \cdots) \tag{8-62}$$

但在实际应用中,通常采用的中心频率是其近似值。按照我国现行标准规定,中心频率为 1 Hz,1.25 Hz,1.6 Hz,2 Hz,2.5 Hz,3.15 Hz,4 Hz,5 Hz,6.3 Hz,8 Hz,10 Hz 等。可以看出,每隔三个中心频率,频率值增加 1 倍。三分之一倍频程的上、下限频率以及中心频率之间的关系如下:

$$\frac{f_u}{f_l} = 2^{1/3}, \quad \frac{f_c}{f_l} = 2^{1/6}, \quad \frac{f_u}{f_c} = 2^{1/6} \tag{8-63}$$

三分之一倍频程带宽如下：

$$\Delta f = f_u - f_1 \tag{8-64}$$

三分之一倍频程谱可以通过两种处理方法得到。

方法 1：在整个分析频率从范围上，按照不同的中心频率从定义方面对采样信号进行带通滤波，然后计算出滤波后数据的均方值或均方根值（有效值），这样便得到对应每个中心频率的功率谱值或幅值谱值。由于三分之一倍频程谱的滤波带与中心频率的比值是不变的，因此这种处理方法称为恒定百分比带宽滤波法。

方法 2：对采样信号进行快速傅里叶变换，计算出功率谱或幅值谱，然后用功率谱或幅值谱的数据计算每一个中心频率带宽内数据的平均值，这样处理便得到三分之一倍频程谱值。

图 8.34 中，原始加速度曲线采用方法 1 对其进行三分之一倍频程分析，其振动信号的分析结果如均方根值曲线所示，处理的算法程序如下所示。

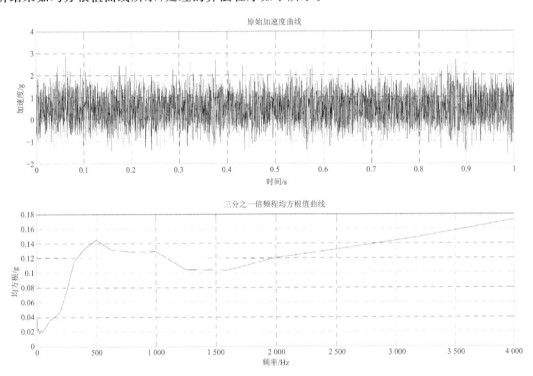

图 8.34　振动信号的三分之一倍频程分析

MATLAB 程序：

```
%%%% 三分之一倍频程 %%%
clear;
load Ax.txt;                    % 输入加速度时程数据
t = Ax(:,1);                    % 时间列
fs = 10/(Ax(11,1) - Ax(1,1));   %% 采样率
x = Ax(:,2);                    % 加速度列
n = length(x);                  % 数据总长度
f = [1.00  1.25  1.60  2.00  2.50  3.15  4.00  5.00  6.30  8.00];
fc = [f,10 * f,100 * f,1000 * f,10000 * f];
% 中心频率与下限频率的比值
oc6 = 2^(1/6);
% 中心频率总个数
nc = length(fc);
% 大于并接近 n 的 2 的幂次方长度
```

```
nfft = 2^nextpow2(n);
x_fft = fft(x,nfft);                              % FFT 变换
for j = 1:nc
    % 计算中心频率的下限频率
    fl = fc(j)/oc6;
    % 计算中心频率的上限频率
    fu = fc(j) * oc6;
    % 得到中心频率下限频率对应的序号
    nl = round(fl * nfft/fs + 1);
    % 得到中心频率上限频率对应的序号
    nu = round(fu * nfft/fs + 1);
    % 上限频率大于 1/2 采样频率则终止
    if fu>fs/2
    k = j - 1;
    break;
    end
    % 以中心频率段为通带进行带通滤波
    y = zeros(1,nfft);
    y(nl: nu) = x_fft(nl: nu);
    y(nfft - nu + 1:nfft - nl + 1) = x_fft(nfft - nu + 1:nfft - nl + 1);
    y_ifft = ifft(y,nfft);                        %%% 带通后 IFFT
    % 计算每个中心频率对应的均方根值
    yout(j) = rms(y_ifft);
    end
%%%%%% 绘制曲线图 %%%%%%
subplot(2,1,1);
plot(t,x);                                        %% 原加速度曲线
xlabel('时间/s');
ylabel('加速度/g');
grid on;
% 三分之一倍频程均方根值曲线
subplot(2,1,2);
plot(fc(1:k),yout(1:k));
xlabel('频率/Hz');
ylabel('均方根/g');
grid on;
%%%%%% 保存 1/3 倍频程数据 %%%%%%
fyout(:,1) = fc(1:k)';
fyout(:,2) = yout(1:k)';
save result.txt fyout - ascii - double
```

8.5.2　冲击谱

冲击响应谱指一系列单自由度质量弹簧阻尼系统,当其基础受到瞬态信号激励时,每个单自由度系统产生的响应的峰值作为该单自由度系统固有频率的函数绘出的曲线,即同一冲击激励冲击一系列不同试验对象得到的一系列最大响应随固有频率变化的曲线。冲击谱不是描述冲击激励本身,而是描述冲击的影响,也就是冲击后的结果,不同于冲击激励的傅氏谱,广泛应用于结构损伤估计和冲击减振系统设计中。以前常采用一组模拟单自由度的弹簧片振动器来测量多自由度的冲击响应谱已很少采用,现在多采用数字分析方法来进行。为了便于理解冲击谱的概念,其物理模型可用图 8.35 表示。

对于固有频率为 f_n、阻尼比为 ζ_n 的单自由度系统,当其基础输入一个瞬态加速度 $a_i(t) = \ddot{u}(t)$ ($u(t)$ 为基础位移)时,其绝对位移和相对位移表示的振动方程分别为

$$\ddot{x}(t) + 2\zeta\omega\dot{x}(t) + \omega^2 x(t) = 2\zeta\omega\dot{u}(t) + \omega^2 u(t) \tag{8-65}$$

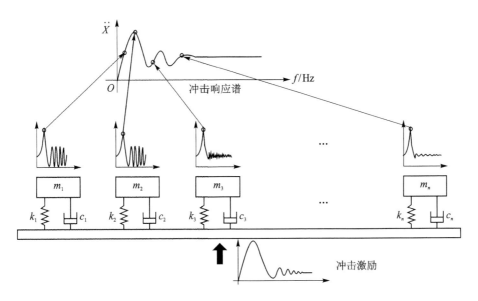

图 8.35　冲击谱物理模型示意图

$$\ddot{\delta}(t) + 2\zeta\omega\dot{\delta}(t) + \omega^2\delta(t) = -\ddot{u}(t) \tag{8-66}$$

式中：$x(t)$ 为质量块的绝对位移；$\delta(t)$ 为质量块对基础的相对位移；$\omega = \sqrt{k/m}$，为系统圆周频率；k 为单自由度系统刚度；m 为单自由度系统质量；$\zeta = c/2m$，为系统相对阻尼系数，c 为系统阻尼系数。

根据上式，可以得到系统的绝对加速度和相对位移表示的响应分别为

$$a(t) = 2\zeta\omega\int_0^t a_i(t)\, \mathrm{e}^{-\zeta\omega(t-\tau)}\cos\left[\omega_\mathrm{d}(t-\tau)\right]\mathrm{d}\tau +$$

$$\frac{\omega^2(1-2\zeta^2)}{\omega_\mathrm{d}}\int_0^t a_i(t)\, \mathrm{e}^{-\zeta\omega(t-\tau)}\sin\left[\omega_\mathrm{d}(t-\tau)\right]\mathrm{d}\tau \tag{8-67}$$

$$\delta(t) = -\frac{1}{\omega_\mathrm{d}}\int_0^t a_i(t)\, \mathrm{e}^{-\zeta\omega(t-\tau)}\sin\left[\omega_\mathrm{d}(t-\tau)\right]\mathrm{d}\tau \tag{8-68}$$

式中：$\omega_\mathrm{d} = \omega\sqrt{1-\zeta^2}$。

冲击响应谱主要在给定相对阻尼系数的情况下，计算作为 $f_\mathrm{n} = \dfrac{\omega}{2\pi}$ 函数的 $a_\mathrm{r}(t)$ 的最大值。它的作用主要如下：

① 用于冲击作用效果的判别。因为大部分系统或结构均可用单自由度系统表征，即使复杂的设备和结构亦可以用优势频率和模态频率来表示，故用冲击谱可以很容易判定结构在冲击作用下响应峰值的大小，得出是否会损伤的结论。

② 用于冲击事件的统计分析，可得到具有给定置信度及可靠度的代表冲击环境的规范谱。

③ 用于不同冲击波形的等效转换，如将实际复杂冲击转换成损伤等效的半正弦脉冲。

④ 用于试验有效性和重复性检查。

⑤ 用于指导缓解或者隔离冲击作用系统的设计。

习　题

1. 振动信号的预分析内容有哪些?

2. 振动信号的时域分析内容有哪些?

3. 振动信号的频域分析内容有哪些?

4. 振动信号的时频域分析内容有哪些?

5. 简述振动信号的三分之一倍频程分析的作用。

6. 简述振动信号冲击谱的分析过程。

第9章 结构试验模态分析基本理论

模态参数是对结构振动系统固有特性在频率域中的一种描述,主要指的是系统的固有频率、阻尼比、模态振型、模态质量、模态刚度等。模态试验是最为直接获取结构系统贴近实际状态下或指定工况下模态参数的手段、方法,通过对系统施加给定的激励,然后进行响应测量,应用模态参数辨识方法得到系统的模态参数。

结构模态试验建立在一些基本假设的基础上,包括:

① 线性假设:结构的动态特性是线性的,任何激励输入的组合引起的响应输出等于各自响应输出的组合,其动力学特性可以用一组线性二阶微分方程来描述。

② 时不变假设:结构的动态特性不随时间变化,其微分方程的系数是与时间无关的常数。

③ 可观性假设:用以确定所关心的系统动态特性所需要的全部数据都是可以测量的。

④ 互易性假设:结构遵循 Maxwell 互易性原理,即在 q 点输入所引起的 p 点响应,等于在 p 点的相同输入所引起的 q 点响应。

模态试验得到的结果应用范围非常广泛,主要包括:

① 理论和有限元模型修正。

② 结构动力学修改与集成:用于已知系统修改后或者子系统集成后的系统动态特性获取。

③ 结构设计修改和优化:确定结构哪个部位的修改和完善最为有效。

④ 强迫响应预示:预示正常和特定载荷下的响应;某一频率下的结构变形。

⑤ 结构健康诊断与损伤识别:根据动力学参数的前后变化规律及趋势,对结构健康状态进行诊断,或对损失位置和程度进行识别。

9.1 机械阻抗和导纳

试验模态分析基于频率响应函数来开展,而结构频率响应函数与机械阻抗、机械导纳密切相关。机械阻抗的概念来源于电学。单自由度振动微分方程为

$$m\ddot{x} + c\dot{x} + kx = f(t) \qquad (9-1)$$

串联的 RLC 电路系统(如图 9.1 所示)的微分方程为

$$-u_s + u_R + u_L + u_C = 0$$

$$\begin{cases} Ri + \dfrac{1}{C}\displaystyle\int_{t_0}^{t} i(x)\mathrm{d}x + u_C(t_0) + L\,\dfrac{\mathrm{d}i}{\mathrm{d}t} = u_s \\ L\ddot{q} + R\dot{q} + \dfrac{1}{C}q = u(t) \end{cases} \qquad (9-2)$$

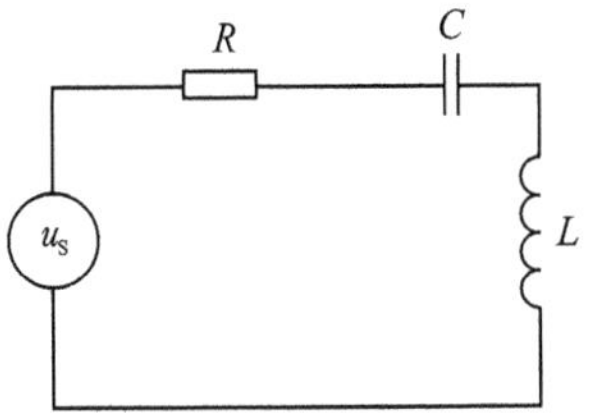

图 9.1 RLC 串联电路

两个系统的微分方程具有相同的形式。二者之间参数可一一对应，如下：

$$位移\ x \longleftrightarrow 电荷\ q; \quad 质量\ m \longleftrightarrow 电感\ L$$

$$阻尼系数\ c \longleftrightarrow 电阻\ R; \quad 刚度系数\ k \longleftrightarrow 电容的倒数\frac{1}{C}$$

$$外界激励\ f(t) \longleftrightarrow 电压\ u(t)$$

当外界激励和电压为简谐形式时，有

$$f(t) = Fe^{j\omega t}, \quad u(t) = Ue^{j\omega t} \tag{9-3}$$

电流的简谐形式：

$$i(t) = \dot{q} = Ie^{j\omega t}$$

根据电学理论，电路的电阻抗可表示如下：

$$Z = \frac{U}{I} = jL\omega + R + \frac{1}{jC\omega} = jL\omega + R - j\frac{1}{C\omega} \tag{9-4}$$

参考电路阻抗，振动系统引入相应的概念称为机械阻抗，即系统简谐输入力与其振动响应之比。响应可为系统的位移、速度和加速度等，对于单自由度质量-刚度-阻尼系统，可得到相应的阻抗表达式。

① 位移阻抗：

$$Z_d = k - \omega^2 m + j\omega c \tag{9-5}$$

② 速度阻抗：

$$Z_v = \frac{k - \omega^2 m + j\omega c}{j\omega} \tag{9-6}$$

③ 加速度阻抗：

$$Z_a = \frac{k - \omega^2 m + j\omega c}{(j\omega)^2} = -\frac{k - \omega^2 m + j\omega c}{\omega^2} \tag{9-7}$$

位移阻抗、速度阻抗和加速度阻抗分别反映振动系统位移、速度、加速度发生的难易程度。在阻抗概念的基础上取机械阻抗的倒数，称为机械导纳，也就是结构系统的频率响应函数，即系统振动响应与其简谐输入力之比。根据这个定义，即可得到上述振动系统的导纳。

① 位移导纳：

$$H_d = \frac{1}{k - \omega^2 m + j\omega c} \tag{9-8}$$

② 速度导纳：

$$H_v = j\omega \frac{1}{k - \omega^2 m + j\omega c} \tag{9-9}$$

③ 加速度导纳：

$$H_a = (j\omega)^2 \frac{1}{k - \omega^2 m + j\omega c} = -\frac{\omega^2}{k - \omega^2 m + j\omega c} \tag{9-10}$$

机械阻抗和机械导纳的表达式如表 9-1 所列。

表 9 - 1　机械阻抗和机械导纳的表达式

机械阻抗		机械导纳	
位移阻抗	$Z_d = \dfrac{f}{x}$	位移导纳	$H_d = \dfrac{x}{f}$
速度阻抗	$Z_v = \dfrac{f}{v}$	速度导纳	$H_v = \dfrac{v}{f}$
加速度阻抗	$Z_a = \dfrac{f}{a}$	加速度导纳	$H_a = \dfrac{a}{f}$

　　根据上述概念和推导,可以导出单自由度振动系统基本元件的机械阻抗和机械导纳,如表 9 - 2 所列。

表 9 - 2　基本元件的机械阻抗和机械导纳

序　号	元　件	阻　抗			导　纳		
		Z_d	Z_v	Z_a	H_d	H_v	H_a
1	弹簧	k	$-\dfrac{jk}{\omega}$	$-\dfrac{k}{\omega^2}$	$\dfrac{1}{k}$	$\dfrac{j\omega}{k}$	$-\dfrac{\omega^2}{k}$
2	粘性阻尼	$j\omega c$	c	$-\dfrac{jc}{\omega}$	$-\dfrac{j}{\omega c}$	$\dfrac{1}{c}$	$\dfrac{j\omega}{c}$
3	质量	$-\omega^2 m$	$j\omega m$	m	$-\dfrac{1}{\omega^2 m}$	$-\dfrac{j}{\omega m}$	$\dfrac{1}{m}$
4	结构阻尼	jgk	$\dfrac{gk}{\omega}$	$-\dfrac{jgk}{\omega^2}$	$-\dfrac{j}{gk}$	$\dfrac{\omega}{gk}$	$\dfrac{j\omega^2}{gm}$

　　对于多自由度振动系统,外界激励的输入和结构响应输出可能不在同一个点。若激励点和响应点为同一点,那么所得到的阻抗或导纳称为原点阻抗或原点导纳;若激励点和响应点不为同一点,那么所得到的阻抗或导纳称为夸点阻抗或夸点导纳。

　　通过导纳和阻抗的比拟、推导过程可以看出,在求其表达式时,均假设振动系统受到外界简谐激励的作用,这是一种非常重要的获得系统频率响应函数的方法。

9.2　传递函数、频率响应函数和脉冲响应函数

9.2.1　传递函数

　　上述阻抗和导纳是比较经典的定义,现在比较常用的有传递函数和频率响应函数两个概念。结构振动系统中的传递函数概念也来源于电学中,电学中的传递函数是这样定义的:传递函数为输出物理量的拉普拉斯变换(简称拉氏变换)与输入物理量的拉氏变换之比。因此,振动系统的传递函数定义为系统振动输出点物理量的拉氏变换与外界输入激励力的拉氏变换之比。根据这个定义,可以推导式(9 - 1)所示的单自由度振动系统的传递函数:对式(9 - 1)作拉氏变换,并假设系统初始条件为零,可得

$$(ms^2 + cs + k)X(s) = F(s) \qquad (9-11)$$

位移传递函数为

$$\frac{X(s)}{F(s)} = \frac{1}{ms^2 + cs + k} \qquad (9-12)$$

9.2.2 频率响应函数

在 $t \geqslant 0$ 的范围内，在虚轴（频率轴）上的拉氏变换就是傅里叶变换，即 $s = \mathrm{j}\omega$，可得到位移频率响应函数：

$$H_d = \frac{X(\mathrm{j}\omega)}{F(\mathrm{j}\omega)} = \frac{1}{-m\omega^2 + k + \mathrm{j}\omega c} \qquad (9-13)$$

由式(9-8)和式(9-13)可以看出，频率响应函数完全等同于机械位移导纳，传递函数也反映机械导纳。速度频率响应函数 H_v 和加速度频率响应函数 H_a 具有同样的含义，三者之间的关系如下：

$$H_a = \mathrm{j}\omega H_v = (\mathrm{j}\omega)^2 H_d \qquad (9-14)$$

9.2.3 脉冲响应函数

振动系统在单位脉冲激励作用下的自由响应称为单位脉冲响应函数，简称为脉冲响应函数。单位脉冲激励是指冲量为1、作用时间无限短的瞬时激励，可用 δ 函数来描述：

$$\delta(t - t_0) = \begin{cases} \infty, & t = t_0 \\ 0, & t \neq t_0 \end{cases} \qquad (9-15)$$

$$\int_{-\infty}^{\infty} \delta(t - t_0)\mathrm{d}t = 1 \qquad (9-16)$$

对于式(9-1)所示的单自由度振动系统，对象受到单位脉冲作用后获得的动量为1，从而可得系统的初始条件：

$$x_0 = 0, \quad \dot{x}_0 = \frac{1}{m} \qquad (9-17)$$

可得式(9-1)的振动响应（即脉冲响应函数）：

$$h(t) = \frac{1}{m\omega_0 \sqrt{1 - \zeta^2}} \mathrm{e}^{-\omega_0 \zeta t} \sin(\omega_0 \sqrt{1 - \zeta^2}\, t) \qquad (9-18)$$

脉冲响应函数和频率响应函数是一对傅里叶变换对。脉冲响应函数和频率响应函数一样能反映振动系统的动态特性，脉冲响应函数是系统固有特性时域的描述，频率响应函数是系统固有特性频域的描述。二者即为振动系统的非参数化模型，是结构模态参数识别的基础。

由上面的推导过程可以看出，积分变换（拉氏变换、傅里叶变换）是求解振动系统频率响应函数的又一重要方法。只要振动系统激励和响应满足积分变换条件，就可以应用积分变换求得系统频率响应函数。在虚轴（频率轴）上的拉氏变换就是傅里叶变换，即 $s = \mathrm{j}\omega$，便得到振动系统频率响应函数，并且由于拉氏变换条件的广泛性，该方法具有更好的适应性。

9.3 单自由度振动系统的频率响应函数特性

由前面的分析可得，单自由度系统的位移频率响应函数如式(9-13)所示，其表达式可以

转换为

$$H_d(\omega) = \frac{X(j\omega)}{F(j\omega)} = \frac{1}{-m\omega^2 + k + j\omega c}$$

$$= \frac{1}{k} \frac{1 - \lambda^2}{(1 - \lambda^2)^2 + 4\lambda^2\zeta^2} + j \frac{1}{k} \frac{2\lambda\zeta}{(1 - \lambda^2)^2 + 4\lambda^2\zeta^2}$$

$$= H_d^R(\omega) + jH_d^I(\omega) = |H_d(\omega)| e^{j\theta(\omega)} \qquad (9-19)$$

式中：$\lambda = \omega/\omega_0$，为频率比；$\zeta = c/2m\omega_0$，为阻尼比。

频率响应函数（在无特殊说明的情况下，后文频率响应函数均指的是位移频率响应函数）的实部：

$$H_d^R(\omega) = \frac{1}{k} \frac{1 - \lambda^2}{(1 - \lambda^2)^2 + 4\lambda^2\zeta^2} \qquad (9-20)$$

频率响应函数的虚部：

$$H_d^I(\omega) = \frac{1}{k} \frac{2\lambda\zeta}{(1 - \lambda^2)^2 + 4\lambda^2\zeta^2} \qquad (9-21)$$

频率响应函数的模：

$$|H_d(\omega)| = \sqrt{[H_d^R(\omega)]^2 + [H_d^I(\omega)]^2} = \frac{1}{k} \frac{1}{\sqrt{(1 - \lambda^2)^2 + 4\lambda^2\zeta^2}} \qquad (9-22)$$

频率响应函数的相位角：

$$\theta(\omega) = \arctan \frac{-2\lambda\zeta}{1 - \lambda^2} \qquad (9-23)$$

式中：$\lambda = \dfrac{\omega}{\omega_0}$，为外界激励频率 ω 与单自由度系统无阻尼情况下系统的固有频率 ω_0 之比，且 $\omega_0 = \sqrt{\dfrac{k}{m}}$；$\zeta = \dfrac{c}{2\sqrt{mk}}$。

9.3.1　频率响应函数的幅频和相频特性

根据 $|H_d(\omega)|$ 可以得到 $|H_d(\omega)|-\omega$ 曲线，称为幅值-频率曲线，简称幅频曲线；根据 $\theta(\omega)$ 可以得到 $\theta(\omega)-\omega$ 曲线，称为相位-频率曲线，简称相频曲线，如图 9.2 所示。

从二者的曲线中可以得到以下特殊点和线的结果：

① 当外界激励频率 $\omega = 0$ 时，$|H_d(\omega)| = \dfrac{1}{k}$。也就是说，静态载荷作用下，系统频率响应函数等于弹簧的位移导纳，质量、阻尼都失去作用，振动系统退化为静态受力状态，外力由弹簧力平衡，系统动刚度等于静刚度。

② 当外界激励频率 $\omega \to \infty$ 时，$|H_d(\omega)| \to \dfrac{1}{m\omega^2}$，系统频率响应函数等于质量的位移导纳，阻尼和弹簧都失去作用，外力由惯性力平衡，即

$$|H_d(\omega)| \approx \frac{1}{m\omega^2} \qquad (9-24)$$

$$\theta(\omega) \approx -\pi \qquad (9-25)$$

③ 当外界激励频率 $\omega = \omega_0 = \sqrt{\dfrac{k}{m}}$ 时，$|H_d(\omega)|$ 取最大值，ζ 变小；$|H_d(\omega)|$ 变大，ζ 变

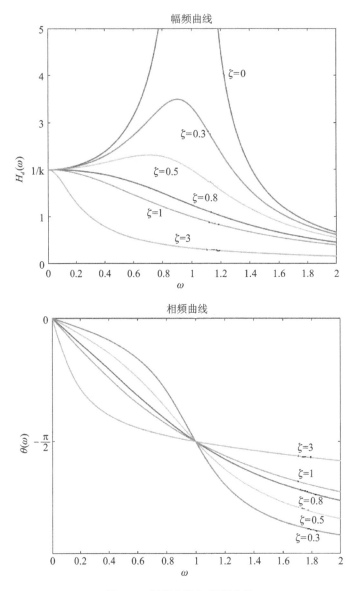

图 9.2　幅频曲线和相频曲线

大，$|H_d(\omega)|$ 变小。若系统 $\zeta=0$，则 $|H_d(\omega)| \to \infty$。

9.3.2　动力放大系数

在式(9-19)中，$\dfrac{1}{k}$ 为静态情况下的柔度系数(单位力所对应的静变形)，从而可得位移的动力学放大系数：

$$\beta_d(\lambda) = \left| \frac{1}{(1-\lambda^2)+\mathrm{j}2\zeta\lambda} \right| = \frac{1}{\sqrt{(1-\lambda^2)^2+(2\zeta\lambda)^2}} \tag{9-26}$$

其曲线如图 9.3 所示。

动力学放大系数的物理意义：在动态交变力 $F_0 \mathrm{e}^{\mathrm{j}\omega t}$ 的作用下，位移幅值相对于静态位移

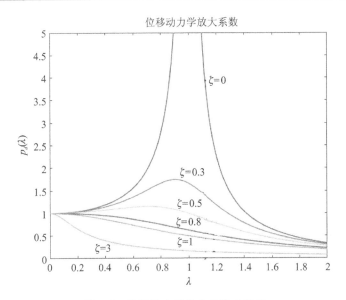

图 9.3　位移动力学放大系数曲线图

$\dfrac{F_0}{k}$ 的放大系数。同样的方法,也可以得到系统的速度、加速度动力学放大系数:

$$\beta_v(\lambda) = \left| \frac{\lambda}{(1-\lambda^2)+j2\zeta\lambda} \right| = \frac{\lambda}{\sqrt{(1-\lambda^2)^2 + (2\zeta\lambda)^2}} \quad (9-27)$$

$$\beta_a(\lambda) = \left| -\frac{\lambda^2}{(1-\lambda^2)+j2\zeta\lambda} \right| = \frac{\lambda^2}{\sqrt{(1-\lambda^2)^2 + (2\zeta\lambda)^2}} \quad (9-28)$$

9.3.3　系统共振处的特性

1. 共振频率

（1）位移共振

系统发生位移共振时,振幅达到最大值,从而有

$$\frac{dH_d(\lambda)}{d\lambda} = 0 \quad (9-29)$$

得到

$$\lambda = \sqrt{1-2\zeta^2} \Rightarrow \omega_n = \omega_0\sqrt{1-2\zeta^2} \quad (9-30)$$

式中:ω_n 为系统位移共振频率。

（2）速度共振

系统发生速度共振时,速度达到最大值,从而有

$$\frac{dH_v(\lambda)}{d\lambda} = \frac{d[j\omega H_d(\lambda)]}{d\lambda} = 0 \Rightarrow \lambda = 1 \Rightarrow \omega_n = \omega_0 \quad (9-31)$$

即系统发生速度共振时,共振频率等于系统无阻尼情况下的固有频率,这种状态也称为相位共振。

(3) 加速度共振

系统发生加速度共振时,加速度值达到最大值,从而有

$$\frac{dH_a(\lambda)}{d\lambda} = \frac{d\left[(j\omega)^2 H_d(\lambda)\right]}{d\lambda} = 0 \Rightarrow \lambda = \frac{1}{\sqrt{1-2\zeta^2}} \Rightarrow \omega_n = \frac{1}{\sqrt{1-2\zeta^2}}\omega_0 \quad (9-32)$$

即系统发生加速度共振时,共振频率等于系统无阻尼情况下的固有频率的 $\dfrac{1}{\sqrt{1-2\zeta^2}}$。

通过上面的分析可以看出,系统在不同的共振状态下,共振频率是有所差异的。当系统为小阻尼状态时,即

$$\zeta \ll 1 \Rightarrow \sqrt{1-2\zeta^2} \approx 1 \quad (9-33)$$

此时,位移、速度、加速度共振频率均约等于系统无阻尼情况下的固有频率。这也是为什么在绝大多数情况下,不区分这三种共振状态下共振频率的原因。

2. 品质因子

系统位移共振时,振幅放大系数称为品质因子(或共振锐度),即

$$Q_d = \frac{1}{2\zeta\sqrt{1-\zeta^2}} \quad (9-34)$$

当系统为小阻尼状态,即 $\zeta \ll 1$ 时,有

$$Q_d = \frac{1}{2\zeta} \quad (9-35)$$

3. 共振幅值及相位

当系统发生位移共振时,$\omega = \omega_0\sqrt{1-2\lambda^2}$,代入 $H_d(\lambda)$,可得

$$\left[H_d(\lambda)\right]_{max} = \frac{1}{k}\frac{1}{2\zeta\sqrt{1-\zeta^2}} \quad (9-36)$$

$$\theta_d(\lambda) = -\arctan\frac{\sqrt{1-2\zeta^2}}{\zeta} = \frac{\pi}{2} + \sin\frac{\zeta}{\sqrt{1-\zeta^2}} \quad (9-37)$$

当系统为小阻尼状态,即 $\zeta \ll 1$ 时,有

$$\left[H_d(\lambda)\right]_{max} = \frac{1}{k}\frac{1}{2\zeta} \quad (9-38)$$

$$\theta_d(\lambda) = \frac{\pi}{2} \quad (9-39)$$

9.3.4 伯德图

1. 伯德图形式

幅频图和相频图的对数坐标表示称为伯德(Bode)图,如图 9.4 所示。它有两种常用的形式:
① 纵坐标为幅值的对数 $20\lg|H_d(\lambda)|$(dB),然后采用线性分度;辐角用线性分度表示。横坐标为频率,采用线性分度。
② 纵坐标为幅值的对数 $20\lg|H_d(\lambda)|$(dB),然后采用线性分度;辐角用线性分度表示;

横坐标为频率，采用对数分度。

在 Bode 图中，$H_d(\lambda)$ 以 10^1、10^2、10^3、$\cdots$、10^n 倍数增大时，纵坐标增加值为 20、40、60、$\cdots$、$20n(\mathrm{dB})$。

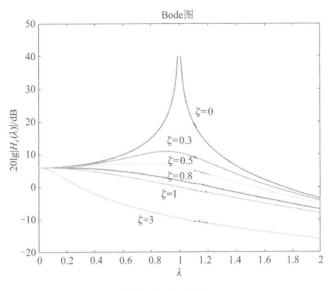

图 9.4　Bode 图

2. 伯德图中的半功率带宽

幅频曲线上，幅值等于 $\dfrac{\sqrt{2}}{2}$ 共振峰值的两个点 p_1 和 p_2 称为半功率点。在振动信号中，功率与幅值的平方成之比，在 p_1 和 p_2 处，振动的功率等于共振峰处功率的一半，所有 p_1 和 p_2 又称为半功率点。p_1 和 p_2 所对应的频率差，称为半功率带宽，即

$$\Delta\omega=\omega_2-\omega_1 \text{ 或者 } \Delta\lambda=\lambda_2-\lambda_1 \tag{9-40}$$

令

$$|H_d(\lambda)|^2=\frac{1}{2}\left|H_d(\sqrt{1-2\zeta^2})\right|^2 \Rightarrow \begin{cases} \lambda_1^2=(1-2\zeta^2)-2\zeta\sqrt{1-\zeta^2} \\ \lambda_2^2=(1-2\zeta^2)+2\zeta\sqrt{1-\zeta^2} \end{cases} \tag{9-41}$$

当 $\zeta\ll1$ 时，可得

$$\left. \begin{aligned} \lambda_1=\sqrt{1-2\zeta} \\ \lambda_2=\sqrt{1+2\zeta} \end{aligned} \right\} \Rightarrow \Delta\lambda\approx2\zeta \tag{9-42}$$

从而可得，半功率带宽 $\Delta\lambda$ 与系统的阻尼比 ζ 有关：阻尼越小，共振区的带宽越窄；阻尼越大，共振区的带宽越宽。

在伯德图中，幅频曲线的共振峰与半功率带宽处的幅值之比，根据纵坐标规定取对数后，二者差为

$$20\lg\left[H_d(\sqrt{1-2\zeta^2})\right]-20\lg\left[H_d^{p_1}(\lambda)\right]=20\lg\left[H_d(\sqrt{1-2\zeta^2})\right]-20\lg\left[H_d^{p_2}(\lambda)\right]$$

$$=\left(20\lg\frac{\sqrt{2}}{2}\right)\mathrm{dB}\approx-3\ \mathrm{dB} \tag{9-43}$$

由此可得，在伯德图中，在共振峰点向下 3 dB，然后引出水平线，水平线与幅频曲线的交

点,即为对应的半功率带宽点 p_1 和 p_2,如图 9.5 所示。

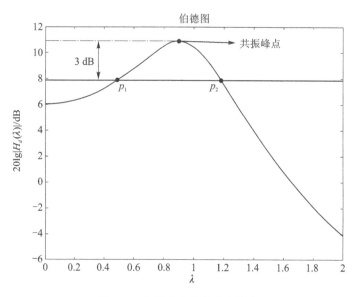

图 9.5　伯德图中的半功率带宽

9.3.5　实频图

由式(9-20)可以得到频率响应函数的实部:

$$H_d^R(\lambda) = \frac{1}{k}\ \frac{1-\lambda^2}{(1-\lambda^2)^2 + 4\lambda^2\zeta^2} \tag{9-44}$$

其实频图如图 9.6 所示。

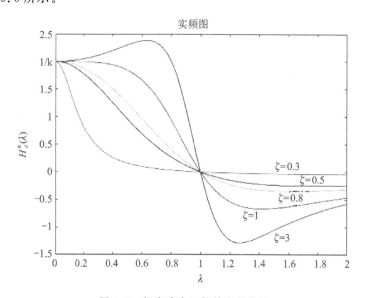

图 9.6　频率响应函数的实频曲线

由实频曲线可以得到以下特点:

① 当 $\lambda=0$ 时,$H_d^R(\lambda)=\dfrac{1}{k}$;当 $\lambda<1$ 时,$H_d^R(\lambda)>0$;当 $\lambda>1$ 时,$H_d^R(\lambda)<0$;当 $\lambda\to\infty$ 时,

$H_d^R(\lambda) \to 0$。

② 当 $\lambda = 1$ 即 $\omega = \omega_0$ 时，$H_d^R(\lambda) = 0$，此时实频曲线与横坐标轴相交点对应的频率值即为系统无阻尼情况下的固有频率 ω_0。

③ 令 $\dfrac{\mathrm{d} H_d^R(\lambda)}{\mathrm{d}\lambda} = 0$，即可得到实频曲线的最大值和最小值：

$$\lambda_1 = \sqrt{1 - 2\zeta}, \quad H_d^R(\lambda_1) = \frac{1}{4k\zeta(1 - \zeta)} \tag{9-45}$$

$$\lambda_2 = \sqrt{1 + 2\zeta}, \quad H_d^R(\lambda_2) = \frac{-1}{4k\zeta(1 + \zeta)} \tag{9-46}$$

实频曲线最大值和最小值之差为

$$H_d^R(\lambda_1) - H_d^R(\lambda_2) = \frac{1}{2k\zeta(1 - \zeta^2)} \tag{9-47}$$

当 $\zeta \ll 1$ 时，可得

$$\Delta\lambda = \lambda_1 - \lambda_2 \approx 2\zeta \quad （即半功率带宽） \tag{9-48}$$

$$H_d^R(\lambda_1) - H_d^R(\lambda_2) = \frac{1}{2k\zeta} \quad （即共振位移幅值） \tag{9-49}$$

9.3.6　虚频图

由式(9-21)可以得到频率响应函数的虚部：

$$H_d^I(\omega) = \frac{1}{k} \frac{2\lambda\zeta}{(1 - \lambda^2)^2 + 4\lambda^2\zeta^2} \tag{9-50}$$

其虚频图如图 9.7 所示。

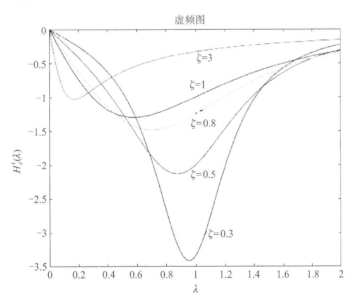

图 9.7　频率响应函数的虚频曲线

由虚频曲线可以得到以下特点：

① 当 $\lambda \to 0$，$\lambda \to \infty$ 时，$H_d^I(\lambda) \to 0$。

② 令 $\dfrac{\mathrm{d}H_d^I(\lambda)}{\mathrm{d}\lambda}=0$，即可得到虚频曲线极值：

$$\lambda=\sqrt{1-\frac{2}{3}\zeta^2}\approx 1,\quad \mid H_d^I(\lambda)\mid_{\max}\approx\frac{1}{2k\zeta} \tag{9-51}$$

当 $\zeta<1$ 时，虚部极值对应的频率等于系统无阻尼情况下的固有频率 ω_0，虚部极值等于共振位移幅值。

③ 当 $\lambda=\lambda_1,\lambda_2$ 时，$\lambda=\sqrt{1-\dfrac{2}{3}\zeta^2}\approx 1$，$\mid H_d^I(\lambda_{1.2})\mid_{\max}\approx\dfrac{1}{4k\zeta}\approx\dfrac{1}{2}\left[H_d(\lambda)\right]_{\max}$，即半功率频率点处，频响函数的虚部绝对值等于位移共振幅值的 $\dfrac{1}{2}$。

9.3.7 频率响应函数的奈奎斯特图

频率响应函数 $H(\mathrm{j}\omega)$ 是一个以 ω 为自变量的复数，因此可以采用复平面来描述它。每一个确定的 ω 对应一个矢量点 $H(\mathrm{j}\omega)$，将所有的点连起来就构成了复平面内频率响应函数 $H(\mathrm{j}\omega)$ 的轨迹图，即奈奎斯特（Nyquist）图，如图 9.8 所示。奈奎斯特图可反映频率响应函数的幅频、相频、实频和虚频特性。由频率响应函数表达式（9-19）可得

① 奈奎斯特图起点：

$$\lim_{\lambda\to 0}H_d(\lambda)=\frac{1}{k}\mathrm{e}^{\mathrm{j}0} \tag{9-52}$$

② 奈奎斯特图共振频率点：

$$\lim_{\lambda\to 1}H_d(\lambda)=\frac{1}{2k\zeta}\mathrm{e}^{\mathrm{j}\frac{\pi}{2}} \tag{9-53}$$

③ 奈奎斯特图终点：

$$\lim_{\lambda\to\infty}H_d(\lambda)=0\mathrm{e}^{-\mathrm{j}\pi} \tag{9-54}$$

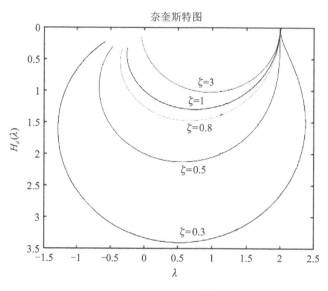

图 9.8　奈奎斯特图

同时，由频率响应函数实部和虚部的表达式（9-20）、式（9-21）可得

$$\left[H_d^R(\lambda)\right]^2 + \left[H_d^I(\lambda) + \frac{1}{4k\lambda\zeta}\right]^2 = \left(\frac{1}{2k\lambda\zeta}\right)^2 \tag{9-55}$$

该方程有如下特点:

① 桃形:类似圆方程,但圆心坐标$\left(0, \dfrac{1}{4k\lambda\zeta}\right)$及半径$\dfrac{1}{2k\lambda\zeta}$都是随$\lambda$变化而变化的。

② 在$\omega = \omega_0$附近,λ改变小,曲线曲率改变大,曲线近似圆弧。

③ 利用$\omega = \omega_0$附近的数据,可以拟合一个标准圆,该圆称为位移导纳圆,如图9.9所示,且ζ越小,圆越大。

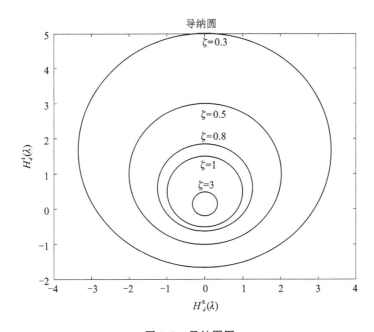

图 9.9　导纳圆图

9.4　多自由度振动系统的模态理论和频率响应函数矩阵

如果单自由度系统转化为有限自由度的多自由度系统,则多自由度系统的振动方程由式(9-1)转化为矩阵形式表示:

$$\boldsymbol{m}\ddot{\boldsymbol{x}} + \boldsymbol{c}\dot{\boldsymbol{x}} + \boldsymbol{k}\boldsymbol{x} = \boldsymbol{f}(t) \tag{9-56}$$

对于n个自由度的线性振动系统:

① $\boldsymbol{m}$为质量矩阵,为正定及对称的n阶方阵。

② $\boldsymbol{c}$为阻尼矩阵,为n阶方阵。当阻尼为比例阻尼时,阻尼矩阵$\boldsymbol{c}$对于无刚体运动的约束系统是正定的,对于有刚体运动的自由系统则是半正定的。

③ $\boldsymbol{k}$为刚度矩阵,为正定及半正定的n阶方阵。其对于无刚体运动的约束系统是正定的,对于有刚体运动的自由系统则是半正定的。

一般情况下,多自由度系统的运动方程为耦合方程组,求解比较困难;采用模态坐标变换,将耦合方程组化为解耦而相互独立的方程组来求解,可大大降低求解难度。

对上式两端作拉氏变换,并令 $s=j\omega$(这一过程即为傅里叶变换),可得

$$(-\omega^2 \boldsymbol{m} + j\omega \boldsymbol{c} + \boldsymbol{k})\boldsymbol{x}(\omega) = \boldsymbol{F}(\omega) \qquad (9-57)$$

参考前面阻抗的定义,上式可简写为

$$\boldsymbol{Z}_d(\omega)\boldsymbol{x}(\omega) = \boldsymbol{F}(\omega) \qquad (9-58)$$

式中:$\boldsymbol{Z}_d(\omega)$ 称为广义阻抗矩阵(位移阻抗),

$$\boldsymbol{Z}_d(\omega) = \begin{bmatrix} Z_{11}(\omega) & Z_{12}(\omega) & \cdots & Z_{1n}(\omega) \\ Z_{21}(\omega) & Z_{22}(\omega) & \cdots & Z_{2n}(\omega) \\ \vdots & \vdots & & \vdots \\ Z_{n1}(\omega) & Z_{n2}(\omega) & \cdots & Z_{nn}(\omega) \end{bmatrix} \qquad (9-59)$$

方程的两边同时左乘 $(-\omega^2 \boldsymbol{m} + j\omega \boldsymbol{c} + \boldsymbol{k})^{-1}$,可得

$$\begin{aligned} \boldsymbol{x}(\omega) &= (-\omega^2 \boldsymbol{m} + j\omega \boldsymbol{c} + \boldsymbol{k})^{-1}\boldsymbol{F}(\omega) \\ &= \boldsymbol{H}(\omega)\boldsymbol{F}(\omega) \\ &= \begin{bmatrix} H_{11}(\omega) & H_{12}(\omega) & \cdots & H_{1n}(\omega) \\ H_{21}(\omega) & H_{22}(\omega) & \cdots & H_{2n}(\omega) \\ \vdots & \vdots & & \vdots \\ H_{n1}(\omega) & H_{n2}(\omega) & \cdots & H_{nn}(\omega) \end{bmatrix}\boldsymbol{F}(\omega) \end{aligned} \qquad (9-60)$$

式中:$\boldsymbol{H}(\omega)$ 为频率响应函数矩阵(位移),为 n 阶对称方阵。

将上式的第 l 行展开得

$$x_l = H_{l1}F_1 + H_{l2}F_2 + \cdots + H_{ln}F_n \qquad (9-61)$$

令 $F_1 = F_2 = \cdots = F_{p-1} = 0, F_p \neq 0, F_{p+1} = F_{p+2} = \cdots = F_n = 0$,也就是当 p 点激励不等于零,其余点输入激励等于零时,可得

$$\boldsymbol{x}(\omega) = \begin{Bmatrix} x_1 \\ \vdots \\ x_l \\ \vdots \\ x_n \end{Bmatrix} = \begin{bmatrix} H_{11}(\omega) & H_{12}(\omega) & \cdots & H_{1n}(\omega) \\ H_{21}(\omega) & H_{22}(\omega) & \cdots & H_{2n}(\omega) \\ \vdots & \vdots & & \vdots \\ H_{n1}(\omega) & H_{n2}(\omega) & \cdots & H_{nn}(\omega) \end{bmatrix} \begin{Bmatrix} 0 \\ \vdots \\ F_p \\ \vdots \\ 0 \end{Bmatrix}$$

$$x_l = 0 + 0 + \cdots + H_{lp}F_p + 0 + \cdots + 0 = H_{lp}F_p \qquad (9-62)$$

其中 $l = 1, 2, \cdots, n$。从而可得频率响应矩阵 $\boldsymbol{H}(\omega)$ 中的一个元素 H_{lp},即

$$H_{lp} = \frac{x_l}{F_p} \qquad (9-63)$$

同样,当 $l=p$ 时,H_{ll} 称为原点频率响应函数,位于 $\boldsymbol{H}(\omega)$ 的对角线上;当 $l \neq p$ 时,H_{lp} 称为跨点频率响应函数。通过 H_{lp} 的推导,可以看出在结构某一个 p 单独点进行激励,在这个 p 测点及其他诸点进行测量响应,就可以非常容易地获得频率响应函数矩阵 $\boldsymbol{H}(\omega)$ 中 p 列的所有元素,单独逐一交换所有的输入点后,即可得到 $\boldsymbol{H}(\omega)$ 所有元素。正因为这一便捷性,锤击法得以在结构模态试验中广泛应用。由 Maxwell 互易性原理,频率响应函数矩阵 $\boldsymbol{H}(\omega)$ 为对称矩阵,且 $H_{lp} = H_{pl}$,即 p 点激励 l 点测量与 l 点激励 p 点测量,二者得到的频率现有函数完全一样。

9.5　实模态理论

9.5.1　系统模态参数

在 9.4 节,从试验角度(由振动系统的输入和输出角度获得频率响应函数)得到了 n 个自由度系统的频率响应矩阵 $\boldsymbol{H}(\omega)$,但是它的推导过程以及表达式中暂且还无法简单地得到与系统模态参数之间的关系,需要进一步转化。

下面以系统的各阶主振型所对应的模态坐标来代替物理坐标,使坐标耦合的微分方程组解耦为各个坐标独立的微分方程组,从而获得系统的各阶模态参数与频率响应函数之间的关系。按照模态参数(主模态频率及模态向量)是实数还是复数,模态可分为实模态与复模态两类。这两类模态的特性有一定的区别,故分别加以叙述。这里先讨论实模态。

将系统物理坐标 $\boldsymbol{x}$ 转换为模态坐标 $\boldsymbol{q}$ 和模态振型矩阵 $\boldsymbol{\phi}$,根据模态叠加法可得

$$\boldsymbol{x} = \boldsymbol{\phi}^{\mathrm{T}} \boldsymbol{q} \tag{9-64}$$

其中模态振型矩阵 $\boldsymbol{\phi}$ 是由测试结构 n 阶振型列阵组成的 $n \times n$ 阶矩阵,即

$$\boldsymbol{\phi} = \begin{bmatrix} \boldsymbol{\varphi}_1 & \boldsymbol{\varphi}_2 & \cdots & \boldsymbol{\varphi}_i & \cdots & \boldsymbol{\varphi}_n \end{bmatrix}^{\mathrm{T}} = \begin{bmatrix} \varphi_{11} & \varphi_{12} & \cdots & \varphi_{1n} \\ \varphi_{21} & \varphi_{22} & \cdots & \varphi_{2n} \\ \vdots & \vdots & & \vdots \\ \varphi_{n1} & \varphi_{n2} & \cdots & \varphi_{nn} \end{bmatrix} \tag{9-65}$$

式中:$\boldsymbol{\varphi}_i$ 为第 i 阶振型,$i = 1, 2, \cdots, n$;$\boldsymbol{q}$ 为主坐标矢量。

$$\boldsymbol{\varphi}_i = \{ \varphi_{1i} \quad \varphi_{2i} \quad \cdots \quad \varphi_{ni} \}^{\mathrm{T}} \tag{9-66}$$

$$\boldsymbol{q} = \{ q_1 \quad q_2 \quad \cdots \quad q_n \}^{\mathrm{T}} \tag{9-67}$$

将式(9-64)代入 n 阶自由度系统的振动方程(9-56),得

$$\boldsymbol{m}\boldsymbol{\phi}\ddot{\boldsymbol{q}} + \boldsymbol{c}\boldsymbol{\phi}\dot{\boldsymbol{q}} + \boldsymbol{k}\boldsymbol{\phi}\boldsymbol{q} = \boldsymbol{f}(t) \tag{9-68}$$

方程两边同时左乘振型矩阵的转置 $\boldsymbol{\phi}^{\mathrm{T}}$,得

$$\boldsymbol{\phi}^{\mathrm{T}}\boldsymbol{m}\boldsymbol{\phi}\ddot{\boldsymbol{q}} + \boldsymbol{\phi}^{\mathrm{T}}\boldsymbol{c}\boldsymbol{\phi}\dot{\boldsymbol{q}} + \boldsymbol{\phi}^{\mathrm{T}}\boldsymbol{k}\boldsymbol{\phi}\boldsymbol{q} = \boldsymbol{\phi}^{\mathrm{T}}\boldsymbol{f}(t) \tag{9-69}$$

根据振型的正交性,上式质量阵、刚度阵、阻尼阵均对角化,即

$$\boldsymbol{\phi}^{\mathrm{T}}\boldsymbol{m}\boldsymbol{\phi} = \begin{bmatrix} \ddots & & \\ & m_i & \\ & & \ddots \end{bmatrix} \tag{9-70}$$

$$\boldsymbol{\phi}^{\mathrm{T}}\boldsymbol{c}\boldsymbol{\phi} = \begin{bmatrix} \ddots & & \\ & c_i & \\ & & \ddots \end{bmatrix} \tag{9-71}$$

$$\boldsymbol{\phi}^{\mathrm{T}}\boldsymbol{k}\boldsymbol{\phi} = \begin{bmatrix} \ddots & & \\ & k_i & \\ & & \ddots \end{bmatrix} \tag{9-72}$$

将式(9-70)~式(9-72)代入式(9-69),得

$$\begin{bmatrix} \ddots & & \\ & m_i & \\ & & \ddots \end{bmatrix} \ddot{\boldsymbol{q}} + \begin{bmatrix} \ddots & & \\ & c_i & \\ & & \ddots \end{bmatrix} \dot{\boldsymbol{q}} + \begin{bmatrix} \ddots & & \\ & k_i & \\ & & \ddots \end{bmatrix} \boldsymbol{q} = \boldsymbol{\phi}^{\mathrm{T}}\boldsymbol{f}(t) \tag{9-73}$$

即为一组 n 个相互独立而解耦的微分方程组,其中第 i 个方程为

$$m_i\ddot{q}_i + c_i\dot{q}_i + k_iq_i = \sum_{l=1}^{n}\varphi_{li}f(t) \qquad (9-74)$$

式中:φ_{li} 是第 i 阶振型的第 l 个元素。

假设该振动系统仅在 p 点受到简谐力作用,即

$$f_1 = f_2 = \cdots = f_{p-1} = 0;\quad f_p = F_p e^{j\omega t};\quad f_{p+1} = f_{p+2} = \cdots = f_n = 0 \qquad (9-75)$$

$$m_i\ddot{q}_i + c_i\dot{q}_i + k_iq_i = \varphi_{pi}Fe^{j\omega t} \qquad (9-76)$$

求得 q_i 的解为

$$q_i = Q_i e^{j\omega t} \qquad (9-77)$$

其中模态坐标所示的响应表达式为 $Q_i = \dfrac{\varphi_{pi}F_p}{k_i - \omega^2 m_i + j\omega c_i}$。由模态坐标和物理坐标的关系式 $(9-64)$,有

$$\boldsymbol{x} = \begin{Bmatrix} x_1 \\ \vdots \\ x_l \\ \vdots \\ x_n \end{Bmatrix} = \boldsymbol{\phi}^{\mathrm{T}}\boldsymbol{Q}e^{j\omega t} = \begin{Bmatrix} \sum_{i=1}^{n}\varphi_{1i}Q_i \\ \vdots \\ \sum_{k=1}^{n}\varphi_{li}Q_i \\ \vdots \\ \sum_{k=1}^{n}\varphi_{ni}Q_i \end{Bmatrix}e^{j\omega t} = \begin{Bmatrix} \sum_{i=1}^{n}\dfrac{\varphi_{1i}\varphi_{pi}F_p}{k_i - \omega^2 m_i + j\omega c_i} \\ \vdots \\ \sum_{i=1}^{n}\dfrac{\varphi_{li}\varphi_{pi}F_p}{k_i - \omega^2 m_i + j\omega c_i} \\ \vdots \\ \sum_{i=1}^{n}\dfrac{\varphi_{ni}\varphi_{pi}F_p}{k_i - \omega^2 m_i + j\omega c_i} \end{Bmatrix}e^{j\omega t} \qquad (9-78)$$

从而得 p 点激励、l 点响应的频率响应函数:

$$H_{lp} = \frac{x_l}{f_p} = \sum_{i=1}^{n}\frac{\varphi_{li}\varphi_{pi}}{k_i - \omega^2 m_i + j\omega c_i} \qquad (9-79)$$

从而可得传递函数矩阵 $\boldsymbol{H}(\omega)$ 第 p 列

$$\begin{Bmatrix} H_{1p} \\ \vdots \\ H_{lp} \\ \vdots \\ H_{np} \end{Bmatrix} = \begin{Bmatrix} \dfrac{x_1}{f_p} \\ \vdots \\ \dfrac{x_l}{f_p} \\ \vdots \\ \dfrac{x_n}{f_p} \end{Bmatrix} = \begin{Bmatrix} \sum_{i=1}^{n}\dfrac{\varphi_{1i}\varphi_{pi}}{k_i - \omega^2 m_i + j\omega c_i} \\ \vdots \\ \sum_{i=1}^{n}\dfrac{\varphi_{li}\varphi_{pi}}{k_i - \omega^2 m_i + j\omega c_i} \\ \vdots \\ \sum_{i=1}^{n}\dfrac{\varphi_{ni}\varphi_{pi}}{k_i - \omega^2 m_i + j\omega c_i} \end{Bmatrix} = \sum_{i=1}^{n}\dfrac{\boldsymbol{\varphi}_i\varphi_{pi}}{k_i - \omega^2 m_i + j\omega c_i} \qquad (9-80)$$

$$\{H_{l1} \quad \cdots \quad H_{lp} \quad \cdots \quad H_{ln}\}$$

$$= \left\{\frac{x_l}{f_1} \quad \cdots \quad \frac{x_l}{f_p} \quad \cdots \quad \frac{x_l}{f_n}\right\}$$

$$= \left\{\sum_{i=1}^{n}\frac{\varphi_{li}\varphi_{1i}}{k_i - \omega^2 m_i + j\omega c_i} \quad \cdots \quad \sum_{i=1}^{n}\frac{\varphi_{li}\varphi_{pi}}{k_i - \omega^2 m_i + j\omega c_i} \quad \cdots \quad \sum_{i=1}^{n}\frac{\varphi_{li}\varphi_{ni}}{k_i - \omega^2 m_i + j\omega c_i}\right\}$$

$$= \sum_{i=1}^{n}\frac{\varphi_{li}\{\varphi_{1i}\cdots\varphi_{pi}\cdots\varphi_{ni}\}}{k_i - \omega^2 m_i + j\omega c_i} \qquad (9-81)$$

任何一列或者一行,扩展都可得到 $\boldsymbol{H}(\omega)$ 的表达式:

$$\boldsymbol{H}(\omega) = \sum_{i=1}^{n} \frac{\boldsymbol{\varphi}_i \boldsymbol{\varphi}_i^{\mathrm{T}}}{k_i - \omega^2 m_i + \mathrm{j}\omega c_i} \qquad (9-82)$$

从 $\boldsymbol{H}(\omega)$ 的表达式(9-82)可以看出:

① 传递函数矩阵 $\boldsymbol{H}(\omega)$ 的任何一行或者一列都包括各阶模态质量 m_i、模态阻尼 c_i 和模态刚度 k_i。

② 传递函数矩阵 $\boldsymbol{H}(\omega)$ 的任何一行或者一列都包括各阶模态振型 $\boldsymbol{\varphi}_i$。

③ 通过试验测量得到传递函数矩阵 $\boldsymbol{H}(\omega)$ 的任何一行,并不需要得到 $\boldsymbol{H}(\omega)$ 全部元素,即可通过参数提取(辨识)获得结构的全部模态参数,这样大大减少了试验的工作量。

对 H_{lp} 作进一步的变换,可得

$$H_{lp} = \sum_{i=1}^{n} \frac{\varphi_{li} \varphi_{pi}}{k_i - \omega^2 m_i + \mathrm{j}\omega c_i} = \sum_{i=1}^{n} \frac{\varphi_{li} \varphi_{pi}}{k_i \left[1 - \left(\dfrac{\omega}{\omega_i} \right)^2 + 2\mathrm{j} \dfrac{\omega}{\omega_i} \zeta_i \right]} = \sum_{i=1}^{n} \frac{1}{k_{ei} \left[1 - \bar{\omega}_i^2 \right) + \mathrm{j} 2 \zeta_i \bar{\omega}_i \right]}$$

$$(9-83)$$

$$H_{lp} = \sum_{i=1}^{n} \frac{\varphi_{li} \varphi_{pi}}{k_i - \omega^2 m_i + \mathrm{j}\omega c_i} = \sum_{i=1}^{n} \frac{\varphi_{li} \varphi_{pi}}{m_i \left[\left(\sqrt{\dfrac{k_i}{m_i}} \right)^2 - \omega^2 + 2\mathrm{j}\omega \sqrt{\dfrac{k_i}{m_i}} \zeta_i \right]}$$

$$= \sum_{i=1}^{n} \frac{\varphi_{li} \varphi_{pi}}{m_i \left[(\omega_i^2 - \omega^2) + 2\mathrm{j}\omega \omega_i \zeta_i \right]} = \sum_{i=1}^{n} \frac{1}{m_{ei} \left[(\omega_i^2 - \omega^2) + 2\mathrm{j}\omega \omega_i \zeta_i \right]} \qquad (9-84)$$

式中:$\omega_i = \sqrt{\dfrac{k_i}{m_i}}$,为系统第 i 阶无阻尼固有频率;$k_{ei} = \dfrac{k_i}{\varphi_{li} \varphi_{pi}}$,称为 p 点激励、l 点响应(或测量)的等效刚度,与测点和激励力有关,与模态刚度 k_i 有很大的区别;$m_{ei} = \dfrac{m_i}{\varphi_{li} \varphi_{pi}}$,称为 p 点激励、l 点响应(或测量)的等效质量,与测点和激励力有关,与模态质量 m_i 有很大的区别;$\zeta_i = \dfrac{c_i}{2 m_i \omega_i}$,为系统第 i 阶模态阻尼比(简称阻尼比)。

等效刚度与等效质量的关系:

$$\omega_i = \sqrt{\frac{k_{ei}}{m_{ei}}}$$

通过上面的推导和分析,建立在比例阻尼和结构阻尼(思路和比例阻尼类似,这里不做过多讨论)基础上的实模态理论,全部模态参数都是实数,对于任一模态,各点之间的相位均为同相位或反相位(相位差为 180°),系统存在确定的振型,每一振型下节线位置保持不动。

同时需要指出实际上并非所有的模态对响应的贡献都是相同的。对低频响应来说,高阶模态的影响较小;对实际结构而言,感兴趣的往往是它的前几阶模态,更高阶的模态常常被舍弃。这样做尽管会造成一些误差,但频响函数的矩阵阶数将大大减小,计算量也会大幅减少。这种处理方法称为模态截断法。

根据式(9-79)位移频率响应函数的表达式,可以分别乘以 $\mathrm{j}\omega$、$(\mathrm{j}\omega)^2 = -\omega^2$ 即可得到速度频率响应函数和加速度频率响应函数:

$$H_{lp}^{v} = \sum_{i=1}^{n} \frac{\mathrm{j}\omega (\varphi_{li} \varphi_{pi})}{k_i - \omega^2 m_i + \mathrm{j}\omega c_i} \qquad (9-85)$$

$$H_{lp}^a = \sum_{i=1}^{n} \frac{-\omega^2 (\varphi_{li}\varphi_{pi})}{k_i - \omega^2 m_i + \mathrm{j}\omega c_i} \qquad (9-86)$$

从上面的表达式可以看出，同样只要获得速度频率响应函数和加速度频率响应函数矩阵的一行或者一列，就可以从中得到结构的全部模态参数。

9.5.2 多自由度系统传递函数的特点

1. 幅频曲线、相频曲线、实频曲线和虚频曲线

与单自由度系统相对应，频率响应函数 H_{lp} 同样可以采用幅频曲线、相频曲线、实频曲线和虚频曲线得到其随外激励频率 ω 的变化规律。

如图 9.10 所示的二自由度系统，$c_1 = c_2 = c_3 = c = 0.6$，$k_1 = k_2 = k_3 = k = 9$，$m_1 = m_2 = m = 1$，系统的自由振动微分方程如下：

$$\begin{bmatrix} m & 0 \\ 0 & m \end{bmatrix} \begin{Bmatrix} \ddot{x}_1 \\ \ddot{x}_2 \end{Bmatrix} + \begin{bmatrix} 2c & -c \\ -c & 2c \end{bmatrix} \begin{Bmatrix} \dot{x}_1 \\ \dot{x}_2 \end{Bmatrix} + \begin{bmatrix} 2k & -k \\ -k & 2k \end{bmatrix} \begin{Bmatrix} x_1 \\ x_2 \end{Bmatrix} = \begin{Bmatrix} 0 \\ 0 \end{Bmatrix} \qquad (9-87)$$

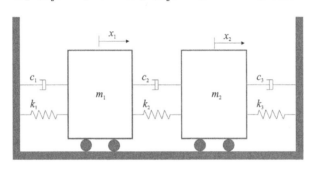

图 9.10 二自由度系统示意图

由于刚度矩阵与阻尼矩阵相似，因此系统的模态向量与无阻尼保守系统相同，特征方程如下：

$$\boldsymbol{K} - \lambda \boldsymbol{M} = \begin{bmatrix} 2k - m\lambda & -k \\ -k & 2k - m\lambda \end{bmatrix} \qquad (9-88)$$

$$\det(\boldsymbol{K} - \lambda \boldsymbol{M}) = (m\lambda - k)(m\lambda - 3k) = 0 \qquad (9-89)$$

即

$$\lambda_1 = \omega_1^2 = \frac{k}{m}, \quad \lambda_2 = \omega_2^2 = \frac{3k}{m} \qquad (9-90)$$

模态向量：

$$\boldsymbol{\varphi}_1 = \begin{Bmatrix} 1 \\ 1 \end{Bmatrix}, \quad \boldsymbol{\varphi}_2 = \begin{Bmatrix} -1 \\ 1 \end{Bmatrix} \qquad (9-91)$$

令 $\boldsymbol{x} = \boldsymbol{\phi} \boldsymbol{q} = \{ \boldsymbol{\phi}_1 \quad \boldsymbol{\phi}_2 \} \begin{Bmatrix} q_1 \\ q_2 \end{Bmatrix}$，同时左乘，系统振动微分方程可化为

$$\begin{bmatrix} 2m & 0 \\ 0 & 2m \end{bmatrix} \begin{Bmatrix} \ddot{q}_1 \\ \ddot{q}_2 \end{Bmatrix} + \begin{bmatrix} 2c & 0 \\ 0 & 6c \end{bmatrix} \begin{Bmatrix} \dot{q}_1 \\ \dot{q}_2 \end{Bmatrix} + \begin{bmatrix} 2k & 0 \\ 0 & 6k \end{bmatrix} \begin{Bmatrix} q_1 \\ q_2 \end{Bmatrix} = \begin{bmatrix} 1 & 1 \\ -1 & 1 \end{bmatrix} \begin{Bmatrix} f_1 \\ f_2 \end{Bmatrix} = \boldsymbol{\phi}^{\mathrm{T}} \begin{Bmatrix} F_1 \\ F_2 \end{Bmatrix} \mathrm{e}^{\mathrm{j}\omega t}$$

$$(9-92)$$

模态坐标可使原方程解耦合,以求解 H_{11} 为例,令 $F_2=0$,可得稳态响应:

$$q_1 = \frac{F_1 e^{j\omega t}}{-2\omega^2 m + 2j\omega c + 2k} \tag{9-93}$$

$$q_2 = \frac{F_2 e^{j\omega t}}{-2\omega^2 m + 6j\omega c + 6k} \tag{9-94}$$

$$H_{11} = \frac{x_1}{f_1} = \frac{1}{-2\omega^2 m + 2j\omega c + 2k} - \frac{1}{-2\omega^2 m + 6j\omega c + 6k} \tag{9-95}$$

传递函数的幅频、相频、实频和虚频曲线如图 9.11~图 9.14 所示。

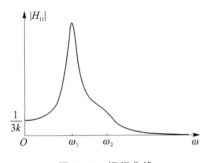

图 9.11　幅频曲线

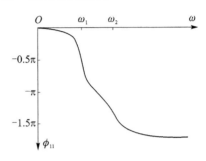

图 9.12　相频曲线

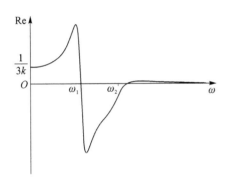

图 9.13　实频曲线

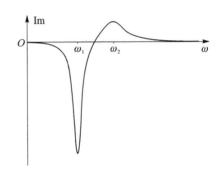

图 9.14　虚频曲线

从上述曲线图和 H_{lp} 的表达式可以看出:

① n 阶自由度系统的频率响应函数,可以看成是 n 个单自由度系统频率响应函数的叠加。外界激励频率从零逐渐增大,当 $\omega=\omega_1$ 时,H_{lp} 的第一项分母达到极小值;当 $\omega=\omega_2$ 时,H_{lp} 的第二项分母达到极小值。其他的固有频率处同样,因此,频率响应函数幅频曲线在系统的固有频率 $\omega_1,\omega_2,\cdots,\omega_n$ 处均出现峰值,而两个峰之间出现峰谷,称之为系统的反共振点。

② 当系统固有频率不密集时,在共振点附近的区域,总的频率响应函数与共振点对应的等效单自由度频率响应函数几乎相等。这是因为当外界激励频率趋近某阶固有频率时,该阶模态参数占主导地位,它对频率响应函数的贡献比其他阶大得多,且其他阶模态参数离该阶越远,影响就越小。

2. 两点之间传递函数的互易性

由 9.5.1 小节内容可知,多自由度系统,当 p 点输入外界激励、l 点测量系统响应时,位移传递函数 H_{lp} 的表达式为

$$H_{lp} = \sum_{i=1}^{n} \frac{\varphi_{li}\varphi_{pi}}{k_i - \omega^2 m_i + \mathrm{j}\omega c_i} \qquad (9-96)$$

同样,当 l 点输入外界激励、p 点测量系统响应时,位移传递函数 H_{pl} 的表达式为

$$H_{pl} = \sum_{i=1}^{n} \frac{\varphi_{pi}\varphi_{li}}{k_i - \omega^2 m_i + \mathrm{j}\omega c_i} \qquad (9-97)$$

对比二式,很容易得出:$H_{lp} = H_{pl}$,即两点之间的传递函数满足互易性,两点之间的激励和响应可以互相调换。由此可以得到多自由系统的频率响应函数矩阵是对称矩阵。

两点之间的传递函数满足互易性对实际工程中的模态试验有很大的便利性。固定外界激励点不动,测量得到所有的测量响应,便得到频率响应函数的一列元素;固定测点不动,移动外界激励点,便得到频率响应函数的一行元素;理论上,得到的这一行数据和一列数据完全相同,前者非常适合激振器激励的模态试验,后者适合于锤击方式的模态试验。

9.5.3　脉冲响应函数矩阵

同样,根据式(9-18)脉冲响应函数的物理概念和表达式,可得到多自由度系统的脉冲响应函数 $h_{lp}(t)$:

$$h_{lp}(t) = \sum_{i=1}^{n} \frac{\varphi_{li}\varphi_{pi}}{m_i\omega_i\sqrt{1-\zeta_i}} \mathrm{e}^{-\omega_i\zeta_i t} \sin(\omega_i\sqrt{1-\zeta_i}\,t) \qquad (9-98)$$

同样,它和 H_{lp} 是一对傅里叶变换对。

9.6　复模态理论

由上面的实模态理论可知,对于无阻尼或比例阻尼振动系统,各点的振动相位差为 0°或180°,模态参数均为实数。对于非比例阻尼振动系统,其阻尼矩阵一般不能被振型对角化,运动方程不能用振型正交原理解耦,系统的稳态响应不能表示为模态为基底的主坐标的线性叠加形式,因此为了解决这类振动系统的模态分析问题,引入了复模态理论。对于复模态,各点除了振动幅值不同外,相位差也不一定为 0°或180°,模态质量、模态刚度、模态振型等模态参数不再为实数而是复数。关于复模态理论的内容,请参考专门的书籍,本书不作详细论述。

习　　题

1. 推导单自由度振动系统的机械阻抗和机械导纳。
2. 简述传递函数和频率响应函数的关系。
3. 用 MATLAB 画出单自由度振动系统的幅频曲线和相频曲线。
4. 为什么采用多自由度振动系统的频率响应函数矩阵的任意一行或一列都可以识别出系统的模态参数?
5. 振动系统的频率响应函数和脉冲响应函数的关系是什么?

第 10 章　结构模态试验技术

结构模态试验是通过人为地（也可以利用自然环境激励）对结构采用某种激励方法（单点、多点激励，正弦扫频、随机激励等）施加激励，使结构产生振动，测量得到激励的输入和结构的响应时域或频域数据，然后通过试验数据分析得到结构固有振动模态参数的过程。其基本过程可用图 10.1 来描述，从基本过程涵盖的内容可以看出，结构模态试验的基础是测量得到激励点的输入信号和测点的输出信号，在此基础上进行分析处理，得到被测对象的频率响应函数（FRF）矩阵或脉冲响应函数的某一（或多）行、列，为模态参数的提取提供基础数据。

图 10.1　结构模态试验基本过程

模态试验系统组成的概貌图如图 10.2 所示。在进行模态试验时，各种试验方法有不同的优点和适用范围，同时激励方式的选择、传感器的类型和安装、试验对象的安装状态、激励信号等都会对模态试验的结果产生一定的影响。如何对诸多的影响因素进行抉择是每一个进行模态试验的人员需要直接面对和需要解决的问题，以获取最佳的试验结果。本章将对结构模态试验所涉及的这些方面进行讨论和总结。

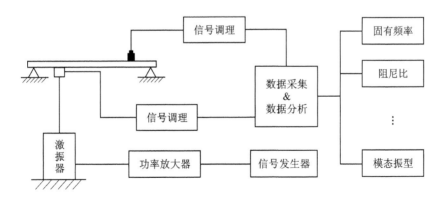

图 10.2　模态试验系统组成概貌图

从图 10.2 中可以看出，模态试验系统的硬件配置主要包括：

① 激励系统，如激振器、力锤、信号发生器等及其配套设备。

② 传感系统，如加速度传感器等及其信号调理设备。

③ 数据采集与分析系统，如数据采集前端、计算机及分析处理软件等。

10.1 模态试验对象

模态试验对象主要有两类,第一类为实际结构或全尺寸模拟结构,第二类为缩比模型试验结构。不管是哪一类试验对象,试验件上的所有部件和连接方式都需要和实际状态一致。如果试验结构中还含有一些质量集中的设备,可采用模拟件代替,但模拟件的质量、转动惯量等动态参数需要和原型件保持一致。对于缩比模型试验件,其设计需要采用动力学相似准则进行设计,边界条件也应满足动力学相似准则。

10.2 模态试验方式

模态试验的方式有很多,根据模态试验时输入和输出的数目,主要分为单输入-单输出(SISO)、单输入-多输出(SIMO)、多输入-多输出(MIMO),如图 10.3 所示。

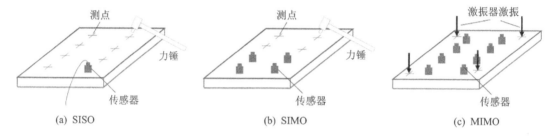

图 10.3　三种激励方式示意图

① SISO:设置 1 个响应测点,用力锤逐一激励所有测点。

② SIMO:设置若干个响应测点,用力锤逐一激励所有测点,也称为 MRIT;或者用一个电磁激振器固定在某测点处激励结构,同时测量所有测点的响应。

③ MIMO:采用多个电磁激振器激励结构,同时测量所有测点的响应;输入能量均匀,数据一致性好,能分离密集和重根模态,在大型复杂或轴对称结构模态试验中应用广泛。

10.3 激励方式

模态试验中,一般都需要一类设备使试验对象产生某种期望的振动,该设备可以与试验对象相连接,也可以不连接。激励设备和方式在模态试验中十分关键,因为它涉及激励力的输入质量、对结构测点激励的充分程度以及对测试对象模态参数的影响等多个方面,常用的激励方式有力锤敲击、电磁激振器激励、声激励等。

10.3.1 力　锤

力锤由于其操作简便在模态试验中应用最为久远和广泛。其优点体现在力锤使用时移动方便,几乎不影响被测对象的动态特性(质量、刚度等),如图 10.4 所示。另外,力锤激励根据所关心的不同频率范围,可以选择不同的锤头,从而控制激励力的频带,对试验对象输入的力近似为脉冲激励,非常适合于轻质刚硬对象的模态试验。力锤重量大、锤头软,其施加的力低频能量就充分,反之则相反。由于力锤使用时,是人为操作的方式,激励力的大小、方向和选定的锤击点必然受人为因素影响,具体体现为敲击同一测点可能难以保证每次的锤击力的大小和方向都相同,并且每次锤击位置都可能在选定点的周围。力锤力的输出示意曲线如图 10.5 所示。

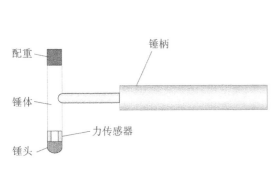

图 10.4　力锤示意图

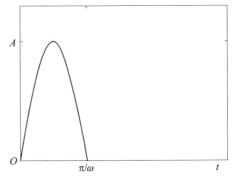

图 10.5　力锤力的输出示意曲线

力锤可近似为质量弹簧系统,其运动方程如下:

$$m\ddot{x} + kx = 0 \tag{10-1}$$

设 $t = 0$ 时,$x = 0$,$\dot{x} = \dot{x}_0$,则力锤产生的力信号为

$$f(t) = \begin{cases} A\sin(\omega_0 t), & 0 < t < \dfrac{\pi}{\omega_0} \\ 0, & t > \dfrac{\pi}{\omega_0} \end{cases} \tag{10-2}$$

式中:$\omega_0 = \sqrt{m/k}$,$A = \dfrac{x_0}{\omega_0}$。该信号的傅里叶积分变换的幅值为

$$|F(f)| = \frac{4A^2\omega_0^2\cos^2\left(\pi f\,\dfrac{\pi}{\omega_0}\right)}{(\omega_0^2 - 4\pi^2 f^2)^2} \tag{10-3}$$

力锤锤头的类型通常有橡胶头、尼龙头、铝材头和钢材头,它们的区别在于施加于结构上的力能量集中的频率范围不同。橡胶头产生的力偏低频,通常几百 Hz 以下;尼龙头产生的力偏中低频,几十至一两 kHz;铝头产生的力集中在中高频,几百至几 kHz;钢头产生的力,最高频率可达几十 kHz,力锤输出力的频谱曲线如图 10.6 所示。

采用力锤敲击法进行模态测试时,通常采用移动力锤、固定加速度计进行,此时,由频率响应函数的定义可以看出,试验所得到的是频率响应函数矩阵的一行或多行(若使用单个传感器,可得到 FRF 一行;若使用多个传感器,可得到 FRF 多行)。

10.3.2　激振器

激振器在模态试验中应用也非常广泛,激振器的类型各种各样,其中电磁激振器最为常见,如图 10.7 所示。电磁激振器具有工作频带宽、体积和重量较小、激振力自重比大、激励能量大等优点,使用时配合功率放大器、信号发生器,可方便地产生多种类型的激振力,如正弦、

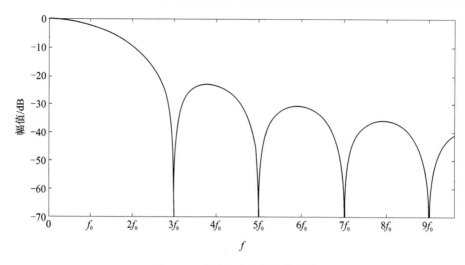

图 10.6　力锤输出力的频谱曲线

步进正弦、扫频、随机等,非常适合应用于大型复杂结构的模态试验中。另外,非线性结构的模态试验,激励也一般采用电磁激振器。

图 10.7　电磁激振器实物图

采用电磁激振器进行模态试验时,通常移动传感器或者一次性把所有测点的传感器都布置好,激振器固定不动,这样测试得到频率响应函数(FRF)矩阵的一列或多列(如果使用一个激振器,可得到 FRF 一列;如果使用多个激振器,可得到 FRF 多列)。

模态试验中,激振器的安装方式多种多样,主要有如下几种:

① 固支安装。将激振器固定在基础或者固定支架上,如图 10.8 所示。

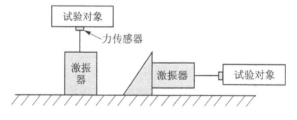

图 10.8　激振器固支安装示意图

② 基础弹性安装。当结构频率很高时,可采用激振器基础弹性安装,如图 10.9 所示。这样可以避免激振器安装因基础频率不够带来的对试验结果的影响。

③ 弹性安装在试验对象上。对于一些大型、重型结构,模态试验时难以有安装部位,这时可考虑将激振器弹性安装在试验件上,如图 10.10 所示。这种情况下,尽管激振器对试验对象

有附件质量,但是由于对象的质量远远大于激振器,这种方式带来的影响也就可以忽略。

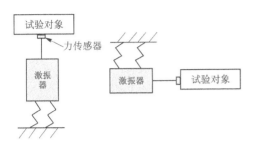

图 10.9　激振器基础弹性安装示意图

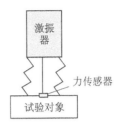

图 10.10　激振器弹性安装
在试验对象上示意图

10.3.3　声激励

采用扬声器辐射出的声能激励模态试验对象,这种方式适用于轻质高频结构,优点是无附加质量和附加刚度,缺点是实际的输入力无法测量,试验时用声激励的电压驱动信号作为参考信号。

10.4　测点及布置

模态试验时对于测点数目的确定,其基本原则为可观和可测性,即这些测点能唯一地描述系统各阶模态振型。影响结构模态振型的因素不仅仅跟测点数目有关,还跟测点分布也相关,所以,当测点数目不充分或者测点位置布置不合理时,得到的结果中某些模态振型不能正确区分,如图 10.11 所示。另外,如果在模态试验时,布置的测点数目过多,虽然能唯一地描述系统各阶模态振型,但会使测试系统硬件设备成本大幅增加,测试周期变长,效率变低,导致大型模态试验费用高昂。因此,如何根据试验需求合理地确定测点数目(主要还是硬件条件决定)、分配测点位置就非常重要。测点布置的基本原则如下:

① 传感器安装点应避开模态节线处。这是因为模态节线位置,结构响应几乎等于零或者很小,容易遗漏应该测量的模态参数。

② 传感器安装点应布置于结构的承力梁等主结构上,这样可以避免局部模态参数对整体结果的影响。

③ 要得到较高频率的结构振动参数,需要布置较多的测点,目的是获取比较多的模态阶数,模态振型的描述自然需要更多的测点。

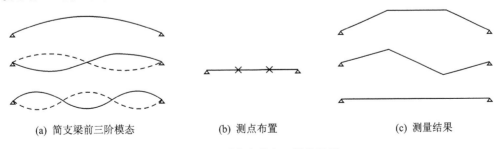

(a) 简支梁前三阶模态　　　　(b) 测点布置　　　　(c) 测量结果

图 10.11　测点布置和不足的例子

④ 对感兴趣和重要的结构区域应布置更多的测点,这主要是由试验目的和重要性决定的。

⑤ 轻质结构和结构的轻薄处,测点数量的选择须谨慎。由于传感器都有一定的质量和几何尺寸(光学类等非接触传感器除外),比较多的测点会引入更多的附加质量,更多的传感器几何尺寸的引入对试验对象的刚度贡献也会更多,将会使试验结果失真。

⑥ 在考虑了上述情况后,尽可能地将测点布置均匀,以减少漏掉模态的概率。

10.5 传感器及安装

10.5.1 模态试验的传感器

在模态试验中,按测量响应的物理量可分为位移传感器、速度传感器、加速度传感器、应变传感器和力传感器等。其中,位移传感器适于低频测量,速度传感器适于中频测量,加速度传感器适于中高频测量,应变传感器适于应变模态参数的测量,力传感器适于输入激励力的测量。由于加速度传感器具有频响范围宽、动态范围大、对高频信号测量精度高、安装方便等优点,因而在模态试验中应用最为广泛。

10.5.2 传感器的选择和使用

目前,模态试验中,使用最为广泛的就是压电传感器,包括压电力传感器和压电加速传感器。

(1) 压电力传感器

压电力传感器有电荷型和电压型两种,如图 10.12 所示。电荷型动态范围大,但它对外部的干扰非常敏感,因而传感器和电荷放大器之间的电缆很关键,需要电荷放大器对信号进行调理。电压型需一个外部恒流直流电压源为其内部电路供电,对外部干扰不敏感。如果将电荷放大器集成到传感器内部,就是目前使用广泛的 ICP 型传感器。压电型力传感器由于其自身原理的限制,一般低频(<0.5 Hz)性能较差,如果测试对象为大型柔性结构,模态试验可考虑传统的电阻型力传感器。

图 10.12 模态试验压电力传感器实物图

(2) 压电加速度传感器

模态试验中,在选择加速度传感器时,主要关心的是量程/灵敏度、频响范围、使用环境、质量和对采集设备的要求等方面,尽量减小因传感器的选择而带来的影响。

压电传感器(如图 10.13 所示)都有测量范围,通常量程大的传感器,灵敏度低;量程小的传感器,灵敏度高。另外,一般而言,传感器灵敏度越高,其质量越大。对于测试不同结构的模态参数,应选择与之匹配的传感器量程,如土木工程和大型设备模态试验,加速度量程选择介于 $0.1 \sim 10g$ 之间,而普通的结构加速度量程选择介于 $10 \sim 100g$ 之间。

图 10.13　模态型压电加速度传感器照片

压电加速度传感器的频响范围是关键参数指标。加速度传感器有自身共振频率,工作频率上限通常为其自身共振频率的 1/3 左右。另外,对于压电加速度传感器,其低频特性较差,信号衰减严重,而在高频段线性度差,因此,在选择时,线性段频率范围需要十分注意。例如,对于土木工程结构,加速度传感器的频率范围可选择介于 $0.2 \text{ Hz} \sim 1 \text{ kHz}$ 之间;对于机械结构,可选择频率范围介于 $0.5 \text{ Hz} \sim 5 \text{ kHz}$ 之间;对于航空器结构,则选择介于 $0.05 \sim 500 \text{ Hz}$ 之间。

传感器使用时会受温度、湿度、尘土等环境因素的一定影响。一般来说,压电式加速度传感器对环境不敏感。

在选择加速度传感器时,还须考虑传感器本身的重量带来的附加重量的影响。例如,当试验对象是轻质结构时,传感器总重量可能会对其模态参数带来影响显著;对于薄板或膜对象,试验时,传感器由于自身运动会带来"额外"荷载,使测得结果无效。因此,在这些情况下应使用小而轻的传感器,甚至可以考虑光测、电涡流等非接触式的测量方式。

10.5.3　传感器的安装

在模态测试中,合理地安装和固定传感器是确保获得试验正确结果的重要保证。图 10.14 所示是几种典型的传感器安装方式示意图。下面介绍几种传感器的安装和固定方式以及需要注意的方面。

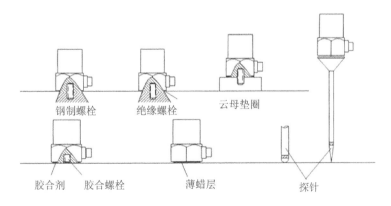

图 10.14　几种典型的传感器安装方式示意图

(1) 螺栓安装

该安装方式可保证安装频率达 30 kHz,效果好,但要求是在结构上需要的地方打孔,并且安装面平整光滑。若安装面不平整光滑,拧紧加速度计之前,须在表面涂一薄层硅润滑脂,以增加安装刚度。

(2) 薄蜂蜡层安装

该安装方式是一种常用而便捷的方法,蜡层比较薄时,可以保证安装频率达到 30 kHz,但该方法受到稳定的限制,加速度适用范围小于 $100g$。同时,这种安装方式受到一定环境温度的影响,在低温下测量时,蜡层对频响影响较小,但温度升高到一定值后,蜡开始变得柔软,使得它对结构频率响应产生一定影响。

(3) 环氧树脂安装

该安装方式是一种常用而便捷的方法,可保证安装频率达到 20 kHz,但该方法常常会损坏试件表面,且在较低温度环境下使用时不方便。

(4) 薄双面胶带安装

该安装方式是一种使用方便的安装方式,一般不会损坏安装平面,安装频率可达 10 kHz,但会引入双面胶的阻尼。

(5) 磁铁安装

该安装方式是可以很方便地在带有铁磁表面的结构上移动,但使用时对结构有所限制,安装频率为 7 kHz,在高加速度工况下,也需谨慎使用。

(6) 云母垫片安装

当加速度传感器和试验对象之间需要绝缘时常采用这种方式安装。云母的硬度较好,可确保不影响频率响应,且云母垫圈应尽可能薄。为了试验方便,也采用绝缘的硬质塑料片来代替云母垫片。

(7) 探针安装

探针安装是用手持圆头或尖头探针安装测量,适用于快速测试,例如在某些测试地点很多且又不要求固定的场合,测试频率一般要小于几百赫兹。

10.5.4　传感器的导线连接和接地

模态试验中,传感器的导线连接和接地是否正确,会影响到测试的结果。如不良的接地或不合适的接地点,都会在测量信号中混杂电干扰信号。传感器都是通过信号线连接到采集硬件设备上的,信号线在测试过程中由于振动而产生拉伸、压缩和弯曲也会引入低频干扰和电噪声。因此,试验时在采用低噪声信号线的同时,为避免因导线的相对运动引起电噪声,需要正确地安装信号线,如图 10.15 所示。

对于试验测试的地线,如果测试仪器和传感器分别接地,则会在两个接地点处产生一定的电位差,从而使得信号输出端产生电噪声干扰,影响测试精度。因此,一般采取传感器外壳与试验件绝缘的方式避免这类干扰的出现。

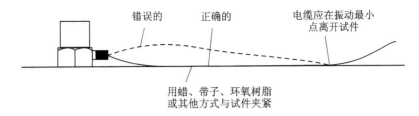

图 10.15　传感器导线安装示意图

10.6　模态试验的试件安装

由于同一结构在不同的边界条件下有不同的模态参数,因此,结构模态试验不但要求测试对象结构完好(包括附带的仪器设备等),而且夹持条件即试验件安装状态也要反映实际工况或者测试要求。模态试验时,测试对象的夹持常用以下四种方式。

10.6.1　固支方式

为了模拟结构工作时的固支状态而将其通过工装安装在基础上,如图 10.16 所示。模态试验实际操作时,理想的固支连接是非常困难的,而非理想的固支连接可能会对试验对象的频率和振型有十分明显的影响。该夹持方式易于实施(特别对于大型、重型试件和结构),但实际操作时,由于所采用的夹具都是弹性体,很难保证试件的夹持状态是真正的固支方式,通常都为弹性支撑,并且这种弹性支撑很难量化,从而增加了对目标模型修正的难度。为了减小这种弹性支撑对测量参数的影响,须保证固支的夹具第一阶弹性频率远高于试验对象关心的最高频率,一般要求高于或等于 3 倍。

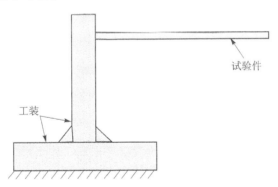

图 10.16　固支安装示意图

试验中保证固支条件的工装在设计时,其整体刚度需满足频率要求,结构形式方便基础安装和接口转接,安装工艺不能引入间隙等。

10.6.2　吊挂方式

为了模拟结构工作时的自由状态,也就是说,试验对象与周围环境之间不存在连接,这是一种理论状态,在实际的模态试验中,常采用软性绳将试验对象吊挂,近似模拟自由-自由条件,如图 10.17 所示。对于大型、重型试件和结构这种试验方式,操作有一定难度(吊挂强度和安全的保证),但这种方式对自由状态模拟较为充分。为了尽可能地减小吊挂频率对测量参数的影响,对 25 t 以下的结构,吊挂刚体频率为试验对象最低弹性频率的 0.1~0.3;对于大于或等于 25 t 的结构,吊挂刚体频率应小于试验对象最低弹性频率的 0.5。实际试验时,使用的弹性橡皮绳要求足够长、足够柔,同时吊挂点尽可能地选择处于或接近模态振型的模态截线处。

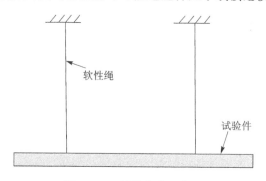

图 10.17　吊挂方式示意图

10.6.3　弱弹性支撑

弱弹性支撑的试验思路类似软性吊挂方式,操作比吊挂方式方便,但需要专用的气囊或柔性弹簧或磁浮装置,如图 10.18 所示。如采用气囊式,它在试验过程中的状态是变化的,有时很难量化它对试验结构参数的影响。这类方式的支撑刚体频率须为试验对象最低弹性频率的 0.1~0.3(对于小于 25 t 的结构)或小于 0.5(对于大于或等于 25 t 的结构)。实施时典型措施或方法有空气弹簧、软弹性支承、海绵垫支承等。

图 10.18　弱弹性支持示意图

10.6.4　振动台夹持

试验夹持思路类似于固支夹持方式,且将夹持和激励一体化,如图 10.19 所示。随着大型振动台技术的发展,方便试验实施,但试验对象模态参数提取时需要剔除振动台振动特性对结果的影响。

图 10.19　振动台夹持示意图

10.7　模态试验的激励信号及类型

10.7.1　脉冲信号

力锤敲击模态试验方式产生的力信号就是脉冲信号,其时域和频率曲线如图 10.20 所示。力锤敲击一下试验件,产生一个脉宽时间为 T 的力时间曲线 $f(t)$,经傅里叶变换后可得到 $F(\omega)$,从而可以得到这次脉冲力频率的有效范围,当 T 小时,则频率有效范围大,T 越大,频率有效范围越窄,能量集中于低频段。

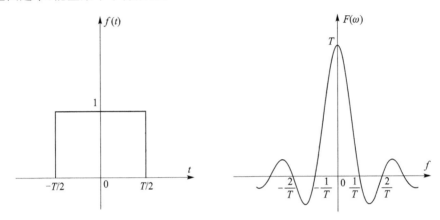

图 10.20　脉冲信号时域和频域曲线

10.7.2　阶跃信号

阶跃信号就是对测试对象突然施加或突然释放一个常力,从而使得试验对象产生振动,如图 10.21 所示。比较典型的方式有钢索突然断裂方法、小型火药箭发射方法和卡车突然颠簸方法等。这类方法的特点是产生的阶跃激励低频成分能量大,非常适合输电塔、高层建筑和大型桥梁的低阶模态参数测试。以符号信号为例:

$$x(t)=\operatorname{sgn}(t)=\begin{cases}1, & t>0 \\ -1, & t<0\end{cases} \tag{10-4}$$

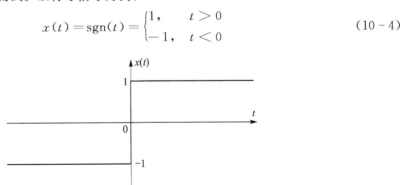

图 10.21　阶跃信号

由于 sgn 函数不满足绝对可积条件,因此在计算频谱时用 $\lim\limits_{\alpha\to 0}\operatorname{sgn}(t)\mathrm{e}^{-\alpha|t|}$ 来替代,其极限

值为

$$X(\omega) = \lim_{\alpha \to 0} \int_{-\infty}^{+\infty} \mathrm{sgn}(t) \mathrm{e}^{-\alpha|t|} \mathrm{e}^{-\mathrm{j}\omega t} \mathrm{d}t = \lim_{\alpha \to 0} \frac{-2\mathrm{j}\omega}{\alpha^2 + \omega^2} = -\frac{2}{\omega}\mathrm{j} \qquad (10-5)$$

图 10.22 所示为其幅频曲线。

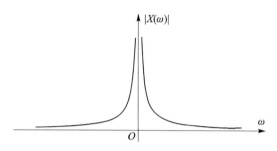

图 10.22　阶跃信号幅频曲线

10.7.3　步进正弦信号

模态试验中以正弦信号作为激励信号,一个稳定的频率测试一段时间后,频率增加 Δf 进入到下一个频率的测试,其时域和频域曲线如图 10.23 所示。这种信号的优点是激励力的能量集中于单一的频率上,测试结果的信噪比非常高,模态参数的获得可靠性高。这种信号较早应用在结构模态测试中,特别是早期的航空器模态试验中应用非常广泛。不足之处是频率扫描所用时间长、测试速度慢、周期长,另外,抗非线性干扰的能力也稍差些。

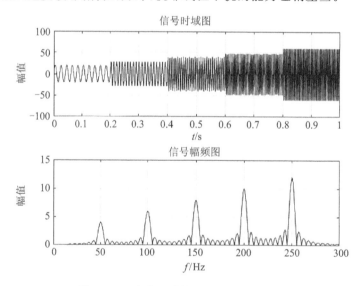

图 10.23　步进正弦信号时域图和幅频图

10.7.4　正弦扫频信号

正弦扫信号是频率逐渐变高的正弦信号,也称为频率扫描,其时域和频域曲线如图 10.24 所示。正弦扫频信号是一种瞬态信号,又是一种确定性信号,将它作为模态试验的激励信号源,既可以获得瞬态信号的快速性,又具备确定性信号的试验精度,所以应用比较广泛。正弦扫频信号的表达式如下：

$$f(t) = F_0 \sin \phi(t) , \quad 0 < t < T \tag{10-6}$$

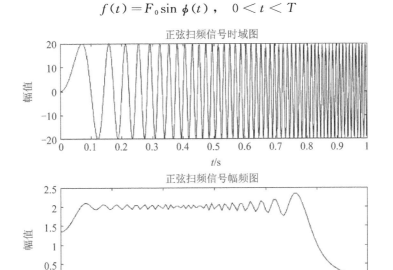

图 10.24　正弦扫频信号时域图和幅频图

该函数的幅值为一常数，频率随时间变化。在线性扫频的情况下，可写成：

$$f(t) = F_0 \sin(at^2 + bt) , \quad 0 < t < T \tag{10-7}$$

其中起始角频率 $\omega_0 = b$，终止角频率 $\omega_1 = 2aT + b$，$a = \dfrac{\omega_1 - \omega_0}{2T}$，$T$ 为扫频周期。对其进行傅里叶变换，可以算出平均频谱幅值：

$$\overline{|F(\omega)|} = F_0 \sqrt{\frac{\pi}{4a}} = \frac{F_0}{\sqrt{2}} \sqrt{\frac{\pi}{\dot{\omega}}} \tag{10-8}$$

$$|F(\omega_0)| = \frac{\sqrt{2} F_0}{4} \sqrt{\frac{\pi}{\dot{\omega}}} \tag{10-9}$$

$$|F(\omega_1)| = \frac{\sqrt{2} F_0}{4} \sqrt{\frac{\pi}{\dot{\omega}}} \tag{10-10}$$

式中：$\dot{\omega} = \dfrac{\omega_1 - \omega_0}{T}$，为频率随时间的变化率。当 $\omega_0 = 0$，$\omega_1 \to \omega_1$ 时，

$$\overline{|F(\omega)|} \to 0 \tag{10-11}$$

控制 F_0 和扫频时间 T 即可以控制 $\overline{|F(\omega)|}$ 的大小。

正弦扫频的频率变化方式除了线性扫描方式外，还有对数扫描和双曲线扫描两种。

① 对数扫描

$$f(t) = F_0 \sin(at \times 2^{bt}) , \quad 0 < t < T \tag{10-12}$$

式中：

$$a = \omega_0 , \quad b = \frac{1}{T} \ln\left(\frac{\omega_1}{\omega_0}\right)$$

② 双曲线扫描

$$f(t) = F_0 \sin[at \times \mathrm{ch}(bt)], \quad 0 < t < T \quad\quad (10-13)$$

式中：

$$a = \omega_0, \quad b = \frac{1}{T}\mathrm{arch}\left(\frac{\omega_1}{\omega_0}\right)$$

10.7.5 随机信号

采用随机信号作为激振力是模态试验中最早使用的激励技术之一，因为它比较容易生成和获得，随机信号的类型包括纯随机信号、伪随机信号、周期性随机信号和瞬态随机信号。

(1) 纯随机信号

纯随机信号通常采用窄带纯随机信号，能量集中在感兴趣的频率段内，其功率谱除两端外都是平频，其时域和频域曲线如图 10.25 所示。其不足之处是，在 FFT 测量的采样时间段内信号不是周期性的，一般采用窗函数（通常是汉宁窗）来减轻泄漏的影响，但共振峰上还是有一定的影响。

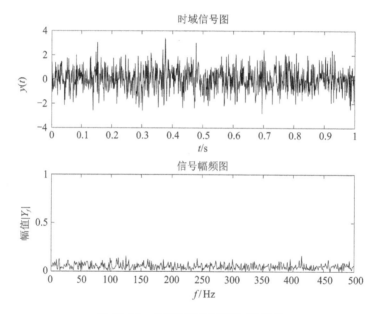

图 10.25　纯随机信号时域和幅频图

(2) 伪随机信号

为了避免激励信号处理中"泄漏"的影响，结构模态试验中常采用伪随机信号。伪随机信号是在一定范围内其幅频特性为常数（具有零方差特点）、相频特性随机均匀分布的周期随机信号，在扫描时间 T 内随机信号周期性出现，其频谱特性是离散的，这种信号在窗内有完整周期数时，能有效避免加窗引起的泄漏。伪随机信号的低频性能相对较好，白噪声发生器的低频性能一般较差。

(3) 周期性随机信号

周期性随机信号是由许多段互不相关的伪随机信号组成的，其时域曲线如图 10.26 所示。周期性随机信号每次是不同的随机信号，由于具有周期性，所以兼顾纯随机和伪随机信号的优点，但其应用于模态试验时，所用时间会比纯随机和伪随机信号长。

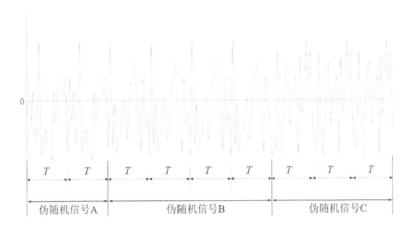

图 10.26　周期性信号时域图

(4) 猝发随机信号

猝发随机信号,该信号起源于 20 世纪 80 年代,应用于模态试验中作为最常用的信号之一。它采用随机信号周期内突然中断信号的方式来获得。该信号兼顾随机和阶跃信号的优点,能有效抑制泄漏现象,可以不加窗使用。但是,中断激励信号后,结构响应按照指数方式衰减,当结构阻尼比较小时,由于响应衰减时间比较长,可能会对下一次猝发产生影响。

10.7.6　工作环境激励

对于难以用人工方式的激励源使试验对象产生响应的情况,可依靠实际工作时的条件或状态来进行模态试验。如高层建筑模态试验,可利用特殊天气时的风载荷。这种激励形式相对比较复杂,输入力多为空间分布,且难以测量实际激励力的大小,模态参数的识别方法多采用 NExT(Natural Excitation Technique)法来进行。

10.8　飞机地面共振试验

10.8.1　地面共振试验的目的

地面共振试验(Ground Vibration Test,GVT)是获得飞机结构模态参数的主要方法,飞机的模态参数在飞机的颤振、抖振、疲劳等研究中得到了广泛应用,特别在颤振临界速度计算中,采用地面共振试验所提供的数据,校核理论、有限元分析结果,已成为必不可少的一个程序。因此,飞机设计中全部静力与动力试验项目中,地面共振试验是必须进行的项目。地面共振试验的目的有:

① 飞机发生颤振时的模态与其自由状态下的模态非常接近,因此在颤振临界速度计算中广泛采用了该参数。由于飞机结构的复杂性,理论或有限元分析很难给出精确结果,利用地面共振试验的数据进行计算,可确保飞机结构刚度与质量分布等特征的准确性。

② 确定飞机结构的阻尼,该试验是确定结构阻尼值的有效而可靠的手段。

③ 可以得到飞机结构的模态参数,防止结构与振动源(如发动机)频率接近而发生共振。

10.8.2　地面共振试验基本流程

典型的飞机地面共振试验概貌图如图 10.27 所示,图 10.28 所示为某飞机地面共振试验的现场照片。

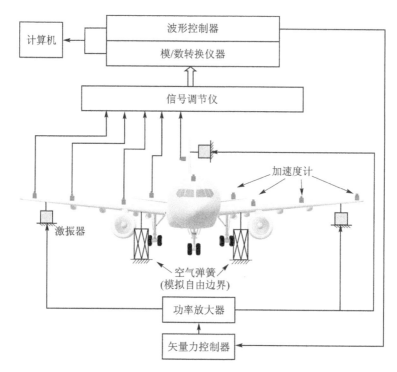

图 10.27　飞机地面共振试验概貌图

图 10.28　飞机地面共振试验现场照片

地面共振试验的基本步骤如下:

① 预试验模态分析:简单的结构,如平板、梁等,试验人员凭经验就可以确定模态试验的测点、激励位置或者安装条件,但飞机为大型、复杂、多部件组成的结构,所以在试验前需采用

有限元数值分析方法预先进行模态分析,得到的模态分析结果可为试验实施前方案的制定提供参考,包括频率范围、测点数目和位置、激励数及位置等。有了预试验模态分析结果,模态试验实施过程的效率、测量结果的可靠性会得到更大的提高和更好的保障。

②预模态试验:这个步骤里需要完成的工作包括飞机软支撑安装和调试、安全措施保障、测试系统连接和调试、传感器布置和确认、激振器安装和调试、模态测试软件参数设置和测试模型建立、系统联调等。这些步骤完成后,进行低激励水平下的模态试验,并初步分析试验结果,以确保试验所有的传感器及分布、采集仪、连接线、计算机及软件系统工作正常和步骤合理。

③正式模态测试:启动模态试验系统,进行数据时域和频域测量并保存,这个过程中,需要对测试过程中典型部位的时间历程曲线、频率响应函数(FRF)、相干数据等进行实时监测。在这些内容完成的基础上,对所关心和必须测量的频率进行纯模态试验并进行数据的测量和保存。纯模态试验中,所有的激振器处于协调工作状态,激励力的大小与系统阻尼力处于平衡状态。

④模态参数识别:在对所有测点的 FRF 的基础上,选择模态参数提取方法得到测试结果的稳态图,根据试验频率范围提取飞机的固有振动频率、振型和模态阻尼等模态参数。

⑤结果验证:采用模态置信准则(MAC)、模态置信因子(MCF)等参数对飞机模态试验结果进行验证,确保试验结果的正确性和有效性。

10.8.3　飞机的纯模态试验

飞机的地面共振试验不是一个简单的模态试验,而是采用纯模态试验方式来进行的,试验时采用相位共振与相位分离相结合的试验方法。多点正弦激励下的相位共振法试验的原理为:对飞机结构施加外激振力后,当激振力频率等于飞机结构的某一固有频率时,飞机结构就出现共振现象。此时,再对激振力和激振频率进行优化调节,使飞机结构呈现单一模态的振动,表现为在飞机结构上各测点的加速度响应与外力之间存在 90°或 270°的相位差。这时,飞机结构的惯性力与弹性力二者相平衡,试验施加的激振力与飞机的阻尼力二者相平衡。飞机结构在任意激振力作用下的系统方程如下:

$$m\ddot{x} + c\dot{x} + kx = f(t) \tag{10-14}$$

激振力与飞机的阻尼力二者相平衡,即

$$c\dot{x} = f(t) \tag{10-15}$$

系统方程化:

$$m\ddot{x} + kx = 0 \tag{10-16}$$

可得

$$\omega_i = \sqrt{\frac{k_i}{m_i}} \tag{10-17}$$

即为飞机第 i 阶无阻尼固有频率。m_i、k_i 为第 i 阶频率对应的模态质量和模态刚度。由此可以看出,纯模态试验就是测量飞机结构无阻尼状态下的固有模态参数。

10.8.4　飞机模态试验的软支持系统

模拟完全自由状态的支持条件,是飞机地面共振试验需要面对的主要内容之一。目前进

图 10.29 空气弹簧实例照片

行飞机地面共振试验时常用的有四种支持方式,分别是:

① 飞机轮胎着地支持,轮胎处于放气状态,整架飞机停放于地面。这种支持方式一般比较刚硬,难以达到全机地面模态试验对飞机支持频率的要求。

② 弹簧绳悬吊。这种方式适于飞机自重不大的机型,如某些无人机;对于自重大的飞机,出于支持难度大及安全性的考虑,一般不采纳这种方式。

③ 空气弹簧。这种支持方式使用时常采用三个圆柱式空气弹簧,安装在飞机千斤顶窝下,充分模拟了飞机在飞行时的自由-自由状态,并且支持频率低,能够完全满足地面共振试验对支持频率的要求。对于结构频率低、模态密集且自重较大的飞机,这种方式应用广泛,其应用实例如图 10.29 所示。

10.9　航天器振型斜率测量

振型斜率测量是航天器模态试验的重要内容,其目的是通过振型斜率的测量选定航天器上敏感元件(如速率陀螺)的安装位置。这是因为敏感元件若安装在航天器不合适的部位,或者有局部模态的地方,那么敏感元件的测量幅值可能不稳定,甚至还可能导致振型斜率符号误判,从而引起大的事故。其测量系统框图如图 10.30 所示。

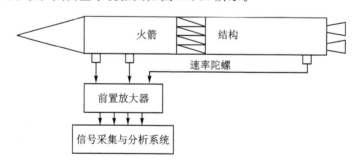

图 10.30　振型斜率测量系统框图

振型斜率定义为结构在固有振动频率下相对振型的变化率。振型斜率的测量数据,既反映了结构的总体变形,又反映了结构当地的局部变形。振型斜率的测量方法主要有计算方法和测试方法。计算方法包括理论方法和试验方法。

① 理论方法,根据横向振动理论,若把火箭视为轴对称结构,在直角坐标系下,振型斜率的计算公式如下:

$$\varPhi' = \frac{\mathrm{d}V(y,z)}{\mathrm{d}L(x)} \quad (1/\mathrm{m}) \tag{10-18}$$

式中：$dV(y,z)$ 是火箭横振 y 向和 z 向相对振型变化量；$dL(x)$ 是火箭纵轴 (x) 几何尺寸变化量。

② 试验方法：全箭振动试验时，若分别用速率陀螺和加速度计在指定点的角速度和参照点的加速度，则振型斜率按下式计算：

$$\Phi' = \frac{2\pi f \dot{\alpha}}{57.3° a_0} \quad (1/\mathrm{m}) \qquad (10-19)$$

式中：f 是结构振型固有频率，Hz；$\dot{\alpha}$ 是指定点振动角速度，$(°)/\mathrm{s}$；a_0 是参照点振动加速度，$\mathrm{m/s^2}$。根据各测量点的角速率相对于参照点角速率的相位差来判别振型斜率符号，相位差绝对值小于 90° 时测点振型斜率的符号为正，相位差绝对值大于 90° 时测点振型斜率的符号为负。振型斜率符号规定应与总体设计要求一致。

测试方法包括振型差方法和陀螺实测法。

① 振型差方法：按照振型斜率的计算公式，只要精确测量出火箭的固有振型，采用差分法很容易计算出振型斜率，然而实际应用中还存在一些困难。比如，用于测量振型的加速度计不可能布置得很密；两相邻加速度计测量的振型差值有效性落在试验误差范围内；敏感元件安装位置（如陀螺平台和发动机铰接点）的几何坐标难以确认。

② 陀螺实测法：基本思想是把箭上测试用的全套系统搬到地面振动测试中来，例如速率陀螺基本上是"飞行件"，而电源频标和放大器等都是按控制系统使用的技术指标的替代品，这就等于在地面振动试验中做"模飞"试验，可有效保证测试结果的精度。

10.10　模态试验设计及试验基本流程

10.10.1　模态试验设计

根据模态试验的任务书和试验目的需求，模态试验前都需要对模态试验进行相应的规划和设计，具体内容包括如下几个方面：

① 实验室条件，包括空间、水、电、起吊设备、环境（噪声、温度、湿度、地线状况等）、人员配置等。

② 试验对象的预分析，包括对简化对象采用理论的方法进行模态参数的预估，以及采用有限元方法进行模态参数预分析等。

③ 试验边界条件的确定，包括试验的支持方式、工装设计与分析、安装工艺设计等。

④ 试验方法的选择，包括试验方式的确定、激励方式的选择、传感器类型的确定、信号测量方法的选择、频率范围的确定等。

⑤ 测量数目和位置的确定。根据试验要求和硬件条件确定传测点数目，根据预分析结果和试验对象的几何特点确定测点位置。

⑥ 数据采集与处理系统的确定，包括硬件条件、通道数、模态分析软件功能等。

⑦ 试验记录日志。对试验中需要涉及的所有内容进行记录规划，以便后续存档和查阅。

10.10.2　模态试验基本流程

模态试验的基本流程和步骤主要包括以下内容：

① 试验前准备。包括：试验件状态的检查，内容有几何外观、结构完整性等；试验件的安装，确保边界条件与试验设计一致；传感器安装；激振器安装（如采用锤击法等，可略去该步骤）；测试系统连接，包括激励信号源连接、传感器信号线连接、几何模型输入和测试参数设置等。

② 预试验。利用小量级激励进行试验全过程的操作，以检验试验系统是否工作正常、传感器是否工作正常、激振系统是否工作正常、参数设置是否合理等。

③ 正式试验。在正常激励水平下，进行模态试验，采集数据，分析数据，得到试验对象的模态参数结果。

④ 试验结果有效性检查。采用 MAC 矩阵等模态参数检验方法，对试验结果的有效性进行检查，并分析试验误差。

⑤ 试验报告撰写。报告中应包括试验目的、试验对象及状态、试验场地及人员、试验方法、试验设备及状态、测试结果及有效性分析等内容。

习　　题

1. 模态试验的基本步骤有哪些？
2. 模态试验的激励方式有哪些？
3. 模态试验中传感器的安装需要注意哪些事项？
4. 模态试验中试验件的安装方式有哪些？需要注意哪些事项？
5. 模态试验中激励信号的类型有哪些？各有什么的特点？
6. 飞机地面共振试验的基本流程和步骤有哪些？它和普通的模态试验有什么区别？
7. 航天器振型斜率测量的基本步骤和方法有哪些？
8. 模态试验设计及基本流程包括哪些内容？

第 11 章　结构试验模态参数识别

11.1　试验模态参数识别的内容和概念

根据模态试验所得的频率响应函数或频率响应函数矩阵，或者时间历程数据来确定结构振动系统的模态参数，称为模态参数识别。其中结构的模态参数包括模态固有频率、模态阻尼比、模态振型、模态质量和模态刚度等。

为了从测得的振动信号中计算出模态参数，过去几十年人们研究出了许多方法，目前模态参数识别的方法主要有频域法、时域法和时频法等。本章对模态参数识别中的几种基本和经典方法进行阐述。

11.2　频域辨识方法

试验模态参数的频域识别法是指在频域内识别试验结构模态参数的方法。图解法是最早的频域识别方法，在模态耦合小的情况下，将实测数据进行傅里叶变换得到频率响应函数曲线，从该曲线上就可以粗略地识别模态频率、阻尼比和振型，同样思路的还有共振法、分量分析法等。随着对模态参数识别精度要求的提高，发展了以频率响应函数模态参数方程为基本数学模型，利用线性参数或非线性参数最小二乘法进行曲线拟合的多种模态参数的频域识别方法，例如导纳圆拟合法、频域最小二乘法、频域加权最小二乘法、有理分式多项式法和正交多项式法等。频域识别方法的最大优点是直观，从实测频率响应函数曲线上就可直接观测到模态的分布以及模态参数的粗略估计值，以作为某些频域识别法所需要输入的初值。其次是噪声影响小，由于在处理实测频率响应函数过程中利用了频域平均技术，最大限度地抑制了噪声影响，使模态定阶问题得以解决。

11.2.1　共振法

共振法是比较经典的模态分析方法，它的思路是：当外界激励频率接近结构系统的某阶固有频率时，系统的频率响应函数约等于该阶模态的频率响应函数，系统等效为一个单自由度系统；利用频率响应函数的幅频特性和相频特性，便可以得到系统的模态参数，其模态参数识别流程图如图 11.1 所示。

设结构上有 l 个测点，点 p 为外激励力输入点，当外激励频率接近第 i 阶（共 N 阶）固有频率时，点 p 对任意测点 l 的频率响应函数如下：

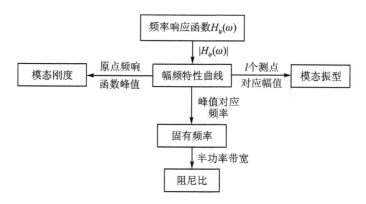

图 11.1   共振法模态参数识别流程图

$$|H_{lp}(\omega)| = \left| \sum_{r=1}^{N} \frac{\varphi_{lr}\varphi_{pr}}{k_r \left[1 - \left(\dfrac{\omega}{\omega_r}\right)^2 + 2\mathrm{j}\xi_r \dfrac{\omega}{\omega_r}\right]} \right| \approx \frac{\varphi_{lr}\varphi_{pr}}{k_r \sqrt{\left[1 - \left(\dfrac{\omega}{\omega_r}\right)^2\right]^2 + 4\xi_r^2 \left(\dfrac{\omega}{\omega_r}\right)^2}}$$

$$(11-1)$$

(1) 固有频率

根据式(11-1),由测量得到的$|H_{lp}(\omega)|$第r个峰值位置所对应的频率,便可以确定系统第r阶固有频率ω_r。

(2) 模态阻尼比

根据ω_r附近半功率带宽,可以确定第r阶模态阻尼比ζ_r。

(3) 模态刚度

当$\omega = \omega_r$时,频率响应函数可化为

$$|H_{lp}(\omega_r)| = \frac{\varphi_{lr}\varphi_{pr}}{k_r 2\xi_r} \qquad (11-2)$$

以φ_{pr}作为归一参考,即$\varphi_{pr} = 1$,可由原点频率响应函数的峰值得到第r阶模态刚度,即

$$k_r = \frac{1}{2\zeta_r |H_{pp}(\omega_r)|} \qquad (11-3)$$

(4) 模态振型

当$\omega = \omega_r$时,l个测点的频率响应函数的峰值为

$$|H_{1p}(\omega_r)|, |H_{2p}(\omega_r)|, \cdots, |H_{lp}(\omega_r)| \qquad (11-4)$$

在共振状态下,模态向量与频率响应函数幅值成比例,从而可得到第r阶振型:

$$\boldsymbol{\phi}_r = \begin{Bmatrix} \phi_{1r} \\ \phi_{2r} \\ \vdots \\ \phi_{lr} \end{Bmatrix} = \begin{Bmatrix} \pm|H_{1p}(\omega_r)| \\ \pm|H_{2p}(\omega_r)| \\ \vdots \\ \pm|H_{lp}(\omega_r)| \end{Bmatrix} \qquad (11-5)$$

式中:"±"表示同相位或反相位,可根据相频特性来确定。

由上述内容可以看出,共振法确定模态参数,方法较为简单直观,但由于模态参数的获得过程忽略了相邻模态(或剩余模态),因此精度受到一定的影响,得到的模态可能也不纯;对于

模态密集型结构,得到的模态参数误差会比较大。为了弥补剩余模态的影响,发展了分量分析法。该方法根据剩余模态对应的剩余频率响应函数对真实频率响应函数实部和虚部影响的规律,选择实部或者虚部来确定模态参数,使分析精度有所提高,是对共振法的一种改进,具体内容可参考相关文献。

11.2.2　导纳圆拟合法

导纳圆拟合法模态参数识别的基本思想是:根据模态试验测量得到的频率响应函数数据,用理想的圆方程去拟合实测的导纳圆,按最小二乘原理使其误差平方和为最小的原则进行拟合。其模态参数识别流程图如图 11.2 所示。

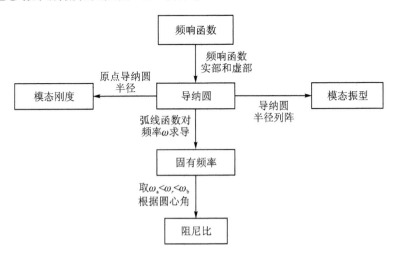

图 11.2　导纳圆拟合法模态参数识别流程图

由前面分析可知,当外激励频率 ω 接近结构第 r 阶固有频率时,频率响应函数的实部和虚部可分别表示如下:

$$H_{lp}^{R}(\omega) = \frac{(D_{lp})_r \left[1 - \left(\frac{\omega}{\omega_r}\right)^2\right]}{\left\{\left[1 - \left(\frac{\omega}{\omega_r}\right)^2\right]^2 + \eta_r^2\right\}} + H_c^{R} \tag{11-6}$$

$$H_{lp}^{I}(\omega) = \frac{-\eta_r (D_{lp})_r}{\left[1 - \left(\frac{\omega}{\omega_r}\right)^2\right]^2 + \eta_r^2} + H_c^{I} \tag{11-7}$$

式中: H_c 为邻近模态影响的频率响应函数(剩余频率响应函数); $\eta_r = 2\zeta_r$, $\frac{\omega}{\omega_r} \approx 2\zeta_r$。

将上面两式平方相加,可得

$$(H_{lp}^{R}(\omega) - H_c^{R})^2 + \left(H_{lp}^{I}(\omega) - H_c^{I} + \frac{1}{2k_e^r \eta_r}\right)^2 = \left(\frac{(D_{lp})_r}{2\eta_r}\right)^2 \tag{11-8}$$

式(11-8)即为圆心坐标为 $\left(H_c^{R}, H_c^{I} - \frac{(D_{lp})_r}{2\eta_r}\right)$、半径为 $\frac{(D_{lp})_r}{2\eta_r}$ 的圆方程。由圆心坐标可知,剩余频率响应函数使得圆心坐标在复平面内移动,但圆半径不受影响。只要拟合得到圆的半径值,并且根据圆弧的特点,即可确定各阶模态参数。

首先构造一个理想的圆方程:

$$\left(x - \frac{a}{2}\right)^2 + \left(x - \frac{b}{2}\right)^2 = r^2 \tag{11-9}$$

式中: $\left(\frac{a}{2}, \frac{b}{2}\right)$ 为理想圆的圆心, r 为理想圆的半径。

由式(11-9)可得到最小二乘圆拟合法的数学模型:

$$D_1 = (x - x_0)^2 + (y - y_0)^2 - R^2 = x^2 + y^2 + Ax + By + C \tag{11-10}$$

式中: $A = -2x_0$, $B = -2y_0$, $C = x_0^2 + y_0^2 - R^2$; A、B、C 均为待识别参数,与 $H_{lp}(\omega)$ 对应,不同的 $H_{lp}(\omega)$ 对应不同的 A、B、C。

显然 $D_1 = 0$,将实测数据代入式(11-10)中,可得到最小二乘法的目标函数 D_T,即

$$D_T = x_i^2 + y_i^2 + Ax_i + By_i + C \neq 0 \tag{11-11}$$

D_T 和 D_1 之间存在一个测试误差:

$$e_i = D_T - D_1 = D_T \tag{11-12}$$

所有测试点误差的平方和可表示为

$$E = \sum_{i=1}^{n} e_i^2 = \sum_{i=1}^{n} (x_i^2 + y_i^2 + Ax_i + By_i + C)^2 \tag{11-13}$$

求待定系数 A、B、C 使得 E 最小,即使得对应待定系数的偏导数为0。表达式如下:

$$\frac{\partial E}{\partial A} = 0, \quad \frac{\partial E}{\partial B} = 0, \quad \frac{\partial E}{\partial C} = 0 \tag{11-14}$$

因此

$$\begin{cases} 2\sum_{i=0}^{n} (x_i^2 + y_i^2 + Ax_i + By_i + C)x_i = 0 \\ 2\sum_{i=0}^{n} (x_i^2 + y_i^2 + Ax_i + By_i + C)y_i = 0 \\ 2\sum_{i=0}^{n} (x_i^2 + y_i^2 + Ax_i + By_i + C) = 0 \end{cases} \tag{11-15}$$

上式可写成矩阵形式:

$$\begin{bmatrix} \sum_{i=0}^{n} x_i^2 & \sum_{i=0}^{n} x_i y_i & \sum_{i=0}^{n} x_i \\ \sum_{i=0}^{n} x_i y_i & \sum_{i=0}^{n} y_i^2 & \sum_{i=0}^{n} y_i \\ \sum_{i=0}^{n} x_i & \sum_{i=0}^{n} y_i & n \end{bmatrix} \begin{Bmatrix} A \\ B \\ C \end{Bmatrix} = \begin{Bmatrix} -\sum_{i=0}^{n} x_i^3 + x_i y_i^2 \\ -\sum_{i=0}^{n} y_i^3 + x_i^2 y_i \\ -\sum_{i=0}^{n} x_i^2 + y_i^2 \end{Bmatrix} \tag{11-16}$$

求解上式可得 A、B、C 的最小二乘估计值,从而可以确定拟合的圆方程。

(1) 固有频率

在第 r 个导纳圆弧段上,将模态圆弧线函数对频率 ω 进行求导,导数最大值(或者单位频率差对应弧长最大值)所对应的频率点即为结构的固有频率 ω_r。该导数最大值所对应的频率也就是频率响应函数虚频曲线峰值所对应的频率。

(2) 模态阻尼比

当模态频率 ω_n 确定以后，根据已识别出的固有频率计算出结构的模态阻尼比系数。在模态频率 ω_n 两侧附近分别取 ω_a、ω_b 两点（$\omega_a < \omega_r < \omega_b$）。在导纳圆中对应的圆心角分别为 α_a 和 α_b，它们可以用以下公式表述：

$$\begin{cases} \tan\dfrac{\alpha_a}{2} = \dfrac{H^R(\omega_a)}{H^1(\omega_a)} = \left[1 - \left(\dfrac{\omega_a}{\omega_r}\right)^2\right]\left(2\zeta_r\dfrac{\omega_a}{\omega_r}\right)^{-1} \\ \tan\dfrac{\alpha_b}{2} = \dfrac{H^R(\omega_b)}{H^1(\omega_b)} = \left[1 - \left(\dfrac{\omega_b}{\omega_r}\right)^2\right]\left(2\zeta_r\dfrac{\omega_b}{\omega_r}\right)^{-1} \end{cases} \tag{11-17}$$

将两式相加，可得

$$\tan\frac{\alpha_a}{2} + \tan\frac{\alpha_b}{2} = \frac{1 - (\omega_a/\omega_r)^2}{2\zeta_r\omega_a/\omega_r} - \frac{1 - (\omega_b/\omega_r)^2}{2\zeta_r\omega_b/\omega_r} \tag{11-18}$$

由于 ω_a、ω_b 所取的值与 ω_n 相差较小，所以 $\omega_r^2 \approx \omega_a\omega_b$，式(11-18)经整理后可得

$$\tan\frac{\alpha_a}{2} + \tan\frac{\alpha_b}{2} = \frac{1}{\zeta_r}\frac{\omega_b - \omega_a}{\omega_r} \tag{11-19}$$

由此可解得阻尼比：

$$\zeta_r = \frac{\omega_b - \omega_a}{\omega_r}\frac{1}{\tan(\alpha_a/2) + \tan(\alpha_b/2)} \tag{11-20}$$

(3) 模态刚度

由于导纳圆半径为

$$(R_{lp})_r = \frac{D_{lp}^r}{4\zeta_r} = \frac{\phi_l^r\phi_p^r}{4k_e^r\zeta_r} \tag{11-21}$$

令 $\phi_p^r = 1$，因此可由原点导纳 H_{pp}（$l = p$ 时）的圆半径 R_r 得到

$$k_e^r = \frac{1}{4\zeta_r R_r} \tag{11-22}$$

(4) 模态振型

由第 $r(r=1,2,\cdots,N)$ 阶导纳圆半径 $(R_{lp})_r$ 的表达式可以看出，导纳圆半径组成的列阵即为该阶模态对应的模态振型：

$$\boldsymbol{\phi}_r = \begin{Bmatrix} \phi_{1r} \\ \phi_{2r} \\ \vdots \\ \phi_{lr} \\ \vdots \end{Bmatrix} = \begin{Bmatrix} \pm(R_{1p})_r \\ \pm(R_{2p})_r \\ \vdots \\ \pm(R_{Np})_r \\ \vdots \end{Bmatrix} \tag{11-23}$$

式中："$\pm$"表示同相位或反相位，可根据相频特性或导纳圆象限来确定。

11.2.3　最小二乘频域法

最小二乘频域法是一种用解析表达式对实测频率响应函数数据进行数值计算拟合的经典方法。通过它能获得在最小平方差意义上试验数据与数学模型的最佳拟合。下面介绍模态参数频域识别的最小二乘迭代法，其模态参数识别流程图如图 11.3 所示。

对于一个多自由度的结构，在结构上的 p 点处进行激振，q 点处测试响应，其加速度频率

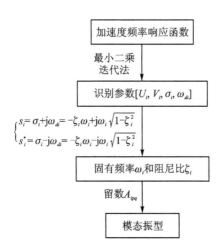

图 11.3　最小二乘频域法模态参数识别流程图

响应函数可表达为

$$H_{qp}(\omega) = H_{pq}(\omega) = -\sum_{i=1}^{N}\left(\frac{A_{iqp}}{j\omega - s_i} + \frac{A_{ipq}^*}{j\omega - s_i^*}\right)\omega^2 \qquad (11-24)$$

式中：N 为结构的自由度数；s_i 和 A_{iqp} 分别为频率响应函数的第 i 阶模态的极点和留数；s_i^* 和 A_{ipq}^* 分别为 s_i 和 A_{iqp} 的共轭复数。

将 $H_{pq}(\omega)$ 简写为 $H(\omega)$，A_{iqp} 简写为 A_i，将待定复参数的实部和虚部分开，令

$$s_i = \sigma_i + j\omega_{di}, \quad A_i = U_i + jV_i \qquad (11-25)$$

则加速度频率响应函数可以写为

$$H(\omega) = -\sum_{i=1}^{N}\left[\frac{U_i + jV_i}{-\sigma_i + j(\omega - \omega_{di})} + \frac{U_i - jV_i}{-\sigma_i + j(\omega + \omega_{di})}\right]\omega^2 \qquad (11-26)$$

待识别参数所构成的向量为

$$\boldsymbol{\beta}_{4N\times1} = \{U_1 \quad V_1 \quad \sigma_1 \quad \omega_{d1} \quad \cdots \quad U_N \quad V_N \quad \sigma_N \quad \omega_{dN}\}^{\mathrm{T}} \qquad (11-27)$$

设 $\tilde{H}_k$ 为频率变量 $\omega = \omega_k$ 时的实测数据，L 个频率点构成实测频率响应函数值向量 $\tilde{\boldsymbol{H}}_{L\times1}$ 为最小二乘法目标函数，即

$$\tilde{\boldsymbol{H}}_{L\times1} = \{\tilde{H}_1 \quad \tilde{H}_2 \quad \cdots \quad \tilde{H}_L\}^{\mathrm{T}} \qquad (11-28)$$

对应的理论值频率向量为

$$\boldsymbol{H}(\boldsymbol{\beta})_{L\times1} = \{H_1(\boldsymbol{\beta}) \quad H_2(\boldsymbol{\beta}) \quad \cdots \quad H_L(\boldsymbol{\beta})\}^{\mathrm{T}} \qquad (11-29)$$

二者之间存在误差向量：

$$\boldsymbol{e}(\boldsymbol{\beta})_{L\times1} = \boldsymbol{H}(\boldsymbol{\beta})_{L\times1} - \tilde{\boldsymbol{H}}_{L\times1} \qquad (11-30)$$

上述 $\boldsymbol{e}(\boldsymbol{\beta})$ 是 $\boldsymbol{\beta}$ 的非线性函数，将 $\boldsymbol{e}(\boldsymbol{\beta})$ 在其解的初值 $\boldsymbol{\beta}^{(0)}$ 附近展开成二阶泰勒级数，并略去高阶小量，可得

$$\boldsymbol{e}(\boldsymbol{\beta}) = \boldsymbol{e}(\boldsymbol{\beta}^{(0)}) + \frac{\mathrm{d}\boldsymbol{H}(\boldsymbol{\beta})}{\mathrm{d}\boldsymbol{\beta}}\bigg|_{\boldsymbol{\beta}=\boldsymbol{\beta}^{(0)}}(\boldsymbol{\beta} - \boldsymbol{\beta}^{(0)})$$

$$= \boldsymbol{e}(\boldsymbol{\beta}^{(0)})_{L\times1} + \boldsymbol{J}(\boldsymbol{\beta}^{(0)})_{L\times N}\Delta\boldsymbol{\beta}_{N\times1} \qquad (11-31)$$

式中，

$$\begin{cases} J(\boldsymbol{\beta}^{(0)}) = \dfrac{\mathrm{d}\boldsymbol{H}(\boldsymbol{\beta})}{\mathrm{d}\boldsymbol{\beta}} \bigg|_{\boldsymbol{\beta} = \boldsymbol{\beta}^{(0)}} \\ \Delta\boldsymbol{\beta} = \boldsymbol{\beta} - \boldsymbol{\beta}^{(0)} \\ e(\boldsymbol{\beta}^{(0)}) = \boldsymbol{H}(\boldsymbol{\beta}^{(0)}) - \widetilde{\boldsymbol{H}} \end{cases} \tag{11-32}$$

理论频率响应函数与实测频率响应函数存在误差：

$$E = e(\beta)^{\mathrm{H}} e(\beta) \tag{11-33}$$

式中：上标 H 表示共轭转置。

要求 E 的最小值，则令

$$\frac{\partial E}{\partial \boldsymbol{\beta}} = \mathbf{0} \tag{11-34}$$

即

$$\begin{aligned} \frac{\partial [e(\boldsymbol{\beta})]^{\mathrm{H}} e(\boldsymbol{\beta})}{\partial \boldsymbol{\beta}} &= 2 \frac{\partial [e(\boldsymbol{\beta})]^{\mathrm{H}}}{\partial \boldsymbol{\beta}} e(\boldsymbol{\beta}) \\ &= 2[J(\boldsymbol{\beta}^{(0)})]^{\mathrm{H}} e(\boldsymbol{\beta}^{(0)}) + J(\boldsymbol{\beta}^{(0)}) \Delta\boldsymbol{\beta} \\ &= \mathbf{0} \end{aligned} \tag{11-35}$$

式(11-35)整理后可得

$$J(\boldsymbol{\beta}^{(0)})_{L \times 4N} \Delta\boldsymbol{\beta}_{4N \times 1} = -e(\boldsymbol{\beta}^{(0)})_{L \times 1} \tag{11-36}$$

用伪逆法对式(11-36)直接求最小二乘解，可得

$$\Delta\boldsymbol{\beta} = -[J(\boldsymbol{\beta}^{(0)})]^{\mathrm{H}} [J(\boldsymbol{\beta}^{(0)})]^{-1} [J(\boldsymbol{\beta}^{(0)})]^{\mathrm{H}} \{e(\boldsymbol{\beta}^{(0)})\} \tag{11-37}$$

式(11-37)为线性方程组，求解可得 $\Delta\boldsymbol{\beta}$ 最小二乘解。为改善最初取的初值与真值之间误差较大的问题，使得系数矩阵 $[J(\boldsymbol{\beta}^{(0)})]^{\mathrm{H}} [J(\boldsymbol{\beta}^{(0)})]$ 的求解条件优化，对式(11-37)增加阻尼因子 λ，即

$$\Delta\boldsymbol{\beta} = -([J(\boldsymbol{\beta}^{(0)})]^{\mathrm{H}} [J(\boldsymbol{\beta}^{(0)})] + \lambda \boldsymbol{I})^{-1} [J(\boldsymbol{\beta}^{(0)})]^{\mathrm{H}} e(\boldsymbol{\beta}^{(0)}) \tag{11-38}$$

式中：$\boldsymbol{I}$ 为单位矩阵。

在迭代求解开始的时候，可以先取 $\lambda = 1$，再逐次按比例减小。求出向量 $\Delta\boldsymbol{\beta}$ 后，记为 $\Delta\boldsymbol{\beta}^{(0)}$，并将 $\boldsymbol{\beta}^{(1)} = \boldsymbol{\beta}^{(0)} + \Delta\boldsymbol{\beta}^{(0)}$ 作为初始参数向量代入式 $\boldsymbol{\beta}_{4N \times 1} = \{U_1, V_1, \sigma_1, \omega_{d1}, \cdots, U_N, V_N, \sigma_N, \omega_{dN}\}^{\mathrm{T}}$ 中。重复以上迭代，直至收敛到指定控制精度 ε。迭代最终表达式为

$$\boldsymbol{\beta}^{(n)} = \boldsymbol{\beta}^{(n-1)} + \Delta\boldsymbol{\beta}^{(n-1)} \tag{11-39}$$

迭代收敛精度判别式为

$$\frac{E_n - E_{n-1}}{|E_{n-1}|} \leqslant \varepsilon \tag{11-40}$$

通过最小二乘迭代法，并根据实测得到的频率响应函数的数据，可以求解出待识别的参数 $\boldsymbol{\beta}_{4N \times 1}$。由求出的 σ_i 和 ω_{di}，可以通过以下公式：

$$\begin{cases} s_i = \sigma_i + \mathrm{j}\omega_{di} = -\zeta_i\omega_i + \mathrm{j}\omega_i \sqrt{1 - \zeta_i^2} \\ s_i^* = \sigma_i - \mathrm{j}\omega_{di} = -\zeta_i\omega_i - \mathrm{j}\omega_i \sqrt{1 - \zeta_i^2} \end{cases} \tag{11-41}$$

求出固有频率 ω_i 和阻尼比 ζ_i，即

$$\omega_i = \sqrt{s_i s_i^*} \tag{11-42}$$

$$\zeta_i = \frac{s_i + s_i^*}{2\omega_i} \tag{11-43}$$

振型向量可以通过对一系列响应测点求出的留数处理得到。设 q 点处激励 p 点响应的传递函数 $H_{pq}(s)$ 的第 i 阶留数为 A_{ipq}。对于一个有 M 个响应测点的结构,首先需要从 M 个对应同一阶模态的留数中找出虚部绝对值最大的测点,假设该点是测点 m,对应第 i 阶模态的归一化复数振型向量可由以下公式求得:

$$\boldsymbol{\phi}_i = \{A_{i1q} \quad A_{i2q} \quad \cdots \quad A_{iMq}\}^{\mathrm{T}} / A_{imq} \tag{11-44}$$

对于粘性比例阻尼结构,对应第 r 阶模态的归一化实数振型向量可以由以下公式求出:

$$\boldsymbol{\phi}_i = \{V_{i1q} \quad V_{i2q} \quad \cdots \quad V_{iMq}\}^{\mathrm{T}} / V_{imq} \tag{11-45}$$

式中: V_{ipq} 为留数 A_{ipq} 的虚部。

11.2.4 有理分式多项式法

有理分式多项式法也称为 Levy 法或幂多项式法。用该方法进行模态参数识别的数学模型采用频率响应函数的有理分式形式,由于未使用简化的模态展式,理论模型是精确的,因而具有较高的识别精度,其模态参数识别流程图如图 11.4 所示。

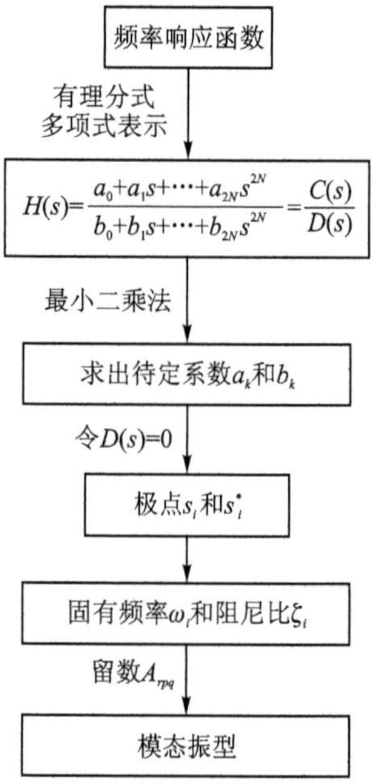

一个多自由度粘性阻尼线性系统的传递函数可表示如下:

$$H(s) = \sum_{k=1}^{N} \left(\frac{A_k}{s-s_k} + \frac{A_k^*}{s-s_k^*} \right) = \sum_{k=1}^{2N} \frac{A_k}{s-s_k} \tag{11-46}$$

将式(11-46)用有理分式多项式来表示,可写成:

$$H(s) = \frac{a_0 + a_1 s + \cdots + a_{2N} s^{2N}}{b_0 + b_1 s + \cdots + b_{2N} s^{2N}} = \frac{C(s)}{D(s)} \tag{11-47}$$

式中: N 为模态阶数; a_k 和 b_k 为待定系数,均为有理数。

令 $j\omega = s, b_{2N} = 1$,可得

$$H(j\omega) = \frac{a_0 + a_1(j\omega) + \cdots + a_{2N}(j\omega)^{2N}}{b_0 + b_1(j\omega) + \cdots + b_{2N-1}(j\omega)^{2N-1} + (j\omega)^{2N}}$$
$$= \frac{\sum_{k=0}^{2N} a_k(j\omega)^k}{\sum_{k=0}^{2N-1} b_k(j\omega)^k + (j\omega)^{2N}} = \frac{C(j\omega)}{D(j\omega)} \tag{11-48}$$

对于一系列频率点 $\omega = \omega_i (i=1,2,\cdots,L)$,实测频率响应函数值 $\tilde{H}_i$ 与理论频率响应函数值 $H(j\omega)$ 之间的误差为

$$\hat{e}_i = \frac{C(j\omega_i)}{D(j\omega_i)} - \tilde{H}_i = \frac{\sum_{k=0}^{2N} a_k(j\omega)^k}{\sum_{k=0}^{2N-1} b_k(j\omega)^k + (j\omega)^{2N}} - \tilde{H}_i \tag{11-49}$$

上式两端同乘以 $D(\omega_i)$ 进行线性化,可得到加权误差函数:

$$e_i = \hat{e}_i D(\omega_i)$$

图 11.4 有理分式多项式法模态参数识别流程图

$$= \hat{e}_i \Big[\sum_{k=0}^{2N-1} b_k (\mathrm{j}\omega)^k + (\mathrm{j}\omega)^{2N} \Big]$$

$$= \sum_{k=0}^{2N} a_k (\mathrm{j}\omega)^k - \widetilde{H}_i \Big[\sum_{k=0}^{2N-1} b_k (\mathrm{j}\omega)^k + (\mathrm{j}\omega)^{2N} \Big] \tag{11-50}$$

所有 L 个对应的频率点 $\omega = \omega_i (i=1,2,\cdots,L)$ 的加权误差函数构成误差向量：

$$\boldsymbol{e} = \{ e_1 \quad e_2 \quad \cdots \quad e_L \}^{\mathrm{T}} \tag{11-51}$$

式(11-51)可写成矩阵的形式：

$$\boldsymbol{e}_{L\times 1} = \boldsymbol{P}_{L\times(2N+1)} \boldsymbol{a}_{(2N+1)\times 1} - \boldsymbol{T}_{L\times 2N} \boldsymbol{b}_{2N\times 1} - \boldsymbol{\omega}_{L\times 1} \tag{11-52}$$

式中，

$$\boldsymbol{P}_{L\times(2N+1)} = \begin{bmatrix} 1 & (\mathrm{j}\omega_1) & (\mathrm{j}\omega_1)^2 & \cdots & (\mathrm{j}\omega_1)^{2N} \\ 1 & (\mathrm{j}\omega_2) & (\mathrm{j}\omega_2)^2 & \cdots & (\mathrm{j}\omega_2)^{2N} \\ \vdots & \vdots & \vdots & & \vdots \\ 1 & (\mathrm{j}\omega_L) & (\mathrm{j}\omega_L)^2 & \cdots & (\mathrm{j}\omega_L)^{2N} \end{bmatrix} \tag{11-53}$$

$$\boldsymbol{T}_{L\times 2N} = \begin{bmatrix} \widetilde{H}_1 & (\mathrm{j}\omega_1)\widetilde{H}_1 & (\mathrm{j}\omega_1)^2\widetilde{H}_1 & \cdots & (\mathrm{j}\omega_1)^{2N-1}\widetilde{H}_1 \\ \widetilde{H}_2 & (\mathrm{j}\omega_2)\widetilde{H}_2 & (\mathrm{j}\omega_2)^2\widetilde{H}_2 & \cdots & (\mathrm{j}\omega_2)^{2N-1}\widetilde{H}_2 \\ \vdots & \vdots & \vdots & & \vdots \\ \widetilde{H}_L & (\mathrm{j}\omega_L)\widetilde{H}_L & (\mathrm{j}\omega_L)^2\widetilde{H}_L & \cdots & (\mathrm{j}\omega_L)^{2N-1}\widetilde{H}_L \end{bmatrix} \tag{11-54}$$

$$\boldsymbol{a}_{(2N+1)\times 1} = \{ a_0 \quad a_1 \quad \cdots \quad a_{2N} \}^{\mathrm{T}} \tag{11-55}$$

$$\boldsymbol{b}_{2N\times 1} = \{ b_0 \quad b_1 \quad \cdots \quad b_{2N} \}^{\mathrm{T}} \tag{11-56}$$

$$\boldsymbol{\omega}_{L\times 1} = \begin{Bmatrix} (\mathrm{j}\omega_1)^{2N}\widetilde{H}_1 \\ (\mathrm{j}\omega_2)^{2N}\widetilde{H}_2 \\ \vdots \\ (\mathrm{j}\omega_L)^{2N}\widetilde{H}_L \end{Bmatrix} \tag{11-57}$$

定义目标函数：

$$E = \boldsymbol{e}^{\mathrm{H}} \boldsymbol{e} \tag{11-58}$$

采用最小二乘法使 E 最小，令

$$\frac{\partial E}{\partial \boldsymbol{a}} = \boldsymbol{0}, \qquad \frac{\partial E}{\partial \boldsymbol{b}} = \boldsymbol{0} \tag{11-59}$$

可以导出以下方程组：

$$\begin{bmatrix} \boldsymbol{C} & \boldsymbol{B} \\ \boldsymbol{B}^{\mathrm{T}} & \boldsymbol{D} \end{bmatrix} \begin{Bmatrix} \boldsymbol{a} \\ \boldsymbol{b} \end{Bmatrix} = \begin{Bmatrix} \boldsymbol{g} \\ \boldsymbol{f} \end{Bmatrix} \tag{11-60}$$

式中，

$$\begin{cases} \boldsymbol{B}_{(2N+1)\times 2N} = -\mathrm{Re}(\boldsymbol{P}^{\mathrm{H}}\boldsymbol{T}) \\ \boldsymbol{C}_{(2N+1)\times(2N+1)} = \boldsymbol{P}^{\mathrm{H}}\boldsymbol{P} \\ \boldsymbol{D}_{2N\times 2N} = \boldsymbol{T}^{\mathrm{H}}\boldsymbol{T} \\ \boldsymbol{g}_{(2N+1)\times 1} = \mathrm{Re}(\boldsymbol{P}^{\mathrm{H}}\boldsymbol{\omega}) \\ \boldsymbol{f}_{2N\times 1} = \mathrm{Re}(\boldsymbol{T}^{\mathrm{H}}\boldsymbol{\omega}) \end{cases} \tag{11-61}$$

求解上述方程组,可以求出待定系数 a_k 和 b_k。

为求模态固有频率和阻尼比,需要求解传递函数的极点,令

$$D(s) = b_0 + b_1 s + \cdots + b_{2N} s^{2N} = 0 \qquad (11-62)$$

解高次方程,可求出 N 对复根 s_i 和 s_i^*,由于

$$\begin{cases} s_i = -\zeta_i \omega_i + \mathrm{j} \omega_i \sqrt{1-\zeta_i^2} \\ s_i^* = -\zeta_i \omega_i - \mathrm{j} \omega_i \sqrt{1-\zeta_i^2} \end{cases} \qquad (11-63)$$

求出固有频率 ω_i 和阻尼比 ζ_i,即

$$\omega_i = \sqrt{s_i s_i^*} \qquad (11-64)$$

$$\zeta_i = \frac{s_i + s_i^*}{2\omega_i} \qquad (11-65)$$

为计算模态振型,需要先求出留数。设 q 点处激励 p 点响应的传递函数 $H_{pq}(s)$ 的第 r 阶留数为 A_{rpq},可用下列公式计算留数:

$$A_{rpq} = \lim_{s \to s_r} H_{pq}(s) \cdot (s - s_r) = \left. \frac{C(s)}{D(s)} (s - s_r) \right|_{s = s_r}, \quad r = 1, 2, \cdots \qquad (11-66)$$

振型向量可以通过对一系列响应测点求出的留数处理得到。对于一个有 M 个响应测点的结构,首先需要从 M 个对应同一阶模态的留数中找出虚部绝对值最大的测点,假设该点是测点 m,对应第 i 阶模态的归一化复数振型向量可由下列公式求得

$$\boldsymbol{\phi}_i = \{A_{i1q} \quad A_{i2q} \quad \cdots \quad A_{iMq}\}^{\mathrm{T}} / A_{imq} \qquad (11-67)$$

对于粘性比例阻尼结构,对应第 r 阶模态的归一化实数振型向量可以由下列公式求出:

$$\boldsymbol{\phi}_i = \{V_{i1q} \quad V_{i2q} \quad \cdots \quad V_{iMq}\}^{\mathrm{T}} / V_{imq} \qquad (11-68)$$

11.3　时域辨识方法

试验模态参数的时域识别方法是指在时间域内识别试验结构模态参数的方法。时域识别方法适用于激励难以测量的大型复杂结构,识别时只需采集结构振动响应的时域信号,通常为结构自由振动响应,也可以为结构的冲击响应和强迫振动响应。

时域识别方法的优点是只使用实测响应信号,无需经过傅里叶变换处理,因此可以避免信号截断引起泄漏,出现旁瓣、分辨率降低等因素对参数识别精度造成的影响。同时利用时域方法便于测量结构工作状态下的模态参数。

时域识别方法也有许多缺点。由于没有使用平均技术,分析信号中包含的噪声通常会干扰识别出的模态,因而在识别出模态之后需要判断哪些是真实模态,哪些是虚假模态(噪声模态)。如何甄别和剔除噪声模态,一直是时域研究中重要的课题。常见的时域分析方法主要有最小二乘法、ITD 法、随机减量法、NExT 法。

11.3.1　ITD 法

ITD 法是 S. R. Ibrahim 于 20 世纪 70 年代提出的一种用结构自由振动响应的位移、速度或加速度时域信号进行模态参数识别的方法。ITD 法的基本思想是:以粘性阻尼线性系统多自由度系统的自由衰减响应表示其各阶模态的组合理论为基础,根据测得的自由衰减响应信号进行三次不同的延时采样,构造自由响应采样数据的增广矩阵,即自由度衰减响应数据矩

阵,并由响应与特征值之间的复指数关系,建立特征矩阵的数学模型,求解特征值问题,得到数据模型的特征值和特征向量,再根据模型特征值与振动系统特征值的关系,求解出系统的模态参数。

结构自由振动响应可表达为

$$x(t) = \sum_{r=1}^{N} (\boldsymbol{\varphi}_i e^{s_r t} + \boldsymbol{\varphi}_i^* e^{s_r^* t}) \tag{11-69}$$

式中:$\boldsymbol{\varphi}_i$ 为振型向量;s_r 为结构的第 i 阶复频率;N 为结构的自由度数;$\boldsymbol{\varphi}_i^*$、s_r^* 为 $\boldsymbol{\varphi}_i$、s_r 的共轭。

t_k 时刻第 i 测点的自由振动响应可表示成各阶模态单独响应的叠加:

$$x_i(t_k) = \sum_{r=1}^{N} (\varphi_{ir} e^{s_r t_k} + \varphi_{ir}^* e^{s_r^* t_k}) = \sum_{r=1}^{2N} \varphi_{ir} e^{s_r t_k} \tag{11-70}$$

式中:φ_{ir} 为结构第 r 阶模态振型的第 i 测点坐标,$\varphi_{i(N+r)} = \varphi_{ir}^*$,$s_{N+r} = s_r^*$。

假设共有 N 个测点,为使测点数等于 2 倍的结构自由度数,采用延时方法由实际测点构造虚测点。令延时为采样时间间隔的 1 倍,则虚测点的自由振动响应为

$$\begin{cases} x_{i+n}(t_k) = x_i(t_k + \Delta t) \\ x_{i+2n}(t_k) = x_i(t_k + 2\Delta t) \\ \vdots \end{cases} \tag{11-71}$$

这样由实测点和虚测点构成的 $2N = M$ 个测点在 L 个时刻的自由振动响应构成矩阵:

$$\boldsymbol{X}_{M \times L} = \begin{bmatrix} x_1(t_1) & x_1(t_2) & \cdots & x_1(t_L) \\ x_2(t_1) & x_2(t_2) & \cdots & x_2(t_L) \\ \vdots & \vdots & & \vdots \\ x_n(t_1) & x_n(t_2) & \cdots & x_n(t_L) \\ \vdots & \vdots & & \vdots \\ x_M(t_1) & x_M(t_2) & \cdots & x_M(t_L) \end{bmatrix} \tag{11-72}$$

令 $x_{ik} = x_i(t_k)$,将式(11-71)代入式(11-72),可得

$$\begin{bmatrix} x_{11} & x_{12} & \cdots & x_{1L} \\ x_{21} & x_{22} & \cdots & x_{2L} \\ \vdots & \vdots & & \vdots \\ x_{M1} & x_{M2} & \cdots & x_{ML} \end{bmatrix} = \begin{bmatrix} \varphi_{11} & \varphi_{12} & \cdots & \varphi_{1M} \\ \varphi_{21} & \varphi_{22} & \cdots & \varphi_{2M} \\ \vdots & \vdots & & \vdots \\ \varphi_{M1} & \varphi_{M2} & \cdots & \varphi_{MM} \end{bmatrix} \begin{bmatrix} e^{s_1 t_1} & e^{s_1 t_2} & \cdots & e^{s_1 t_L} \\ e^{s_2 t_1} & e^{s_2 t_2} & \cdots & e^{s_2 t_L} \\ \vdots & \vdots & & \vdots \\ e^{s_M t_1} & e^{s_M t_2} & \cdots & e^{s_M t_L} \end{bmatrix}$$

$$\tag{11-73}$$

简写为

$$\boldsymbol{X}_{M \times L} = \boldsymbol{\varphi}_{M \times M} \boldsymbol{\Lambda}_{M \times L} \tag{11-74}$$

式中:$M = 2N$。将包括虚测点在内的每一测点延时 Δt,则

$$\tilde{x}_i(t_k) = x_i(t_k + \Delta t) = \sum_{r=1}^{2N} \varphi_{ir} e^{s_r(t_k + \Delta t)} = \sum_{r=1}^{2N} \varphi_{ir} e^{s_r \Delta t} e^{s_r t_k} = \sum_{r=1}^{2N} \tilde{\varphi}_{ir} e^{s_r t_k} \tag{11-75}$$

这样由实测点和虚测点构成的 $2N$ 个测点在 L 个时刻延时 Δt 后,构成的自由振动响应矩阵为

$$\tilde{\boldsymbol{\varphi}}_{M \times M} = \boldsymbol{\varphi}_{M \times M} \boldsymbol{\alpha}_{M \times M} \tag{11-76}$$

式中:$\boldsymbol{\alpha}$ 为对角矩阵,对角线上的元素为 $\alpha_r = e^{s_r \Delta t}$,整理后可得

$$A\boldsymbol{\varphi} = \boldsymbol{\varphi}\boldsymbol{\alpha} \tag{11-77}$$

式中：$\boldsymbol{A}$ 为方程 $\boldsymbol{AX} = \widetilde{\boldsymbol{X}}$ 的单边最小二乘解。$\boldsymbol{A}$ 的第 r 阶特征值为 $s_r\Delta t$，对应的特征向量为 $\boldsymbol{\varphi}$ 的第 r 列，求得的特征值 V_r 为

$$V_r = \mathrm{e}^{s_r\Delta t} = \mathrm{e}^{(-\zeta_r\omega_r + \mathrm{j}\omega_r\sqrt{1-\zeta_r^2})\Delta t} \tag{11-78}$$

由此可得到固有频率 ω_i 和阻尼比 ζ_i，即

$$\begin{cases} R_r = \ln V_r = s_r\Delta t \\[2mm] \omega_r = \dfrac{|R_r|}{\Delta t} \\[3mm] \zeta_r = \sqrt{\dfrac{1}{1 + \left(\dfrac{\mathrm{Im}\,R_r}{\mathrm{Re}\,R_r}\right)^2}} \end{cases} \tag{11-79}$$

振型向量可以通过对一系列响应测点求出的留数处理得到。对于一个有 M 个响应测点的结构，首先需要从 M 个对应同一阶模态的留数中找出虚部绝对值最大的测点，假设该点是测点 m，对应第 i 阶模态的归一化复数振型向量可由下列公式求得：

$$\boldsymbol{\phi}_i = \{A_{i1q} \quad A_{i2q} \quad \cdots \quad A_{iMq}\}^{\mathrm{T}}/A_{imq} \tag{11-80}$$

11.3.2 STD 法

STD 法实质上是 ITD 法的新的求解算法，直接构造了 Hessenberg 矩阵，避免了对求特征值的矩阵 $[A]$ 进行 QR 分解，因而大大降低了计算量，节省了计算时间，同时还有效地提高了识别精度。

与 ITD 法相同，STD 法首先需要构造自由振动响应矩阵和自由振动延时矩阵。由实测点和虚测点构成的 $2N = M$ 个测点在 L 个时刻的自由振动响应实测数据构成的自由振动响应矩阵关系式为

$$\boldsymbol{X}_{M\times L} = \boldsymbol{\varphi}_{M\times M}\boldsymbol{\Lambda}_{M\times L} \tag{11-81}$$

同样 M 个测点在 L 个时刻延时 Δt 后，由实测数据构成的自由振动延时响应矩阵的关系式为

$$\widetilde{\boldsymbol{X}}_{M\times L} = \widetilde{\boldsymbol{\varphi}}_{M\times M}\boldsymbol{\Lambda}_{M\times L} \tag{11-82}$$

构造 Hessenberg 矩阵 $\boldsymbol{B}$，可得

$$\widetilde{\boldsymbol{X}} = \boldsymbol{XB} \tag{11-83}$$

式中，

$$\boldsymbol{B} = \begin{bmatrix} 0 & 0 & 0 & \cdots & 0 & b_1 \\ 1 & 0 & 0 & \cdots & 0 & b_2 \\ 0 & 1 & 0 & \cdots & 0 & b_3 \\ \vdots & \vdots & \vdots & & \vdots & \vdots \\ 0 & 0 & 0 & \cdots & 1 & b_M \end{bmatrix} \tag{11-84}$$

采用最小二乘法求解 $\boldsymbol{B}$ 中的未知数 $\{b\}$，即可得到构造的 Hessenberg 矩阵。由矩阵 $\boldsymbol{B}$ 的特征值 $\mathrm{e}^{s_r\Delta t}(r=1,2,\cdots,2N)$ 得出固有频率 ω_i 和阻尼比 ζ_i，即

$$\begin{cases} R_r = \ln V_r = s_r \Delta t \\[2mm] \omega_r = \dfrac{|R_r|}{\Delta t} \\[4mm] \zeta_r = \sqrt{\dfrac{1}{1+\left(\dfrac{\operatorname{Im} R_r}{\operatorname{Re} R_r}\right)^2}} \end{cases} \tag{11-85}$$

振型向量可以通过对一系列响应测点求出的留数处理得到。对于一个有 M 个响应测点的结构,首先需要从 M 个对应同一阶模态的留数中找出虚部绝对值最大的测点,假设该点是测点 m,对应第 i 阶模态的归一化复数振型向量可由下列公式求得:

$$\boldsymbol{\phi}_i = \{A_{i1q} \quad A_{i2q} \quad \cdots \quad A_{iMq}\}^{\mathrm{T}}/A_{imq} \tag{11-86}$$

11.3.3　随机减量法

随机减量法是从结构的随机振动响应信号中提取该结构的自由衰减振动信号的一种处理方法,是为试验模态参数时域识别提供输入数据所进行的预处理。该方法仅适用于白噪声激励的情况,例如在环境激励下大型结构(如大坝、桥梁、海洋平台、高层建筑等)的动力特性的测试分析。对于这些大型结构,为了测试其动力特性而进行专门激振,不但花费昂贵而且还难以实现,同时还可能对原结构造成损伤。解决的办法之一就是采用环境激励,例如大地脉动、风等。环境激励具有很多优点,例如不需要激振设备,也不需要获取输入信号而配备力传感器,且能真实地反映结构在工作状态下的动力特性。但是在一般情况下,若直接使用此类激励条件下获取的数据进行结构模态参数识别则往往精度较差。若能提高环境激励下结构模态参数的识别精度,无疑在大型结构动力特性测试中具有良好的工程应用前景。随机减量技术正是基于这一目的而提出来的,该方法的主要思想是:利用平稳随机振动信号的平均值为零的性质,将包含确定性振动信号和随机信号两种成分的实测振动响应信号进行辨别,将确定信号从随机信号中分离出来,得到自由衰减振动响应信号,而后便可利用时域识别方法进行模态参数识别。

下面介绍利用随机减量法从结构振动响应信号中获取结构自由振动响应信号数据的基本原理。

对于一个线性系统的结构,在任意激励下某测点的受迫振动响应可表示为

$$y(t) = y(0)D(t) + \dot{y}(0)V(t) + \int_0^t h(t-\tau) f(\tau)\, \mathrm{d}\tau \tag{11-87}$$

式中:$D(t)$ 为初始位移为 1 且速度为 0 的系统自由振动响应;$V(t)$ 为初始位移为 0 且初始速度为 1 的系统自由振动响应;$y(0)$ 和 $\dot{y}(0)$ 分别为系统振动的初始位移和初始速度;$h(t)$ 为系统单位脉冲响应函数;$f(t)$ 为外部激励。

选择一个适当的常数 A 并截取一个结构实测振动响应信号 $y(t)$,可得到一系列不同的交点时刻 $t_i(i=1,2,\cdots,N)$。对于自 t_i 时刻开始的响应 $y(t-t_i)$,可以看成三个部分的线性叠加,即由 t_i 时刻初始位移引起的自由振动响应、由 t_i 时刻初始速度引起的自由振动响应和由 t_i 时刻开始的随机激励 $f(t)$ 引起的强迫振动响应。于是有

$$y(t-t_i) = y(t_i)D(t-t_i) + \dot{y}(t_i)V(t-t_i) + \int_{t_i}^t h(t-\tau) f(\tau)\, \mathrm{d}\tau \tag{11-88}$$

由于激励 $f(t)$ 是平稳的,并且时间的起点并不影响其随机特性,因此将 $y(t-t_i)$ 的一系

列时间起始点 t_i 移至坐标原点,可获得响应的一系列随机过程的子样本函数 $x_i(t)(i=1,$
$2,\cdots,N)$,即

$$x_i(t) = AD(t) + \dot{y}(t_i)V(t) + \int_0^t h(t-\tau)f(\tau)\,\mathrm{d}\tau \tag{11-89}$$

取 $x_i(t)$ 的统计平均:

$$\begin{aligned}
x(t) &= \frac{1}{N}\sum_{i=1}^N x_i(t) \\
&\approx E\left[AD(t) + \dot{y}(t_i)V(t) + \int_0^t h(t-\tau)f(\tau)\,\mathrm{d}\tau\right] \\
&\approx AD(t) + E\left[\dot{y}(t_i)\right]V(t) + \int_0^t h(t-\tau)E\left[f(\tau)\right]\mathrm{d}\tau \tag{11-90}
\end{aligned}$$

由于激励 $f(t)$ 是平稳的纯随机振动,均值为 0,而且系统振动响应 $y(t)$、$\dot{y}(t)$ 同样是均
值为 0 的平稳随机振动,即 $E[f(t)]=0$,$E[\dot{y}(t_i)]=0$,所以可得

$$x(t) \approx AD(t) \tag{11-91}$$

由此获得初始位移为 A、初始速度为 0 的自由度振动响应。用获得的自由振动响应作为输入
数据,通过 ITD 法、STD 法或 Prony 法等试验模态参数时域识别方法便可进行结构动力特性
的模态参数估计。

11.3.4 最小二乘复频域法

最小二乘复频域(LSCF)法主要从振动微分方程的模态叠加原理出发,建立动力响应与模
态参数之间的关系表达式,通过对脉冲响应函数进行拟合可以得到完整的模态参数。其方法
主要是以 Z 变换因子中包含待识别的复频率,构造 Prony 多项式,使其零点等于 Z 变换因子
的值。

一个多自由度粘性阻尼线性系统,q 点激励,p 点测量响应,其传递函数可表示为

$$H_{pq}(\mathrm{j}\omega) = \sum_{r=1}^N \left(\frac{A_{rpq}}{\mathrm{j}\omega - s_r} + \frac{A_{rpq}^*}{\mathrm{j}\omega - s_r^*}\right) = \sum_{r=1}^{2N} \frac{A_r}{s - s_r} \tag{11-92}$$

式中:N 为结构的自由度数;s_r 和 A_{rpq} 分别为频率响应函数的第 r 阶模态的极点和留数;s_r^* 和
A_{rpq}^* 分别为 s_r 和 A_{rpq} 的共轭复数。对式(11-92)进行 FFT 逆变换,得到脉冲响应函数:

$$h(t) = \mathrm{Re}\left(\sum_{r=1}^{2N} \mathrm{e}^{s_r t}\right) \tag{11-93}$$

由于实测脉冲响应函数为离散时间序列,因此可以将式(11-93)改写为

$$h_k = h(k\Delta t) = \sum_{r=1}^{2N} A_r \mathrm{e}^{s_r k\Delta} = \sum_{r=1}^{2N} A_r V_r^k, \quad k=0,1,2,\cdots,L \tag{11-94}$$

式中:$V_r = \mathrm{e}^{s_r \Delta t}$,实测数据信号长度为 $N+1$。在式(11-94)中,h_k 已知,为求解 V_r 和 A_r,将
V_r 看作实系数 β_k(自然回归系数)的 $2N$ 阶多项式的根,即

$$\sum_{k=0}^{2N} \beta_k V^k = \prod_{r=1}^N (V-V_r)(V-V_r^*) = 0 \tag{11-95}$$

由下式

$$\sum_{k=0}^{2N-1} \beta_k h_k = -h_{2N} \tag{11-96}$$

求解自然回归系数 β_k,从而求得 V_r。由下式

$$\begin{cases} R_r = \ln V_r = s_r \Delta t \\[2mm] \omega_r = \dfrac{|R_r|}{\Delta t} \\[2mm] \zeta_r = \sqrt{\dfrac{1}{1 + \left(\dfrac{\operatorname{Im} R_r}{\operatorname{Re} R_r}\right)^2}} \end{cases} \tag{11-97}$$

可求得固有频率 ω_r 和阻尼比 ζ_r。振型可通过下式求出：

$$\boldsymbol{\phi}_k = \{A_{k1} \quad A_{k2} \quad \cdots \quad A_{kn}\}^{\mathrm{T}}/A_{km} \tag{11-98}$$

11.4　模态参数识别方法示例及 MATLAB 程序

11.4.1　共振法示例模型及 MATLAB 程序

如图 11.5 所示集中质量模型，忽略梁的质量及阻尼，设集中质量均为 m，梁的长度为 L，刚度为 EI。其中无质量梁长 $L = 4l = 4$ m，宽 $b = 0.12$ m，厚 $h = 0.01$ m，弹性模量 $E = 100$ GPa $= 10^{11}$ Pa，集中质量为 $m_1 = m_2 = m_3 = m_4 = 1$ kg。采用共振法进行模型的模态参数识别。

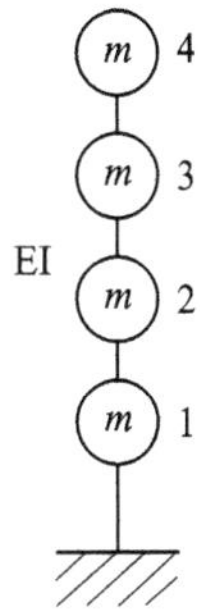

由示例的理论模型得到模型的固有频率：

$$\omega_1 = 5.55, \quad \omega_2 = 35.78, \quad \omega_3 = 101.05, \quad \omega_4 = 182.04 \tag{11-99}$$

归一化模态振型向量为

$$\boldsymbol{\Phi} = \begin{bmatrix} 1 & 1 & 1 & 1 \\ 3.54 & 1.98 & 0.33 & -0.97 \\ 6.99 & 1.08 & -0.97 & 0.62 \\ 10.81 & -1.44 & 0.43 & -0.18 \end{bmatrix} \tag{11-100}$$

图 11.5　多自由度质量离散系统

对上述模型施加脉冲激励得到各点振动响应，并将激励和响应信号输入共振法模态识别程序，得到幅-频特性曲线及实-频特性曲线如图 11.6、图 11.7 所示。

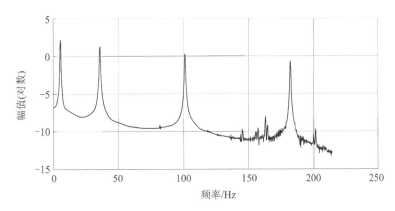

图 11.6　幅-频特性曲线

将模型的理论解和程序识别结果进行对比，如表 11-1 所列。

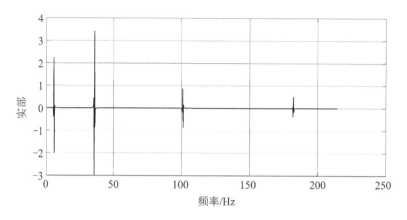

图 11.7　实-频特性曲线

表 11 - 1　某四自由度振动系统程序识别结果与理论解对比

参　数	理论解				程序识别结果			
阶次	1	2	3	4	1	2	3	4
固有频率/Hz	4.78	28.08	74.35	129.59	4.76	28.07	74.40	129.80
阻尼比	0	0	0	0	0.15	0.15	0.15	0.15
振型	1	1	1	1	1	1	1	1
	3.50	1.82	0.26	−0.99	3.50	1.82	0.26	−0.99
	6.82	0.60	−0.92	0.64	6.82	0.60	−0.92	0.64
	10.43	−2.20	0.84	−0.37	10.43	−2.20	0.84	−0.37

采用共振法进行模态参数辨识的 MATLAB 程序如下所示。

```
fs = 100;                                    %设置采样频率
N = 12;
nfft = 2^N;
f = fs/nfft * (0: nfft/2) * 2 * pi;          %建立频率向量
F = F4(:,2);                                  %输入激励向量
Xt = [X1(:,2),X2(:,2),X3(:,2),X4(:,2)];      %输入响应向量
z41 = tfe(F',Xt(:,1)',nfft);                 %计算频响函数
A3 = real(z41);
A4 = log2(abs(z41));
% 幅-频曲线
nn = 1: 1500;
set(0,'defaultfigurecolor','w');
subplot(2,1,1);
plot(f(nn),A4(nn),'r','linewidth',1);
xlabel(' 频率/Hz');
ylabel(' 幅值(对数)');
grid on;
hold on
% 寻找极值点,并标示
[a111,b111] = findpeaks(A4,'minpeakdistance',40);
limit = 0;
```

```
[a,b] = findpeaks(A4,'minpeakheight',limit,'minpeakdistance',40);
plot(f(b),a,'bo')
%实-频曲线
subplot(2,1,2);
plot(f(nn),A3(nn),'r','linewidth',1);
xlabel('频率/Hz');
ylabel('实部');
grid on;
hold on
[c,d] = findpeaks(A3,'minpeakheight',0.1,'minpeakdistance',40);
plot(f(d),c,'bo')
[e,g] = findpeaks( - A3,'minpeakheight',0.1,'minpeakdistance',40);
plot(f(g), - e,'bo')
damp1 = abs(f(g(1)) - f(d(1)));
damp2 = abs(f(g(2)) - f(d(2)));
damp3 = abs(f(g(3)) - f(d(3)));
damp4 = abs(f(g(4)) - f(d(4)));
damp = [damp1,damp2,damp3,damp4];               %识别阻尼

%振型识别
for j = 1:4
    x = Xt(:,j);
    X = F';                                       %激励
    Y = x';                                       %响应
    z = tfe(X,Y,nfft);                            %计算频率响应函数
    A1 = log2(abs(z));
    A2 = angle(z);
    %寻找极值点,并标示
    [a,b] = findpeaks(A1,'minpeakheight',limit,'minpeakdistance',40);
    fi = [f(b(1)),f(b(2)),f(b(3)),f(b(4))];       %固有频率
    aaa = 2.^a';                                  %振型系数
    phase = [A2(b(1)),A2(b(2)),A2(b(3)),A2(b(4))];
    fori = 1:4
        if phase(i)>0
            amplitude(j,i) = - aaa(i);
        else
            amplitude(j,i) = aaa(i);
        end
    end
end
for h = 1:4
    shape(:,h) = amplitude(:,h)/amplitude(1,h);   %振型
end
```

11.4.2　有理分式多项式法示例模型及 MATLAB 程序

如图 11.8 所示的三自由度弹簧质量系统：质量为 $m_1 = m_2 = m_3 = 1\,\text{kg}$，刚度为 $k_1 = k_2 = k_3 = 1\,000\,\text{N/m}$。采用有理多项式进行模型的模态参数识别。

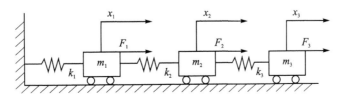

图 11.8　三自由度弹簧质量系统

三自由度振动系统有理多项式法识别结果和理论解进行对比,如表 11－2 所列。

表 11－2　某三自由度振动系统程序识别结果与理论解对比

参　　数	理论解			程序识别结果		
阶次	1	2	3	1	2	3
固有频率/Hz	14.073	39.433	56.982	14.071	39.425	56.992
阻尼比	0	0	0	0.15	0.15	0.15
振型	1	1	1	1	1	1
	1.80	0.44	−1.25	1.80	0.44	−1.25
	2.25	−0.80	−0.56	2.25	−0.80	−0.56

采用有理分式多项式法进行模态参数辨识的 MATLAB 程序如下所示。

```
mn = 3;                                    % 模态阶数
fs = 100;                                  % 采样频率
N = 10;
nfft = 2^N;                                % FFT 长度
Ntest = 3;                                 % 测点个数
F = F1(:,2)';
X = [X1(:,2)';X2(:,2)';X3(:,2)'];
nm = 2 * mn;                               % 定义幂多项式的阶次
tf = tfe(F,X(2,:),nfft);                   % 计算频率响应函数
n = length(tf);                            % 取频率响应函数的长度
f = fs/nfft * (0:n−1);                     % 建立离散频率向量
w = 2 * pi * f;                            % 建立离散圆频率向量
wi = w/max(w);                             % 建立归一化离散频率向量
H = real(tf) + j * imag(tf);               % 建立实测频率响应函数复数向量
[A,B] = invfreqs(H,wi,nm,nm,[],1000);
% 计算拟和频率响应函数的分子和分母系数向量
P = roots(B);                              % 幂多项式方程求根(零点)
F1 = abs(P) * max(w);                      % 计算模态频率向量
D1 = − real(P)./(abs(P));                  % 计算阻尼比向量
% 识别振型
for h = 1:3
    tf = tfe(F,X(h,:),nfft);               % 计算频率响应函数
    H = real(tf) + j * imag(tf);           % 建立实测频率响应函数复数向量
    [A,B] = invfreqs(H,wi,nm,nm,[],1000);  % 计算拟和频率响应函数的分子和分母系数向量
    P = roots(B);                          % 幂多项式方程求根(零点)
    for k = 1:nm
        if k = = 1
            p(1:nm−1) = P(2:nm);
        else
            p(1:k−1) = P(1:k−1);
            p(k:nm−1) = P(k+1:nm);
        end
        r = poly(p);
        S1(k) = polyval(A,P(k))/polyval(r,P(k));
    end
    S2(:,h) = imag(S1);
end
[F2,I] = sort(F1);                         % 将模态频率从小到大排列
m = 0;                                     % 剔除方程解中的非模态项和共轭项
```

```
for k = 1:nm - 1
    if F2(k)~ = F2(k + 1)
        continue;
    end
    m = m + 1;
    l = I(k);
    Fm(m) = F1(l);                          % 模态频率
    Dm(m) = D1(l);                          % 阻尼比
    Am(m,:) = S2(l,:);                      % 振型系数
end
% 模态振型归一化处理
for h = 1: 3
    Am1(h,:) = Am(h,:)/Am(h,1);
end
Am2 = Am1';
```

习　　题

1. 振动系统模态参数的频域法有哪些方法?
2. 振动系统模态参数的时域法有哪些方法?
3. 利用某一种时域方法对二自由度弹簧-质量系统的模态参数进行辨识。

第 12 章　振动测试与信号分析的基本试验

本章为振动测试与信号分析的基本试验,内容可作为学生的试验教学。学生经过对这一章试验内容的学习和实践,可进一步理解、巩固和拓展前面章节中阐述的概念、原理和方法,同时熟悉并掌握振动试验中各类仪器、设备的应用,掌握振动试验的实施细节和技巧,为独立解决实际工程中的振动问题打下坚实的基础。

12.1　加速度传感器标定试验

【试验目的】

① 了解和掌握加速度传感器的标定方法;
② 了解和掌握加速度传感器的标定设备。

【试验对象】

本试验对象分别为型号 333B32 和型号 YD-181 的模态型加速度传感器,如图 12.1 所示,灵敏度均约为 100 mV/g。

【试验原理和方法】

图 12.1　待标定加速度传感器

灵敏度系数是传感器的一项重要参数,它是电压信号和测量物理量的桥梁,也是表征传感器性能的关键指标。每一个传感器,生产厂家在出厂前都要测定其灵敏度系数,给出灵敏度系数随频率的变化曲线。但在传感器使用了一段时间或搁置较长时间后,由于传感器的一些电学和机械性能会有所改变,导致灵敏度系数改变,因此,定期进行灵敏度系数的标定很有必要。

传感器灵敏度系数的常用标定方法有"绝对法"、"比较法"和"互易法"。其中,绝对法主要用来测定作为传递标准用的标准传感器的灵敏度;比较法是例行校准中最常用的方法;互易法现在用得较少。

(1) 绝对法

灵敏度的绝对测定法,是采用高精度的标准振动台产生规定的振动,并以高精度测量设备(如激光测振仪)测量出这个振动的振幅、频率等值。这些振动值即为传感器的机械输入量,而传感器的输出量(电量)同样可以用相应的高精度设备测量出来,从而可以求出传感器的灵敏度系数。

将加速度传感器固定安装在一台正弦激励的标准振动台上,振动台产生的振动为

$$a = (2\pi f)^2 A \sin(2\pi f t) \tag{12-1}$$

式中：a 为加速度值，$\mathrm{m/s^2}$；A 为振动幅幅，m；f 为信号频率值，Hz。

测量得到加速度传感器的输出量电压值为

$$u = U_\mathrm{m} \sin(2\pi f + \varphi) \tag{12-2}$$

式中：U_m 为电压幅值，mV；φ 为相位，rad。从而可得加速度传感器的灵敏度系数为

$$S = \frac{U_\mathrm{m}}{(2\pi f)^2 A} \quad \left[\mathrm{mV/(m \cdot s^{-2})}\right] \tag{12-3}$$

由式(12-3)可见，只要精确地测出 U_m 和 A 值，便可求得加速度计的灵敏度系数 S。

(2) 比较法

比较法是用一个经过绝对法测定的标准传感器及其配套的仪器作为二次标准，去校准待定的另一个传感器，其原理如图 12.2 所示。为了使被校准的传感器感受的振动与标准传感器一样，这两只传感器安装在振动台同一位置。为此，大多采用重叠安装方式。

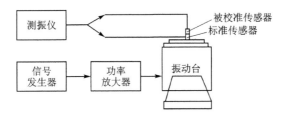

图 12.2　比较标定法原理示意图

将振动台输出调节到所要求的频率和加速度值，比较两个传感器输出信号的电压输出，则可以求得被校准传感器的灵敏度系数：

$$S' = \frac{u'}{u} S \tag{12-4}$$

式中：S' 为被校准传感器的灵敏度系数；u' 为被校准传感器的输出电压；S 为标准传感器的灵敏度系数；u 为标准传感器的输出电压。

比较校准法的测试方法比较简单，省时又经济，其校准精度通常可做到小于 2%。因此，一般适用于试验室和工程测试现场。

【试验系统的组成】

试验用到的试验仪器包括 PCB 手持式加速度传感器标定仪和 JM5862 数据采集系统一套，如图 12.3 所示，标定系统框图如图 12.4 所示。其中，手持式标定仪的技术参数为工作频率为 $159.2~\mathrm{Hz}$，输出加速度为 $1g(9.8~\mathrm{m/s^2})$，最大负载为 $210g$。

图 12.3　手持式加速度传感器标定仪和数据采集系统

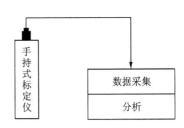

图 12.4　标定系统框图

【试验过程】

① 摆放好试验仪器设备；

② 安装待标定加速度传感器；

③ 连接好系统导线，设置测试参数，包括数据文件名、采样率（注意采样率需为手持式标定仪工作频率的 10 倍以上）、采样方式和采样时间等；

④ 启动手持式标定仪；

⑤ 采集数据并保存；

⑥ 关闭手持式标定仪，并对采集数据进行分析，由峰值数值得到本次测量灵敏度系数；

⑦ 重复步骤④～⑥直至试验结束。

【试验结果】

将试验结果记录在表 12 - 1 和表 12 - 2 中。

表 12 - 1 传感器 1 标定结果

标定次数	测量得到的电压幅值/mV	灵敏度/(mV·g^{-1})	灵敏度均值
1			
2			
3			

表 12 - 2 传感器 2 标定结果

标定次数	测量得到的电压幅值/mV	灵敏度/(mV·g^{-1})	灵敏度均值
1			
2			
3			

【思考题】

传感器质量是否对标定结果有影响？

12.2 振动基本参数测量试验

【试验目的】

① 掌握位移、速度和加速度等基本振动传感器的使用方法。

② 熟悉电动式激振器的工作原理和使用方法。

③ 掌握简谐振动基本参数的测量和它们之间的相互关系。

【试验对象】

试验对象为一端固支、另外一端自由的悬臂梁结构。

【试验原理和方法】

结构振动时,可采用位移、速度和加速度进行测量,当振动形式为简谐振动时,位移 x、速度 v 和加速度 a 之间有着相互转换的关系。设 $x = A\sin(\omega t + \varphi)$,则有以下表达式:

$$v = A\omega\sin\left(\omega t + \varphi + \frac{\pi}{2}\right) \tag{12-5}$$

$$a = A\omega^2\sin(\omega t + \varphi + \pi) \tag{12-6}$$

式中:ω 为振动角频率;φ 为初始相位。

从上面的表达式可以看出,位移幅值 A、速度幅值 A_1 和加速度幅值 A_2 之间的关系如下:

$$A_1 = \omega A, \quad A_2 = \omega^2 A \tag{12-7}$$

同时,三者相位之差为 $\dfrac{\pi}{2}$,速度超前位移、加速度超前速度。

【试验系统的组成】

试验系统由悬臂梁、激光传感器、加速度传感器、电磁激振器、信号发生器和数据采集与分析系统组成,系统框图如图 12.5 所示。

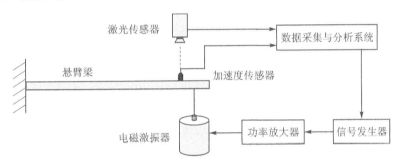

图 12.5　试验系统框图

【试验步骤】

① 安装一端固支悬臂梁,在自由端开孔处用螺杆与电磁激振器相连,并将激振器与其功率放大器、信号发生器相连。

② 在悬臂梁自由端附加安装好激光传感器和加速度传感器,确保位移、速度、加速度三个测点为同一位置。

③ 将传感器信号线与数据采集系统相连,并在数据采集软件中设置传感器信息、信号保存文件名、采用频率和采用时间等参数。

④ 启动信号发生器,发送某一固定频率给激振器,使悬臂梁自由度产生简谐振动。

⑤ 测量信号并保存数据,一段时间后,结束采样,停止信号发生器信号。

⑥ 进行数据回放和处理。

⑦ 如需多次试验,重复步骤④～⑥。

【试验结果】

将试验结果记录在表 12-3 和表 12-4 中。

表 12-3 测试结果 1

信号频率/Hz	位移幅值 测量值/m	速度幅值 测量值/(m·s⁻¹)	位移幅值推算的 速度幅值/(m·s⁻¹)	速度幅值推算的 位移幅值/m
信号频率/Hz	位移幅值 测量值/m	加速度幅值 测量值/(m·s⁻¹)	位移幅值推算的 加速度幅值/(m·s⁻¹)	加速度幅值推算的 位移幅值/m

表 12-4 测试结果 2

信号频率/Hz	位移相位/(°)	速度相位/(°)	加速度相位/(°)

【思考题】

如果悬臂梁振动为非简谐复合振动,同一测点处位移幅值、速度幅值和加速度幅值三者之间的关系会怎么样?

12.3 自由衰减振动及阻尼比的测量

【试验目的】

① 了解单自由度自由衰减振动的有关概念。
② 学会用采集系统得到单自由度系统自由衰减振动的波形。
③ 掌握单自由度系统固有频率的测试。
④ 掌握单自由度系统阻尼系数的测试以及相关测振设备的正确使用。

【试验对象】

试验对象采用悬臂梁自由端部附加一个集中质量来模拟单自由度系统。

【试验原理和方法】

单自由度系统的力学模型如图 12.6 所示。对系统(质量 m)施加初始扰动后,系统作自由衰减振动,其运动微分方程式如下:

$$m\frac{\mathrm{d}^2 x}{\mathrm{d}x^2} + c\frac{\mathrm{d}x}{\mathrm{d}t} + kx = 0$$

$$\frac{\mathrm{d}^2 x}{\mathrm{d}t^2} + 2\zeta\omega\frac{\mathrm{d}x}{\mathrm{d}t} + \omega^2 x = 0$$

$$(12-8)$$

式中：ω 为系统固有圆频率，且 $\omega^2 = \sqrt{\dfrac{k}{m}}$；$\zeta = \dfrac{c}{2\sqrt{km}}$ 为系统阻尼比。

当小阻尼（$\zeta < 1$）时，方程（12-8）的解为

$$x = A\mathrm{e}^{-\zeta\omega t}\sin(\omega_1 t + \varphi) \tag{12-9}$$

式中：A 为振动振幅；φ 为初始相位；ω_1 为有阻尼振动圆频率，$\omega_1 = \omega\sqrt{1-\zeta^2}$。

设初始条件：$t=0$ 时，$x=x_0$，$\dfrac{\mathrm{d}x}{\mathrm{d}t}=v_0$，则

$$A = \sqrt{x_0^2 + \left(\frac{v_0 + \zeta\omega x_0}{\omega_1}\right)^2} \tag{12-10}$$

式（12-9）的图形如图 12.7 所示。

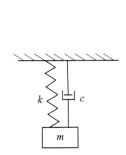

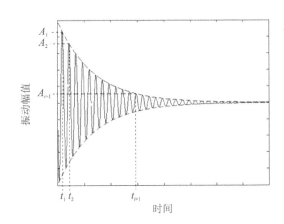

图 12.6　单自由度系统力学模型　　　图 12.7　自由衰减曲线

该曲线有如下特点：

① 振动周期 T_1 大于无阻尼自由振动周期 T，即 $T_1 > T$。

$$T_1 = \frac{T}{\sqrt{1-\zeta^2}} \tag{12-11}$$

② 振幅按几何级数衰减。

减幅系数

$$\eta = \frac{A_1}{A_2} = \frac{A_i}{A_{i+1}} = \mathrm{e}^{\zeta\omega T_1} \tag{12-12}$$

对数减幅系数

$$\delta = \ln\eta = \ln\frac{A_1}{A_2} = \ln\frac{A_i}{A_{i+1}} = \zeta\omega T_1 = \frac{2\pi\zeta}{\sqrt{1-\zeta^2}} \tag{12-13}$$

对数减幅系数也可以用相隔 i 个周期的两个振幅之比来计算：

$$\delta = \ln\eta = \frac{1}{i}\ln\frac{A_1}{A_{i+1}} = \frac{2\pi\zeta}{\sqrt{1-\zeta^2}} \tag{12-14}$$

从而可得

$$\zeta = \frac{\ln\dfrac{A_1}{A_{i+1}}}{\sqrt{(2\pi i)^2 + \delta^2}} \approx \frac{1}{2\pi i}\ln\frac{A_1}{A_{i+1}} \tag{12-15}$$

即可得到系统阻尼比 ζ。

【试验系统的组成】

本试验的试验系统框图如图 12.8 所示。

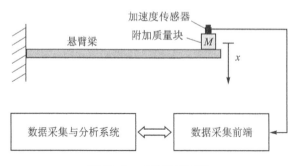

图 12.8　试验系统框图

【试验步骤】

① 摆放好试验仪器设备；

② 在附加质量块上安装加速度传感器；

③ 连接好系统导线,设置测试参数,包括数据文件名、采样率、采样方式和采样时间等,开始采样；

④ 用力锤敲击梁或附加质量块使系统产生衰减振动；

⑤ 经过一段时间后,停止采样,进行数据处理和记录；

⑥ 如果需多次试验,重复步骤③～⑤。

【试验结果】

① 绘出单自由度自由衰减振动波形图。

② 根据实验数据按公式计算出固有频率和阻尼比,计算结果填入表 12-5 和表 12-6 中。

表 12-5　配重 1 情况下试验关键数据记录表

周期数 i	总时间 t	周期 T_1	A_1	$i+1$	阻尼比 ζ	固有频率 f_1

表 12-6　配重 2 情况下试验关键数据记录表

周期数 i	总时间 t	周期 T_1	A_1	$i+1$	阻尼比 ζ	固有频率 f_1

【思考题】

改变附加质量块的质量,自由衰减振动的频率和周期会有什么变化?

12.4　沙型法测量矩形板固有频率和振型

【试验目的】

① 熟悉结构共振现象。
② 熟悉结构固有频率和模态振型的概念。
③ 熟悉模态节线的物理含义。

【试验对象】

测试对象为中间带安装孔的矩形薄板。

【试验原理和方法】

当外界激励频率接近结构振动固有频率时,结构会发生共振现象,同时具有稳定的振动形态。

模态节线就是模态振型中不动的地方。

【试验系统的组成】

本试验系统由薄板、电磁激振器、功率放大器、信号发生器、食用细盐组成,其框图如图 12.9 所示。

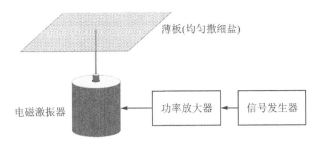

图 12.9　试验系统框图

【试验步骤】

① 将薄板用端螺钉安装于电磁激振器上(注意,避免矩形板下表面与电磁激振器运动面直接接触,可用螺母隔离)。
② 电磁激振器和功率放大器相连,功率放大器与信号发生器相连。
③ 薄板上均匀地撒上细盐,启动信号发生器、电磁激振器使薄板产生振动。
④ 逐渐增大信号发生器的频率,当薄板产生共振时,固定信号发生器频率不变,再在薄板上增撒细盐,观察并记录对应频率和食盐的分布形状、形态。
⑤ 进一步逐渐增大激励频率,使薄板产生共振,固定信号发生器频率不变,可再在薄板上

增撒细盐,观察并记录对应频率和食盐的分布形状、形态。

⑥ 重复步骤⑤,直至试验结束。

【试验结果】

(1) 薄板前三阶的固有频率

将薄板前三阶固有频率和模态振型记录在表 12 - 7 中。

表 12 - 7　薄板前三阶的固有模态参数

	固有频率值/Hz	振型描述
第一阶		
第二阶		
第三阶		

(2) 薄板前三阶固有频率对应的振型

请绘制薄板前三阶固有频率对应的振型。

【思考题】

如果薄板试验时激振位置发生改变,则其固有频率及振型会有什么变化?

12.5　锤击法测量频率响应函数

【试验目的】

① 了解锤击法测量结构频率响应函数的仪器设备构成;
② 掌握锤击法测量结构频率响应函数的试验方法和试验原理;
③ 熟悉结构频率响应函数的概念。

【试验对象】

测试对象为一端固支、一端自由的悬臂梁结构。

【试验原理和方法】

采用锤击法得到力锤和各测点加速度的时间历程数据,通过对力锤和测定加速度响应数据进行快速傅里叶变换,然后运用频率响应函数的计算公式得到测点加速度响应和力之间的加速度频率响应函数。

【试验系统的组成】

本试验系统包括力锤、加速度传感器和数据采集与分析系统,其示意图如图 12.10 所示。

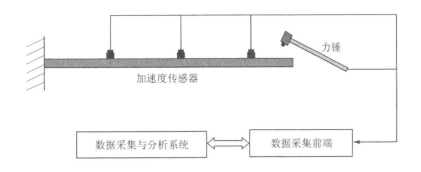

图 12.10　试验系统示意图

【试验步骤】

试验的基本步骤：

① 一端固支安装好试验件；

② 标注测点，在所有的测点上安装并连接好加速度传感器；

③ 设置好测量设备的采集参数和传感器参数；

④ 设置好锤头的触发电平、测试次数等信息；

⑤ 用力锤锤击测点，进行振动测量；

⑥ 测量结束后，对测量结果进行分析，得到各测点加速度响应对锤击激励点的频率响应函数。

试验注意事项：

① 锤击时力度要适当，避免因力度过大而造成试件和力锤损坏；

② 由于采用锤击法试验，人员离测试对象较近，因此须注意测量过程中不要碰传感器导线。

【试验结果】

① 分别绘制梁加速度传感器对锤击力的频率响应曲线图。

② 请分析频率响应曲线的基本特点。

【思考题】

频率响应函数测量时，锤击力的大小会对测量结果有影响吗？

12.6　锤击法测量悬臂梁的模态参数

【试验目的】

① 了解锤击法测量结构固有振动参数仪器设备的构成；

② 掌握锤击法测量结构固有振动参数的试验方法和试验原理；

③ 熟悉锤击法测量结构固有振动参数的基本步骤。

【试验对象】

测试对象为一端固支、一端自由的悬臂梁结构。

【试验原理和方法】

采用模态试验中的锤击法得到力锤和各测点之间的频率响应函数,进而通过参数辨识得到测量对象的固有振动频率和振型。

【试验系统的组成】

本试验系统包括力锤、加速度传感器和数据采集与分析系统,其示意图如图 12.11 所示。

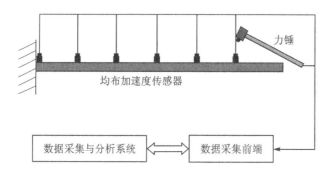

图 12.11 试验系统示意图

【试验步骤】

试验的基本步骤:

① 一端固支安装好试验件;

② 标注测点,在所有的测点上安装并连接好加速度传感器;

③ 设置好测量设备的采集参数和传感器参数;

④ 在锤击模态试验软件中定义好测点的几何信息;

⑤ 设置好锤头的触发电平、测试次数等信息;

⑥ 用力锤锤击测点进行振动测量;

⑦ 测量结束后,对测量结果进行分析,得到测量对象的振动固有频率、模态阻尼和对应的振型。

试验注意事项:

① 锤击时力度要适当,避免因力度过大而造成试件和力锤损坏;

② 由于采用锤击法试验,人员离测试对象较近,因此须注意测量过程中不要碰传感器导线。

【试验结果】

(1) 梁前三阶的模态参数

将梁前三阶的固有模态参数试验结果记录在表 12 - 8 中。

表 12 - 8　梁前三阶的固有模态参数

	固有频率/Hz	模态阻尼 ζ	振型描述
第一阶			
第二阶			
第三阶			

(2) 梁前三阶固有频率对应的振型

请绘制梁前三阶固有频率对应的振型。

【思考题】

如果将一个加速度传感器安装在固定测点,试验时移动锤击点,测得的模态参数结果与本次试验方式得到的结果是否有区别?

12.7　悬臂板的模态参数的激光非接触测量

【试验目的】

① 了解非接触测量方法测量结构模态参数仪器设备的构成;
② 掌握非接触测量方法测量结构模态参数的试验方法和试验原理;
③ 熟悉非接触测量方法测量结构模态参数的基本步骤。

【试验对象】

试验对象为一端固支、一端自由的悬臂板结构。

【试验方法】

采用激光非接触振动试验系统和声激励相结合的方式实现对一端固支板固有振动参数的测量。

【试验系统的组成】

本试验系统包括声激励音箱、非接触激光头、信号发生器和数据采集与分析系统,系统概貌照片和框图如图 12.12、图 12.13 所示。

图 12.12 试验系统概貌照片

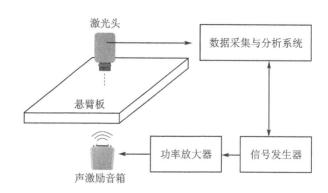

图 12.13 试验系统框图

【试验过程】

试验的基本步骤：

① 一端固支安装好试验件；

② 安装并调整好声激励音箱；

③ 调整好激光头和光点；

④ 定义测量平面；

⑤ 布置测点；

⑥ 设置信号发生器参数，包括信号类型、输出电压和测量频率分辨率；

⑦ 发送激励信号，开启声激励让试验件振动起来；

⑧ 对测点进行振动测量；

⑨ 测量结束后，对测量结果进行分析，得到测量对象的振动频率和对应的振型。

试验注意事项：

① 操作激光头时，应注意保护设备安全；

② 声激励设备在发送激励信号前，一定要将功率放大器开关置于关闭状态。

【试验结果】

（1）悬臂板前三阶的固有频率

将悬臂板前三阶的固有频率和模态振型试验结果记录在表 12 - 9 中。

表 12 - 9 悬臂板前三阶的固有模态参数

	固有频率/Hz	模态振型描述
第一阶		
第二阶		
第三阶		

（2）悬臂板前三阶固有频率对应的模态振型

请绘制悬臂板前三阶固有频率对应的模态振型。

【思考题】

如果一端固支悬臂板的长宽比例改变,振型的顺序将会发生什么变化?

第 13 章 振动测试与信号分析 在实际工程中的应用

振动测试和信号分析在工程中的应用是一项综合而复杂的工作,测试结果受到结构的动力学特征、环境、传感器、调理器、数据采集与分析、测试者的测试技术和知识储备等多方面的影响,同时要得到可靠而准确的结果,需要具备结构振动理论、仪器设备与传感器的力学和电学理论、测试技术、计算机技术和信号处理等诸多学科知识。作者从多年运用振动测试与信号分析技术解决实际工程应用中挑选了几个典型实例,供读者参考和巩固前面章节的基本概念和理论。

13.1 隔振器刚度参数和阻尼参数的测试

隔振是振动控制中研究最多、应用最广的一项振动控制技术。隔振是通过采取一定措施(如在振源与系统之间安装消耗振动能量的元件消耗振动的传递)或者在振源与系统之间增加一个子系统(隔振器),改变系统的振动特性,达到振动隔离或者消减的目的,属于结构振动被动控制技术之一。被动控制具有明显的优点,如结构简单,易于实现,经济性好,可靠性高,对

图 13.1 微振动流体隔振器

高频振动抑制效果好,因而得到了广泛应用。影响隔振器性能和使用效果的关键参数为刚度系数和阻尼系数。隔振器在使用前如何可靠、精确地测定这两个参数值是使用者非常关心的问题,同时一些非线性隔振器如流体隔振器、金属橡胶隔振器的出现,给这类参数的测量也提出了新的挑战。本节从振动信号采集与分析的角度对某种微振动流体隔振器(如图 13.1 所示)的刚度参数和阻尼参数开展测量工作。

13.1.1 阻尼系数测试原理

本试验测试系统组成框图如图 13.2 所示,测试现场照片如图 13.3 所示。

假设该系统的阻尼为粘性阻尼,则阻尼力的表达式为

$$F_d = c\dot{x} \tag{13-1}$$

式中:c 为阻尼系数。

对于稳态的简谐激励,其位移响应和速度响应分别为

$$x(t) = A\cos(\omega t - \varphi) \tag{13-2}$$

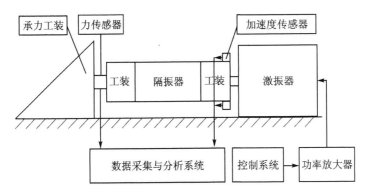

图 13.2　测试系统组成框图

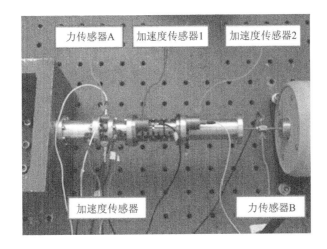

图 13.3　测试现场照片

$$\dot{x}(t) = -A\omega\sin(\omega t - \varphi) \tag{13-3}$$

式中：A 为位移的幅值；ω 为外界激励频率。

阻尼力每周期振动耗散的能量为

$$w_d = \oint c\dot{x}\,dx = \int_0^{2\pi/\omega} c\dot{x}^2\,dt = A^2 c\omega^2 \int_0^{2\pi/\omega} \sin^2(\omega t - a)\,dt = A^2 c\omega\pi \tag{13-4}$$

将稳态速度响应作如下变换：

$$\dot{x}(t) = -A\omega\sin(\omega t - \varphi) = \mp A\omega\sqrt{1-\cos^2(\omega t - \varphi)} = \mp\omega\sqrt{A^2 - x^2(t)} \tag{13-5}$$

从而阻尼力可表示为

$$F_d = c\dot{x}(t) = \mp c\omega\sqrt{A^2 - x^2(t)} \tag{13-6}$$

上式可化简为

$$\left(\frac{F_d}{c\omega A}\right)^2 + \left(\frac{x}{A}\right)^2 = 1 \tag{13-7}$$

由此可知，式（13-7）为一椭圆方程。阻尼力每周振动耗散的能量由椭圆所包围的面积给定，如图 13.4 所示。

设 $F_d = y$，则只要通过试验测量得到椭圆的 y 轴大小 b，就可以得到阻尼系数 c 的值：

$$c = \frac{b}{A\omega} \tag{13-8}$$

一般而言,阻尼系统均有一定的弹性刚度 k,从而测得的力为 F_d+kx,则迟滞回线将会旋转一定角度,如图 13.5 所示。

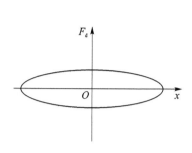

图 13.4　阻尼力和位移椭圆图

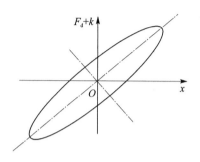

图 13.5　实际系统力位移曲线图

由于弹性刚度系数 k 在整个运动过程中不消耗能量,因此无弹性刚度系数 k 的椭圆面积和有弹性刚度系数 k 的椭圆面积应相等。无弹性刚度系数 k 的椭圆面积 S 求解如下式所示:

$$S = \pi A b \tag{13-9}$$

从而

$$b = \frac{S}{\pi A} \tag{13-10}$$

有弹性刚度系数 k 的椭圆面积 S_k 求解如下式所示:

$$S_k = \oint f(x)\,\mathrm{d}s \tag{13-11}$$

由此得到有弹性刚度系数 k 时阻尼系数的解为

$$c = \frac{b}{A\omega} = \frac{S}{\pi A^2 \omega} = \frac{S_k}{\pi A^2 \omega} \tag{13-12}$$

式中:$\omega = 2\pi f$,f 为试验时外激励的频率。

13.1.2　刚度系数测试原理

该微振动流体隔振器受到外界激励 $F(t)$ 的动力学简化模型如图 13.6 所示。

系统对固支边界条件的反作用力 $F_1(t)$ 为

$$F_1(t) = kx_p(t) + c\dot{x}_p(t) \tag{13-13}$$

对于稳态的简谐激励,其位移响应取最大值时刻,速度为 0,可得刚度系数 k,即

$$k = F_1 / x_{p\max} \tag{13-14}$$

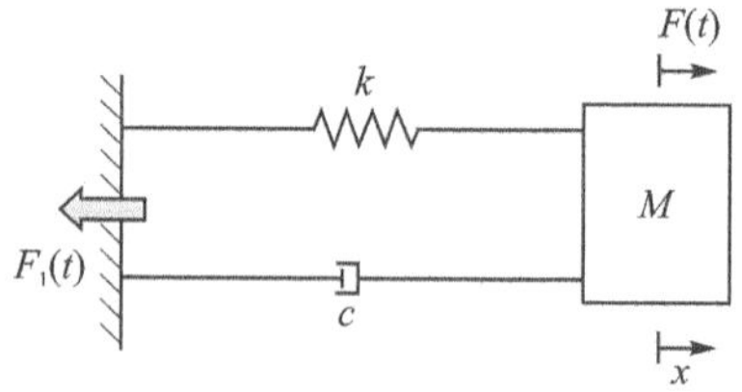

13.1.3　测试结果

图 13.6　系统动力学模型

根据隔振器刚度系统和阻尼系数的试验原理,对隔振器参数进行了多次测量,得了它的阻尼系数和刚度系数随频率变化的曲线,如图 13.7 所示。

得到的上述刚度和阻尼参数随频率变化的数据,可应用于微振动隔振系统的设计与分析等工作中。

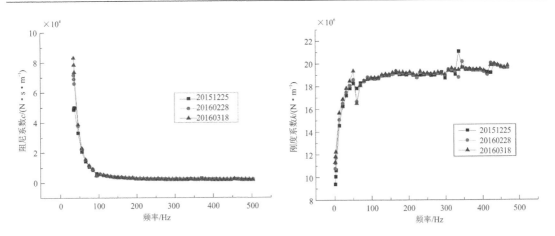

图 13.7　阻尼系数和刚度系数随频率变化的曲线

13.2　舵机动刚度测试

舵机系统是飞行器飞行控制系统的重要组成部分,是整个飞行控制系统的执行机构,用于控制飞机各个操纵舵面的偏转角度。舵机系统属于伺服控制系统,由伺服控制器和伺服舵机两种主要功能单元构成一个闭环伺服控制系统。该系统执行来自飞行控制计算机(控制律)的指令,并将电气指令信号转换为舵机的机械运动,从而驱动舵面的偏转实现对飞行器飞行控制的目的。舵机系统要实现这些功能,关键性的力学参数之一就是动刚度。如果舵机系统的动刚度性能差,则容易引发舵面的颤振,进而影响到整个系统结构的稳定性。舵机系统的动刚度测试就是确保其功能的关键手段,测试得到的结果还可以为舵机系统的完善和优化提供基础数据。动刚度的测试,也是振动测试与信号分析的具体应用之一。实测的某舵机照片如图 13.8 所示。

图 13.8　某舵机照片

13.2.1　动刚度

由前几章的知识可知,结构阻抗中的位移阻抗即为动刚度,为了简化分析,可将舵机工作时的状态简化为单自由度系统,则其运动学方程为

$$m\ddot{x} + c\dot{x} + kx = f \tag{13-15}$$

式中：m 为系统的质量；c 为阻尼系数；k 为刚度系数；x 为位移；f 为系统的激励力。

当系统受到简谐力作用时，得到系统的刚度：

$$k_d = \frac{f}{x} = (k - m\omega^2) + jc\omega \tag{13-16}$$

此时，刚度不但与自身参数有关，还与激励频率相关，定义为动刚度，其幅值为

$$|k_d(\omega)| = \sqrt{(k - m\omega^2)^2 + (c\omega)^2} \tag{13-17}$$

由上式可以看出，系统的质量、阻尼和静刚度将会影响动刚度结果。当外激励频率为零时，动刚度退化为静刚度。测试时，如果施加的外激励为扭矩 $T(\omega)$，测量得到的是舵机的扭转角 $\theta(\omega)$，则可以得到扭转动刚度的计算公式：

$$|k(\omega)| = \frac{|T(\omega)|}{|\theta(\omega)|} \tag{13-18}$$

由上式即可得到动刚度随外界激励频率的变化曲线。

13.2.2　测试系统

某舵机扭转动刚度测试系统包括：2 个 20 kg 电动激振器及其功率放大器、两个高精度加速度传感器、两个高精度力传感器和一套数据采集与分析系统。测试现场图和动刚度测试系统框图分别如图 13.9、图 13.10 所示。其中试验测试时，数据的处理如下。

图 13.9　测试现场图

① 某一频率下，扭矩 $T(\omega)$ 的测量：

$$T = \frac{F \times L}{2} \tag{13-19}$$

式中：L 为力作用的力臂，即两个电动激振器的距离；F 为力传感器测得的力信号。为了使试验时舵机只受纯动态扭矩的作用，测试过程中确保扭矩中心为舵机运动中心，两个电动激振器产生的力大小相等，相位相差 $180°$。

② 某一频率下，舵机的扭转角 $\theta(\omega)$ 测量：

$$\theta \approx \tan\theta = \frac{2x}{d_0} \tag{13-20}$$

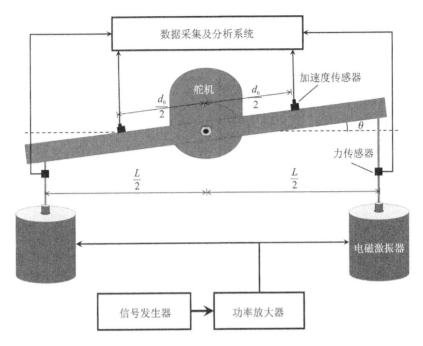

图 13.10　动刚度测试的系统框图

扭转角通过两个高精度加速度传感器测量得到。其中,d_0 为两传感器之间的距离;$x = -\dfrac{a}{(2\pi f)^2}$,$a$ 为加速度传感器测得的加速度,f 为外力激振频率。

13.2.3　测试结果

根据定频测试结果,以及扭转动刚度计算公式,可以得到扭转动刚度在未通电和通电情况下随频率的变化曲线,如图 13.11、图 13.12 所示。

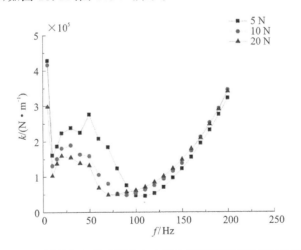

图 13.11　某舵机扭转动刚度在未通电情况下随频率的变化规律

得到的上述动刚度数据,可应用于该型舵机的动强度校核和控制系统参数的设计等工作中。

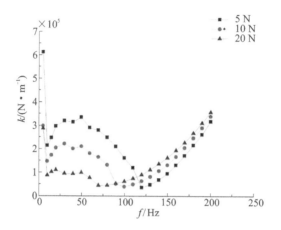

图 13.12　某舵机扭转动刚度在通电情况下随频率的变化规律

13.3　机翼载荷识别

航空器在各种复杂的使用环境下,如滑跑、起飞、巡航、降落、着陆等状态都不可避免地承受着各种载荷的作用。而在各个飞行阶段中,都需要对机翼结构所受到的各种载荷的承载能力有特定的要求,结构的承载能力又同时取决于结构的性能参数,如强度、刚度、屈服能力、弯曲能力、抗腐蚀能力、抗冲击性以及循环载荷引起的疲劳等,这些参数与结构受到的载荷信息密切相关。对机翼所受载荷进行实施监测,不仅可以利用识别得到的载荷对机翼进行结构健康状态的监测,还可以为机翼结构强度分析、性能状态评估、振动控制、故障诊断与修复、结构优化以及实现机翼结构功能一体化设计提供技术保障。因此,对机翼在飞行循环各飞行状态下进行载荷监测,对飞行器的飞行性能和效率有着重要的影响。

13.3.1　载荷标定基本理论

1. 静态载荷标定理论

通常,在飞行过程中作用于机翼上的载荷可分为三个方向的正交力(P_x、P_y、P_z)和三个方向的正交力矩(M_x、M_y、M_z)。对于大展弦比的机翼结构,可只考虑 P_z(剪力)、M_x(弯矩)、M_y(扭矩)的作用,其他三个分量可忽略不计。

在机翼结构任意一点施加剪力 F_Q(后文中剪力 P_z、弯矩 M_x 及扭矩 M_z 将用 F_Q、F_M、F_T 表示),可通过理论计算将其转化为载荷测量截面上的剪力、弯矩与扭矩。

假设图 13.13 中 $A(x_1,y_1)$ 点作用垂直于翼面的剪力 F_Q,被测截面与翼梁轴线交点坐标为 $B(x_2,y_2)$,被测截面后掠角为 α(逆时针方向为正),则测载截面在剪力 F_Q 作用下所受弯矩、扭矩可通过下式表示:

$$F_M = F_Q l_{BC} = F_Q \left[(y_1 - y_2) \cos \alpha + (x_1 - x_2) \sin \alpha \right] \tag{13-21}$$

$$F_T = F_Q l_{AC} = F_Q \left[(y_1 - y_2) \sin \alpha + (x_1 - x_2) \cos \alpha \right] \tag{13-22}$$

为达到静态载荷识别的目标,需要通过静态载荷地面标定试验的方法,对结构施加静态载

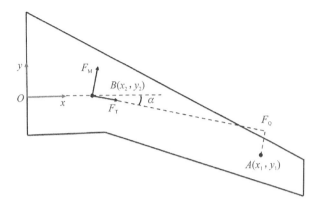

图 13.13　机翼受力分析模型

荷并测量结构在该载荷作用下产生的应变,建立载荷与结构输出应变之间的定量关系,该确定关系可用于载荷监测过程中的静态载荷监测部分。

标定试验中,假设结构的变形始终处于弹性范围内,则结构输出应变与所施加载荷 F 间的关系可表示为

$$\varepsilon = \alpha_1 F_1 + \alpha_2 F_2 + \cdots + \alpha_n F_n \tag{13-23}$$

式中:ε 为载荷测量截面测得的结构输出应变;$F_1, F_2, \cdots, F_n$ 为结构上施加的若干静态载荷;$\alpha_1, \cdots, \alpha_n$ 为载荷方程系数。

由于静态载荷标定试验可以得到关于每个测载截面在剪力、弯矩及扭矩作用下产生的应变值,因此载荷标定试验式(13-23)可用以下矩阵形式表示:

$$\boldsymbol{\varepsilon} = \boldsymbol{\alpha} \boldsymbol{F} \tag{13-24}$$

式中:$\boldsymbol{F}$ 为三维载荷列向量;$\boldsymbol{\varepsilon}$ 为三维应变列向量;$\boldsymbol{\alpha}$ 为待定回归系数矩阵。其表示形式如下:

$$\boldsymbol{F} = \{F_M \quad F_Q \quad F_T\}^T \tag{13-25}$$

$$\boldsymbol{\varepsilon} = \{\varepsilon_M \quad \varepsilon_Q \quad \varepsilon_T\}^T \tag{13-26}$$

$$\boldsymbol{\alpha} = \begin{bmatrix} \alpha_{11} & \alpha_{12} & \alpha_{13} \\ \alpha_{21} & \alpha_{22} & \alpha_{23} \\ \alpha_{31} & \alpha_{32} & \alpha_{33} \end{bmatrix} \tag{13-27}$$

采用最小二乘法求取公式(13-24)中的回归系数,则可根据下式求得误差平方和:

$$\begin{aligned} Q = & (\varepsilon_Q - a_{11} F_Q - a_{12} F_M - a_{13} F_T)^2 + \\ & (\varepsilon_Q - a_{11} F_Q - a_{12} F_M - a_{13} F_T)^2 + \\ & (\varepsilon_Q - a_{11} F_Q - a_{12} F_M - a_{13} F_T)^2 \end{aligned} \tag{13-28}$$

故根据最小二乘法思想,选取使误差平方和达到最小的参数值作为参数估计,即存在 $\hat{Q}$ 使其满足如下公式:

$$\hat{Q} = \min(Q) \tag{13-29}$$

此次试验误差平方和最小的矩阵表达式如下:

$$Q(A) = (\boldsymbol{\varepsilon} - \boldsymbol{AF})^T (\boldsymbol{\varepsilon} - \boldsymbol{AF}) = \boldsymbol{\varepsilon}^T \boldsymbol{\varepsilon} - 2\boldsymbol{\varepsilon}^T \boldsymbol{AF} + \boldsymbol{AFF}^T \boldsymbol{A}^T \tag{13-30}$$

由于 $\boldsymbol{F}^T \boldsymbol{F}$ 为实对称矩阵,所以可得

$$\frac{\partial Q(A)}{\partial \boldsymbol{A}} = -2\boldsymbol{F}^T \boldsymbol{\varepsilon} + 2\boldsymbol{F}^T \boldsymbol{F} \boldsymbol{A} \tag{13-31}$$

式(13-30)中 Q 为误差量,仅存在一个极值(即最小值),故当 $\dfrac{\partial Q(A)}{\partial A}=0$ 时,$\hat{Q}=\min(Q)$,此时 A 为估计最优。故令 $\dfrac{\partial Q(A)}{\partial A}=0$,当 F 为列满秩矩阵,即每列等效载荷对应不同的加载点时,$F^{\mathrm{T}}F$ 的逆矩阵 $(F^{\mathrm{T}}F)^{-1}$ 存在,可得到参数矩阵 A 的最小二乘回归方程如下:

$$A=(F^{\mathrm{T}}F)^{-1}F^{\mathrm{T}}\varepsilon \tag{13-32}$$

所得的参数矩阵 A 即为静态载荷标定矩阵。

2. 动态载荷标定理论

由于机翼的气动中心会随着迎角、马赫数等参数变化产生一定范围的偏移,无法等效为定源集中力。而频率响应函数是输入点与输出点之间基于结构动力学特性的确定性函数,会随着输入点和输出点的改变产生幅值和相位响应的变化,因此结构的频域响应信号只能通过特定的频率响应函数还原为固定输入点的载荷频域信号。为了解决气动中心偏移与定源动载识别之间的矛盾,本文采用的主要方法为在气动中心作用的范围区域上,用 5 个集中载荷的合成近似代表区域内变化的气动合力,如图 13.14 所示。

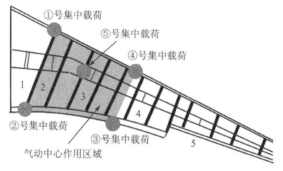

图 13.14 动载荷简化模型

对于多自由度系统,结构的运动微分方程可以通过牛顿第二定律、拉格朗日方程等方法建立起来,其运动微分方程可表示为

$$M\ddot{x}+C\dot{x}+Kx=f(t) \tag{13-33}$$

式中:M 为质量矩阵;C 为阻尼矩阵;K 为刚度矩阵。它们的具体表示形式如下:

$$M=\begin{bmatrix} m_{11} & m_{12} & m_{13} & \cdots & m_{1n} \\ m_{21} & m_{22} & m_{23} & \cdots & m_{2n} \\ \vdots & \vdots & \vdots & & \vdots \\ m_{n1} & m_{n2} & m_{n3} & \cdots & m_{nn} \end{bmatrix} \tag{13-34}$$

$$C=\begin{bmatrix} c_{11} & c_{12} & c_{13} & \cdots & c_{1n} \\ c_{21} & c_{22} & c_{23} & \cdots & c_{2n} \\ \vdots & \vdots & \vdots & & \vdots \\ c_{n1} & c_{n2} & c_{n3} & \cdots & c_{nn} \end{bmatrix} \tag{13-35}$$

$$K=\begin{bmatrix} k_{11} & k_{12} & k_{13} & \cdots & k_{1n} \\ k_{21} & k_{22} & k_{23} & \cdots & k_{2n} \\ \vdots & \vdots & \vdots & & \vdots \\ k_{n1} & k_{n2} & k_{n3} & \cdots & k_{nn} \end{bmatrix} \tag{13-36}$$

对运动微分方程(13-33)进行拉普拉斯变换,可得

$$s^2 \boldsymbol{M} x(s) + s \boldsymbol{C} x(s) + \boldsymbol{K} x(s) = \boldsymbol{f}(s) \tag{13-37}$$

整理公式(13-37)可得

$$(s^2 \boldsymbol{M} + s \boldsymbol{C} + \boldsymbol{K}) \boldsymbol{x}(s) = \boldsymbol{f}(s) \tag{13-38}$$

结构频率响应函数可以表示为

$$\boldsymbol{H}(s) = \frac{x(s)}{f(s)} = \frac{1}{s^2 \boldsymbol{M} + s \boldsymbol{C} + \boldsymbol{K}} \tag{13-39}$$

令 $s = j\omega$,可得其傅里叶变换形式为

$$\boldsymbol{H}(\omega) = \frac{1}{\boldsymbol{K} - \omega^2 \boldsymbol{M} + j\omega \boldsymbol{C}} \tag{13-40}$$

故作用于结构上的动载荷 $\boldsymbol{F}(\omega)$、动响应 $\boldsymbol{X}(\omega)$ 与频率响应函数 $\boldsymbol{H}(\omega)$ 存在以下关系:

$$\boldsymbol{H}(\omega) = \boldsymbol{X}(\omega) \boldsymbol{F}(\omega)^{-1} \tag{13-41}$$

$$\boldsymbol{F}(\omega) = \boldsymbol{H}(\omega)^{-1} \boldsymbol{X}(\omega) \tag{13-42}$$

传递函数为输入点和输出点之间的函数,且在线弹性情况下满足叠加原理,因此机翼的载荷输入 $\boldsymbol{F}(\omega) = \{F_1(\omega) \quad F_2(\omega) \quad \cdots \quad F_m(\omega)\}^{\mathrm{T}}$ 和应变测量值 $\boldsymbol{\varepsilon}(\omega) = \{\varepsilon_1(\omega) \quad \varepsilon_2(\omega) \quad \cdots \quad \varepsilon_n(\omega)\}^{\mathrm{T}}$ 之间的频响函数矩阵关系可以写成以下形式:

$$\begin{Bmatrix} \varepsilon_1(\omega) \\ \varepsilon_2(\omega) \\ \vdots \\ \varepsilon_n(\omega) \end{Bmatrix} = \begin{bmatrix} H_{11} & H_{12} & \cdots & H_{1m} \\ H_{21} & H_{22} & \cdots & H_{2m} \\ \vdots & \vdots & & \vdots \\ H_{n1} & H_{n2} & \cdots & H_{nm} \end{bmatrix} \begin{Bmatrix} F_1(\omega) \\ F_2(\omega) \\ \vdots \\ F_m(\omega) \end{Bmatrix} \tag{13-43}$$

标定动态矩阵时,令输入载荷 $\boldsymbol{F}(t) = \{0 \quad \cdots \quad F_j(t) \quad \cdots \quad 0\}^{\mathrm{T}}$,代入式(13-44)可得 $\varepsilon_i(\omega) = H_{ij} F_j(\omega)$,即可得到传递函数矩阵的第 j 列。

13.3.2　载荷标定试验

1. 静态载荷标定试验

静态载荷标定试验通过在机翼表面放置重物的方式施加静态载荷,并测量在静态作用下结构产生的静态应变。结合静态载荷数据与静态应变数据,通过理论计算得到静态载荷标定矩阵。为得到准确的单一载荷作用下的应变量,试验中尽可能把载荷造成的耦合效应进行解耦,因此,测载截面处弯矩、剪力、扭矩测量应变桥路均采用全桥方式。同时为保证能够获得足够参数,在机翼主梁结构上多处部位布置应变电桥。

由于备 1 截面、1 截面与 2 截面三个载荷测量截面所在位置的翼梁轴线方向一致,3 截面、4 截面、5 截面所在位置的翼梁轴线方向一致,因此选择了两组不同的相对坐标系来表示各个载荷测量截面的位置坐标。两组相对坐标系如图 13.15 所示。其中,备 1 截面、1 截面、2 截面在其坐标系下的 x 坐标分别为 140 mm、150 mm、400 mm,3 截面、4 截面、5 截面在其坐标系下的 x 坐标分别为 130 mm、620 mm、1 170 mm。

为了能够准确求得各个测载截面的静态载荷标定矩阵,在施加载荷时,加载位置需要取在各个测载截面远离固支端一侧。同时,为保证在计算过程中载荷矩阵非奇异,需要满足扭矩不为零,故在施加载荷时尽量避免加载点靠近翼梁轴线。

静态载荷标定试验主要用到 INV1861A 型应变仪和 INV3062-C2 型数据采集仪,应变电桥布置于图 13.16 所示截面处。其中,测弯电桥由在梁上下表面中心沿轴线方向布置 0°方向应变片组成;测剪电桥由在梁前后侧面靠中性层附近,沿垂直于梁表面方向布置±45°应变片组成;测扭电桥由在梁上下表面中心沿轴线方向布置±45°应变片组成。

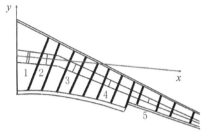 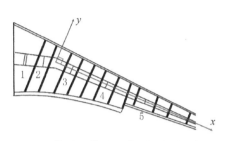

(a) 各1截面、1截面、2截面相对坐标系   (b) 3截面、4截面、5截面相对坐标系

图 13.15 各个截面所在相对坐标系

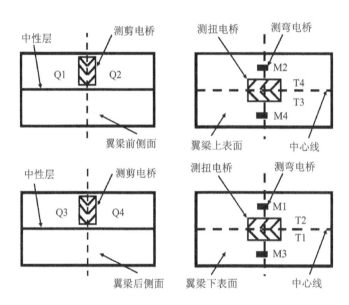

图 13.16 应变电桥布置示意图

静态载荷标定试验通过逐级加载的方式对结构施加载荷,即 40 N、60 N、80 N 三级加载,每级加载结束后通过静态应变仪采集测载截面输出应变数据,待示数稳定并保持该状态 5 s 后读取应变数据并进行下一级加载。试验加载过程中载荷随时间变化曲线如图 13.17 所示,结构输出应变随时间变化曲线如图 13.18 所示。

图 13.17 和图 13.18 中的曲线均为试验中 1 截面所得的试验数据图像,由于各次加载均为 40 N、60 N、80 N 三级加载,故各次加载过程中 1 截面所受剪力均为 40 N、60 N、80 N,故剪力数据图像重合在一起。借助于前述静态载荷标定矩阵计算方法,利用标定试验所得数据,通过计算即可得到各个测载截面静态载荷标定矩阵如表 13-1 所列。

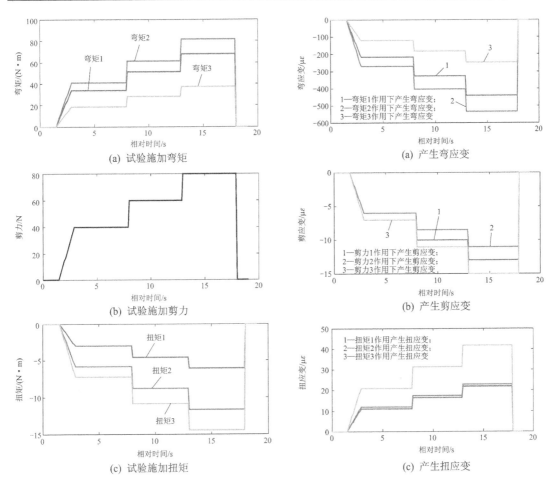

(a) 试验施加弯矩	(a) 产生弯应变
(b) 试验施加剪力	(b) 产生剪应变
(c) 试验施加扭矩	(c) 产生扭应变

图 13.17　试验加载过程中载荷随时间变化曲线　　　　**图 13.18　结构输出应变随时间变化曲线**

表 13-1　静态载荷标定矩阵

截　　面	静态载荷标定矩阵				
备 1 截面	ε_M	-6.383 35	0.106 72	0.116 02	M
	ε_Q	0.194 20	-0.365 50	0.020 177	Q
	ε_T	-0.102 14	0.125 36	-2.499 79	T
1 截面	ε_M	-6.338 34	0.077 05	1.192 73	M
	ε_Q	0.289 37	0.077 05	-0.888 52	Q
	ε_T	0.289 37	-0.293 16	-3.491 00	T
2 截面	ε_M	-7.609 08	0.157 678	0.118 54	M
	ε_Q	0.247 16	-0.373 64	0.328 71	Q
	ε_T	0.005 044 1	0.175 37	-5.843 63	T
3 截面	ε_M	-15.495 11	0.298 02	-0.206 65	M
	ε_Q	-0.059 885	-0.432 92	-0.027 834	Q
	ε_T	-0.163 63	0.239 86	-11.766 19	T

续表 13 - 1

截　　面	静态载荷标定矩阵				
4 截面	ε_M	—22.440 19	—0.721 05	—5.805 42	M
	ε_Q	0.140 55	—0.485 31	0.648 92	Q
	ε_T	0.501 40	0.132 68	—13.571 57	T
5 截面	ε_M	—54.186 21	—3.573 71	14.760 59	M
	ε_Q	—0.441 91	—1.072 30	1.669 92	Q
	ε_T	—2.064 06	1.367 83	—59.034 74	T

　　为了验证所得的静态载荷标定矩阵的可靠性,在上述加载位置之外另选其他位置施加静态载荷进行验证试验,用以验证静态载荷标定矩阵的准确性。试验采取单级加载的方式,即施加 60 N 载荷,试验结果如表 13 - 2 所列。分析试验结果可发现,除 5 截面识别到的扭矩的相对误差为 15.83% 以外,其他过静态标定矩阵计算所得识别载荷与实际施加载荷之间误差均保持在 10% 以内,且大部分误差可保持在 5% 左右,因此可以认为静态载荷标定矩阵较为准确,本方法具有良好的识别精度,而 5 截面处扭矩识别结果的相对误差较大是由于所剩的可供选择的加载位置均位于翼梁位置附近,扭力臂较小,导致实测扭应变偏小,可通过提高应变灵敏度的方式提高测量精度。

表 13 - 2　验证试验结果

	载荷类型	识别载荷	施加载荷	相对误差/%
备 1 截面	弯矩/(N·m)	13.53	12.9	4.88
	剪力/N	54.22	60	9.63
	扭矩/(N·m)	9.37	8.7	7.70
1 截面	弯矩/(N·m)	63.52	61.2	3.79
	剪力/N	65.16	60	8.60
	扭矩/(N·m)	—4.19	—4.3	2.56
2 截面	弯矩/(N·m)	13.55	13.2	2.65
	剪力/N	56.72	60	5.47
	扭矩/(N·m)	—11.12	—10.8	2.96
3 截面	弯矩/(N·m)	5.85	5.4	8.33
	剪力/N	56.44	60	5.93
	扭矩/(N·m)	7.74	7.2	7.50
4 截面	弯矩/(N·m)	23.58	24	1.75
	剪力/N	58.01	60	3.32
	扭矩/(N·m)	—8.50	—9	5.56
5 截面	弯矩/(N·m)	22.32	21.6	3.33
	剪力/N	64.24	60	7.07
	扭矩/(N·m)	1.01	1.2	15.83

2．动态载荷标定试验

动态载荷标定试验采用的方法为锤击法，即通过力锤敲击机翼结构的方式对结构输入脉冲载荷，并测量结构产生的动态应变信号。再利用前述理论即可计算得到结构频率响应函数矩阵。由于机翼结构在力锤敲击下，仅有各个载荷测量截面处的测弯电桥输出信号的信噪比较高，且测弯电桥数量大于待识别集中载荷数量，满足了结构输出数量大于输入数量的条件，保证了识别精度。故综上本文采用 6 处载荷测量截面布置的测弯电桥输出的动态弯应变信号作为动态响应信号。

动态载荷标定试验主要用到的仪器包括 INV1861A 型应变仪、INV3062 – C2 型数据采集仪及 PCB 086 B02 型力锤，应变电桥均采用与静态载荷标定试验相同的应变电桥。

试验过程中的力锤输入信号如图 13.19 所示，结构输出动态应变信号如图 13.20 所示。

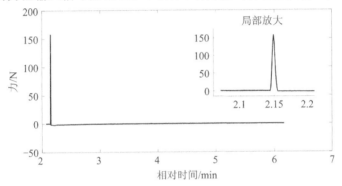

图 13.19　力锤输入载荷

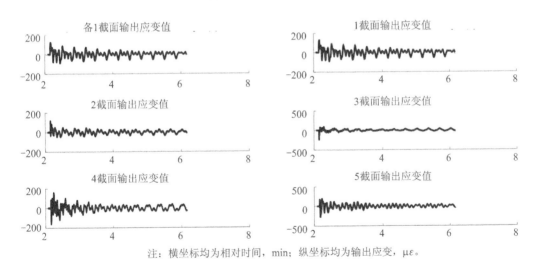

注：横坐标均为相对时间，min；纵坐标均为输出应变，$\mu\varepsilon$。

图 13.20　结构输出动态应变信号

根据前述传递函数计算方法，利用在第 1 点输入载荷数据与备 1 截面至 5 截面输出动态弯应变信号，即可计算得到频率响应函数矩阵的第一行，其数据图像如图 13.21（a）所示。整体传递函数矩阵数据图像如图 13.21（b）所示，以图像中第一行第一列子图为例，其表示利用第 1 点输入载荷数据与 1 截面输出动态响应信号数据计算所得的传递函数图像。

经验证试验识别得到的载荷与力锤实际输入载荷对比，如图 13.22 所示。由于识别所得

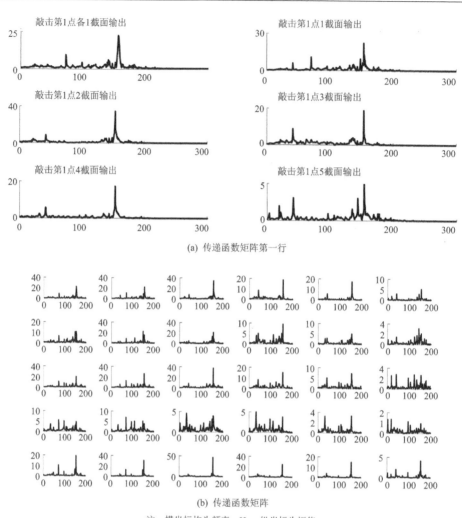

(a) 传递函数矩阵第一行

(b) 传递函数矩阵

注：横坐标均为频率，Hz；纵坐标为幅值。

图 13.21　传递函数

载荷存在噪声信号干扰，但其相比于脉冲激励幅值可忽略不计。实际输入载荷为 194.6 N，识别所得载荷为 224 N，识别误差为 15.1%，故识别精度满足要求，因此计算所得频率响应函数可用于载荷监测。

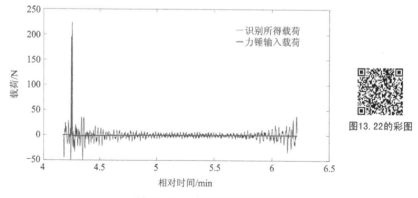

图13.22的彩图

图 13.22　验证试验结果对比

13.3.3　风洞试验

为验证载荷监测方法的有效性,需借助风洞试验来模拟真实飞行环境中机翼所受载荷。在风洞试验过程中,缩比机翼模型边界条件为翼根固支的悬臂状态,翼根装有整流罩以保证试验过程中整体结构具有良好的气动外形,机翼缩比模型安装后状态如图 13.23 所示。

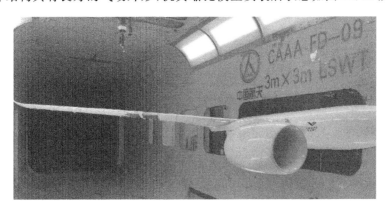

图 13.23　机翼缩比模型风洞试验状态图

风洞试验载荷实时监测平台主要由应变片、贺普多通道高速同步数据采集分析系统,以及搭载有具备实时计算和屏显功能的载荷实时监测系统组成,载荷监测试验测试平台如图 13.24 所示。

图 13.24　载荷监测平台

在风洞试验过程中,机翼处于 6°攻角状态,本次试验需要在不同风速气流作用下,实时监测作用于大展弦比机翼缩比模型结构上的静态载荷及动态载荷随时间的变化,并同时观察机翼缩比模型在整体试验过程中的状态变化。

试验采用逐级加载风速的方式,首先从 0 m/s 加速至 15 m/s,待机翼缩比模型状态稳定后开始采集数据,而后以每级 5 m/s 的风速逐级加载至 30 m/s。为方便采集数据,试验过程中达到每级设定风速后保持一段时间后再进行下一级加载。

在整个风洞试验过程中,借助采集系统实时采集,得到了 5 个测载截面各组测弯电桥、测剪电桥及测扭电桥的输出应变值,各应变值随时间变化的曲线如图 13.25 所示。

各测载截面应变电桥输出实测信号为由静态信号与动态信号叠加而成的,对于静态信号即为作用于机翼缩比模型上的静态载荷产生的静态应变值,对于动态信号即为动态载荷作用

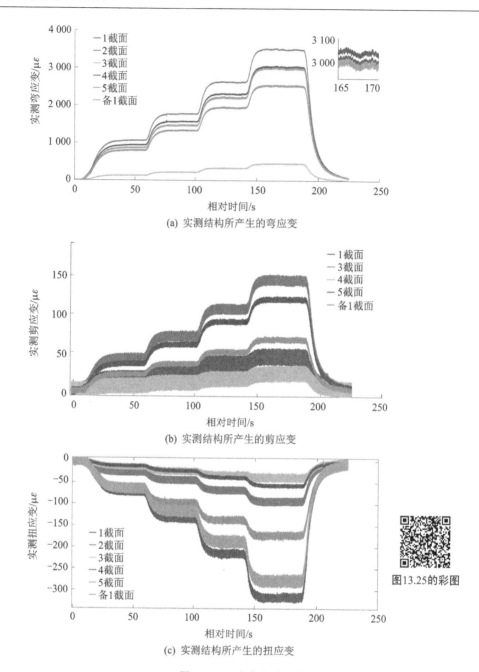

(a) 实测结构所产生的弯应变

(b) 实测结构所产生的剪应变

(c) 实测结构所产生的扭应变

图13.25的彩图

图 13.25　试验实测应变

下产生的动态应变值。

　　为了避免低频段频率响应函数的标定误差,需要将静态应变信号和动态应变信号分离并分别进行计算。信号分离采用多项式最小二乘法,即利用最小二乘法拟合出一条指定阶数为 m 的多项式曲线作为静态应变信号,再用实际测量得到的应变信号减去静态应变信号便可得到动态应变信号,实现信号分离。在实际振动信号数据处理中,通常取 $m = 1 \sim 3$ 来对采样数据进行分离处理,设有多项式:

$$\hat{x}_k = a_0 + a_1 k + a_2 k^2 + \cdots + a_m k^m, \quad k = 1, 2, 3, \cdots, n \tag{13-44}$$

确定函数 $\hat{x}_k$ 的各待定系数 $a_j(j=0,1,2,\cdots,m)$，使函数 $\hat{x}_k$ 与离散信号数据 x_k 的误差平方和为最小，即

$$E = \sum_{k=1}^{n}(\hat{x}_k - x_k)^2 = \sum_{k=0}^{n}\left(\sum_{j=0}^{m}a_j k^j - x_k\right)^2 \qquad (13-45)$$

依次取 E 对 a_i 求偏导，可以产生一个 $m+1$ 元线性方程组，公式如下：

$$\sum_{k=1}^{n}\sum_{j=0}^{m}a_j k^{j+i} - \sum_{k=1}^{n}x_k k^i = 0, \quad i=0,1,2,\cdots,m \qquad (13-46)$$

解线性方程组，求出 $m+1$ 个待定系数 $a_j(j=0,1,2,\cdots,m)$，从而得到多项式 $\hat{x}_k$ 即为静载信号，$x_k - \hat{x}_k$ 即为动载信号。通过信号分离，得到 6°攻角状态风洞试验过程中各测截面输出静态弯应变信号、静态切应变信号及静态扭应变信号，如图 13.26 所示。

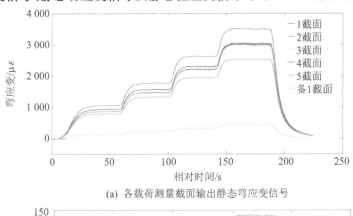

(a) 各载荷测量截面输出静态弯应变信号

(b) 各载荷测量截面输出静态剪应变信号

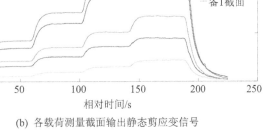

图13.26的彩图

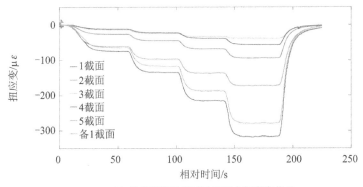

(c) 各载荷测量截面输出静态扭应变信号

图 13.26　分离所得静态应变值

分析结果可知,当风速增加时,各截面输出静态应变基本随风速的增加保持线性增加,在风速保持稳定时,输出切应变基本保持稳定。

将分离得到的各载荷测量截面输出的静态应变对应乘上由标定试验得到的静态载荷标定矩阵,即可反推得到风洞试验中各载荷测量截面所受弯矩、剪力及扭矩,各截面所受静态载荷随时间变化的图像如图 13.27 所示。当风速增加时,各截面载荷随风速增加而增加,当风速保持稳定时,载荷基本保持不变。

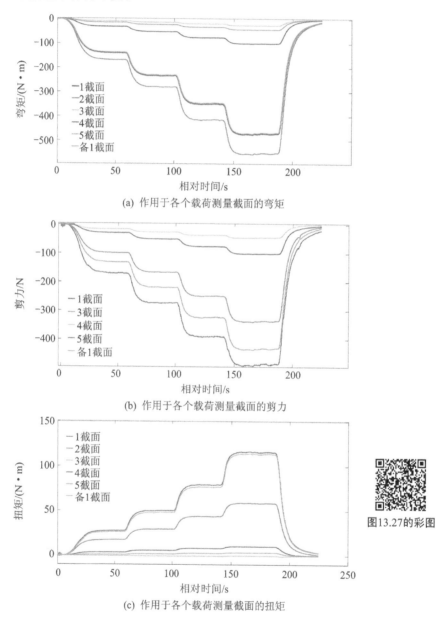

(a) 作用于各个载荷测量截面的弯矩

(b) 作用于各个载荷测量截面的剪力

(c) 作用于各个载荷测量截面的扭矩

图13.27的彩图

图 13.27 静态载荷识别结果

将翼根位置处所布置的测力天平在 20 m/s 风速下测得的载荷数据,与距其位置最近处的备 1 截面实时监测所得的静态载荷数据进行对比,如表 13 - 3 所列。对比结果表明,载荷实时监测数据相对误差均保持在 10% 以下,识别结果较为精确。

表 13 - 3　静态载荷识别误差

	弯　矩	剪　力	扭　矩
测力天平	−211.5 N·m	−210.5 N	46.7 N·m
备 1 截面	−229.0 N·m	−219.2 N	50 N·m
相对误差/%	8.274	4.133	7.066

由于在进行动载荷识别过程中,仅使用各测载截面的测弯电桥输出信号,故在此仅对各截面测弯电桥输出信号进行了处理,分离出的动态应变信号如图 13.28 所示。

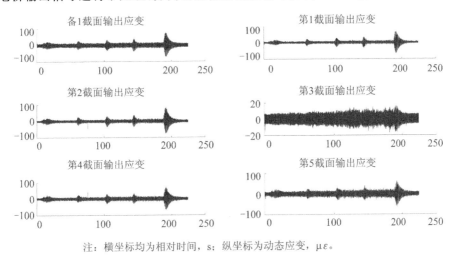

注:横坐标均为相对时间,s;纵坐标为动态应变,με。

图 13.28　动态应变信号

通过计算 6 个测载截面测得动态应变值,可以得到作用于机翼缩比模型的动态载荷如图 13.29 所示。从图中可以看出,在试验过程中当处于风速改变阶段时,机翼结构会产生一定程度扰动,结构上便会产生动态载荷,对应图 13.29 中出现的载荷大小突变。当风速趋于稳定时,结构扰动逐渐衰弱,作用结构上的动载荷逐渐减弱,最终可近似等效于静态载荷。

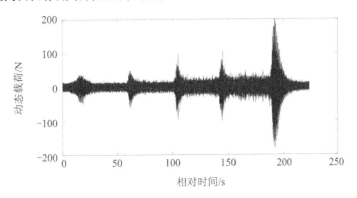

图 13.29　动态载荷识别结果

本节机翼载荷的监测和识别方法可作为一种有效的载荷实时监测方法,为真实飞行环境下机翼载荷监测提供技术借鉴,为机翼强度分析、性能评估、结构优化等提供技术保障和基础数据。

13.4　某无人机全机模态试验

颤振问题在飞机设计中占有非常重要的地位,颤振特性是衡量飞机性能的重要指标。要对颤振进行准确计算,必须先进行地面模态试验获得全机的固有振动频率、模态振型、模态阻尼等模态参数,依据这些参数对有限元模型进行修正,然后进行飞机的颤振分析。因此,地面模态试验是飞行器中非常重要的一类试验。本节对某型无人机在自由-自由状态下,采用锤击法进行模态试验,得到机翼、垂尾和机身的模态参数。

13.4.1　锤击法模态试验原理

根据第 9 章结构试验模态分析基本理论,对结构系统 p 点进行激励并在 l 点测量响应,可得到传递函数矩阵中第 p 行 l 列元素:

$$H_{lp}(w) = \sum_{i=1}^{n} \frac{\phi_{li}\phi_{pi}}{-\omega^2 M_i + \mathrm{j}\omega C_i + K_i} \tag{13-47}$$

式中:ϕ_{li}、ϕ_{pi} 为 l、p 点振型元素,从而对结构上固定一点激振、多点测量响应,即可得到传递函数矩阵的其中一列。同理,对结构上所有测点逐点激励,固定一点测量响应,即可得到传递函数的其中一行。得到传递函数矩阵的一行或者一列后就可以采用模态参数识别理论得到无人机的模态参数。

试验中模态参数的识别采用多参考最小二乘复频域方法(Polymax),具体理论可参考第 11 章相应的内容。

13.4.2　测试系统

(1) 数据采集与分析

模态试验中,数据采集与模态参数的提取采用 LMS TEST.Lab 系统进行。

(2) 激励设备

本模态试验采用的外力激励设备为 PCB 的压电式力锤,如图 13.30 所示。

图 13.30　模态试验力锤

(3) 加速度传感器

试验中所采用的加速度传感器为 PCB 模态型压电式加速度传感器。根据测点需求和分布共使用 22 个。

（4）测点布置

根据无人机的预分析结果,测点布置为:机翼 12 个,机身 6 个,垂尾 4 个,共计 22 个加速度测点。

（5）测量状态

为了实现无人机自由-自由的试验状态,采用软弹性绳将无人机悬吊于支架上,柔性绳的长度为 3.0 m,以保证软悬挂系统的最高刚度摆动频率 f_0(实际为 0.5 Hz)低于最低的无人机第一阶弹性模态频率的 1/3。根据飞机中心分布特点,悬挂点位于机身中部。传感器布置和测量状态如图 13.31 所示。

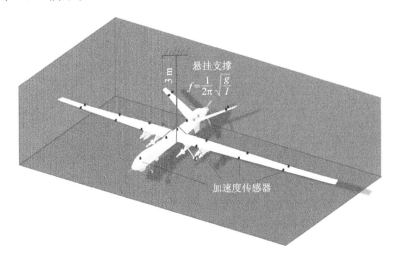

图 13.31　传感器布置和测量状态图

13.4.3　测试结果

通过上面的试验测试,得到了某无人机的模态参数如表 13-4 所列。典型的模态振型如图 13.32、图 13.33 和图 13.34 所示。

表 13-4　模态参数测试结果

阶　　数	频率/Hz	模态阻尼/%	振型描述
1	8.35	1.97	机翼反对称一弯
2	11.34	0.07	机翼对称一弯
3	18.93	0.42	垂尾反对称一弯
4	21.98	0.44	垂尾对称一弯
5	31.53	1.84	机翼反对称二弯
6	38.83	0.47	机翼对称二弯
7	65.03	0.32	机身一弯

得到的这些试验结果,可以应用于该型无人机的后续模型修正、颤振分析、强度校核等工作中。

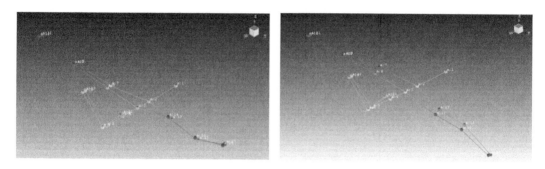

图 13.32　机翼反对称一弯和对称一弯

图 13.33　机翼反对称二弯和对称二弯

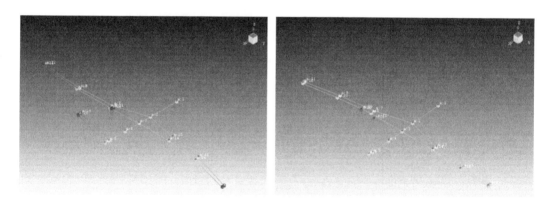

图 13.34　垂尾反对称一弯和对称一弯

13.5　基于频率响应函数的结构损伤识别

　　任何一个结构,都可以看成是由一定刚度、质量和阻尼组成的振动动力学系统。而结构一旦发生损伤,其结构参数也会随之变化,那么该结构的动态响应也会发生变化。因此,通过振动测试得到结构的频响函数矩阵,就可以得出结构是否存在损伤,损伤可能存在的位置,损伤程度以及寿命估计等。本节以某信号接收平台的损伤识别为例阐述振动测试和信号分析在结构损伤识别中的应用。

13.5.1　基于加速度传递率函数的损伤识别方法

对于多自由度线性振动系统,在外激励受迫作用下,结构系统的振动微分方程为

$$M\ddot{x}(t) + C\dot{x}(t) + Kx(t) = f(t) \tag{13-48}$$

式中：$x(t)$、$\dot{x}(t)$、$\ddot{x}(t)$ 分别为系统的位移、速度、加速度列阵；$f(t)$ 为系统外部激励；M、C、K 分别为系统质量、阻尼、刚度矩阵,都为实对称矩阵。

通过傅里叶变换,得到其频域下的系统响应：

$$X(\omega) = H(\omega)F(\omega) \tag{13-49}$$

式中：

$$H(\omega) = (K - \omega^2 M + j\omega C)^{-1} \tag{13-50}$$

为系统的频率响应函数矩阵。

对振动微分方程求导,可得到加速度列阵与频率响应函数矩阵的关系：

$$A(\omega) = -\omega^2 H(\omega)F(\omega) \tag{13-51}$$

对于研究的单点激励,设作用在 l 点的唯一激励为 f_l,作傅里叶变换,激励列阵表示为

$$F(\omega) = \{0_1, 0_2, \cdots, F_l(\omega), \cdots, 0_N\}^{\mathrm{T}} \tag{13-52}$$

联立两式,可导出：

$$A(\omega) = -\omega^2 F_l(\omega)H_l(\omega) \tag{13-53}$$

式中：$H_l(\omega)$ 是 $H(\omega)$ 的第 l 列。

假定外界激励作用后,加速度响应经由 i 处传播至 j 处,定义两点间的加速度传递率函数 $T_{ij}(\omega)$ 为

$$T_{ij}(\omega) = \frac{A_i(\omega)}{A_j(\omega)} = \frac{-\omega^2 H_{il}(\omega)F(\omega)}{-\omega^2 H_{jl}(\omega)F_l(\omega)} = \frac{H_{il}(\omega)}{H_{jl}(\omega)} \tag{13-54}$$

从传递率函数公式明显可知,其通过等价运算将外界激励消去,摆脱了实际测量时关于激励的诸多不便,并且由除法的性质可知,分子、分母上的传递函数的微小变化将会放大,即有着比传递函数更高的灵敏性。

关于基于加速度传递率函数的损伤定位的指标,使用如下损伤指标：

$$\mathrm{DI}_{ij(k)} = \sum_{\omega} \left| T^{\mathrm{D}}_{ij(k)}(\omega) - T_{ij(k)}(\omega) \right| = \sum_{\omega} \left| \frac{X^{\mathrm{D}}_{ik}(\omega)}{X^{\mathrm{D}}_{jk}(\omega)} - \frac{X_{ik}(\omega)}{X_{jk}(\omega)} \right| \tag{13-55}$$

式中：$T_{ij(k)}(\omega)$ 为 i、j 两点间健康状态传递率函数；$T^{\mathrm{D}}_{ij(k)}(\omega)$ 表示相应损伤下的传递率函数,D 表示损伤状态；$X_{ik}(\omega)$、$X_{jk}(\omega)$ 分别表示健康状态下,将外力加在 k 处,i、j 两点的位移响应。$\mathrm{DI}_{i,j(k)}$ 表示在选定研究频段内,基准和测试两种状态下,加速度传递率函数相应频率下幅值之差,当两组样本来自同一状态时,数据矩阵下对应的每一列不同点间传递率函数 $\mathrm{DI}_{i,j(k)}$ 计算值应为零。由于某点发生损伤,其他点的响应不可能不受到影响,因此实际计算中每一列传递率函数都会得到一个不为零的 $\mathrm{DI}_{i,j(k)}$。由于结构是有尺寸的,响应在传播过程中会衰减,所以与损伤位置距离不同的测点,对于损伤反应的敏感度是不同的,并且显然越近,其传递率函数相应的变化越大,对应的 $\mathrm{DI}_{i,j(k)}$ 值也越大。据此可以判断出,在将各列传递率函数变化对应 $\mathrm{DI}_{i,j(k)}$ 用柱状图表示之后,图上最高点即为计算所得损伤发生点。

13.5.2　基于频率响应函数置信度准则的损伤识别方法

在分析一系列模态振型向量相似度高低时,通常利用模态置信准则(MAC)来判断实际测

得模态向量与理论值是否来自同一阶模态振型。模态置信准则为

$$MAC_{ij} = \frac{|\boldsymbol{\phi}_i^T \boldsymbol{\phi}_j|^2}{\boldsymbol{\phi}_i^T \boldsymbol{\phi}_i \boldsymbol{\phi}_j^T \boldsymbol{\phi}_j} \tag{13-56}$$

$\boldsymbol{\phi}_i$、$\boldsymbol{\phi}_j$ 均代表不同振型列向量。若 $i = j$，理论上向量各元素完全对应成比例，则 $MAC_{ij} = 1$。由于实际测量计算中的误差，将导致置信度值为一个接近 1 的值。而 $i \neq j$ 时，两个检验向量对应元素比例关系不明显，线性相关度会显著降低，MAC_{ij} 会距 1 较远。

对比于健康状态下提取的主成分，若结构发生损伤，则此状态下提取出的主成分将会发生变化，因而将会导致与健康主成分线性相关度降低，进而识别出结构是否损伤。选取数据矩阵前两阶主成分，类似构造损伤指标：

$$PCAC_{ij} = \frac{\left(\sum_{s=1}^{2} \boldsymbol{t}_i^T \boldsymbol{t}_j \right)^2}{\left(\sum_{i=1}^{2} \boldsymbol{t}_i^T \boldsymbol{t}_i \right)^2} \tag{13-57}$$

式中：t_i 为健康基准状态下协方差阵主成分；t_j 为测试状态下协方差阵主成分；s 为主成分个数。当计算值 $PCAC_{ij} \approx 1$ 时，可认为结构健康；当 $PCAC_{ij} < 1$ 时，结构可能损伤，因此可以设定一个阈值作为判断结构是否发生损伤的临界值，由于实验条件较为简陋，周围环境复杂，故将阈值取为 $\delta = 0.85$，当 $PCAC_{ij} > \delta$ 时，结构处于无损状态；当 $PCAC_{ij} < \delta$ 时，认为结构已经损伤。

13.5.3　损伤识别结果

信号接收平台的结构示意图如图 13.35 所示。

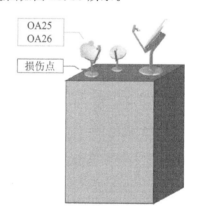

图 13.35　信号接收平台结构示意图

在该平台上，一天线底座处连接件存在结构损伤，在该天线上有两个加速度传感器 OA25、OA26。在该平台上，一共均匀分布有 123 个测点。识别的结果如图 13.36、图 13.37 和图 13.38 所示。

可以看出，两种方法均能准确识别出结构在 OA25 和 OA26 测点处所对应的损伤。与之相对，在正常点处，其所得到的损伤指标都非常低，频率响应函数的置信度也趋近于 1，这均与实际情况相符。

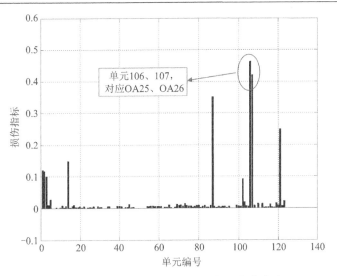

图 13.36　基于传递率函数的损伤位置识别（参考点：97）

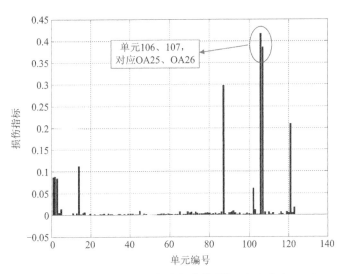

图 13.37　基于传递率函数的损伤位置识别（参考点：66）

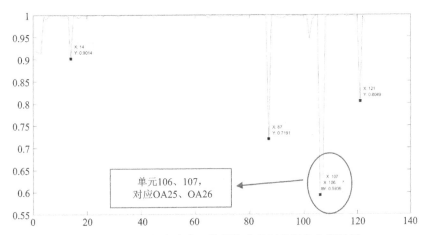

图 13.38　基于频率响应函数置信度准则的损伤位置识别

参考文献

［1］McConnell K G，Paulo S．Vibration Testing：Theory and Practice．2nd ed．New York：John Wiley & Sons，2008.

［2］De Silva C W．Vibration Monitoring，Testing，and Instrumentation．Boca Raton，FL：CRC Press，2007.

［3］Ewins D J．Modal Testing：Theory and Practice．2nd ed．New York：Wiley，2000.

［4］Harris C M，Piersol A G，Paez T L．Shock and Vibration Handbook．5th ed．New York：McGraw-Hill，2002.

［5］赵军，孙利民．振动测试技术．北京：中国建筑工业出版社，2017.

［6］殷祥超．振动理论与测试技术．北京：中国矿业大学出版社，2017.

［7］刘习军，张素侠．工程振动测试技术．机械工业出版社，2016.

［8］Coleman R E，Allemang R J．试验结构动力学．刚宪约，杨茂洪，译．北京：清华大学出版社，2012.

［9］杨学山．工程振动测量仪器和测试技术．北京：中国计量出版社，2001.

［10］李德葆，陆秋海．工程振动试验分析．北京：清华大学出版社，2004.

［11］张阿舟．实用振动工程 3：振动测量与试验．北京：航空工业出版社，1997.

［12］张思．振动测量与分析技术．北京：清华大学出版社，1992.

［13］李德葆，张元润．振动测量与试验分析．北京：机械工业出版社，1992.

［14］高飞．振动测量与信号分析．西安：西北工业大学出版社，1989.

［15］韩云台．测试技术基础．北京：国防工业出版社，1989.

［16］白化同，郭继忠．模态分析理论与试验．北京：北京理工大学出版社，2001.

［17］张力．模态分析与实验．北京：清华大学出版社，2011.

［18］俞云书．结构模态试验分析．北京：宇航出版社，2000.

［19］左鹤声，彭玉莺．振动试验模态分析．北京：中国铁道出版社，1995.

［20］杨景义，王信义．试验模态分析．北京：北京理工大学出版社，1990.

［21］王济，胡晓．MATLAB 在振动信号处理中的应用．北京：中国水利水电出版社，2006.